主体功能区配套政策协同研究

操小娟 等 著

科学出版社

北京

内 容 简 介

本书在概念界定的基础上,分析自然资源利用和管理的困境,以及协同治理理论在主体功能区配套政策协同研究中的适用性。在对 2011～2018 年国家出台的主体功能区配套政策进行量化处理的基础上,基于政策主体、政策工具和政策目标三个维度分析政策内容本身的协同度。以农产品主产区为例,分析两个层面的协同及其效果:一是财政转移支付与农业政策的协同及效果;二是财政转移支付、投资政策、土地政策、人口政策、环境政策之间的协同及效果。最后基于政策网络理论,应用多案例的研究方法,分析甘肃、陕西、青海、安徽、浙江 5 个省主体功能区规划制定过程,探讨影响主体功能区配套政策制定的因素。

本书可供资源环境、区域政策、国土资源政策领域的科研、教学人员及相关专业学生参考使用。

图书在版编目(CIP)数据

主体功能区配套政策协同研究/操小娟等著. —北京:科学出版社,2020.9
ISBN 978-7-03-066182-1

Ⅰ.①主… Ⅱ.①操… Ⅲ.①区域规划–政策–研究–中国 Ⅳ.①TU982.2

中国版本图书馆 CIP 数据核字(2020)第 176619 号

责任编辑:丁传标 石 珺 李 静 / 责任校对:何艳萍
责任印制:吴兆东 / 封面设计:蓝正设计

科 学 出 版 社 出版
北京东黄城根北街 16 号
邮政编码:100717
http://www.sciencep.com
北京中石油彩色印刷有限责任公司 印刷
科学出版社发行 各地新华书店经销
*
2020 年 9 月第 一 版 开本:787×1092 1/16
2022 年 5 月第三次印刷 印张:13
字数:249 000
定价:120.00 元
(如有印装质量问题,我社负责调换)

前　言

主体功能区战略是国家战略，主体功能区配套政策是贯彻落实主体功能区战略的保障。主体功能区配套政策的研究是公共政策研究的一个新的领域，是公共管理实践中的一个重要课题。2010年《全国主体功能区规划》出台之后，国务院各部门依据职责和任务要求，颁布了很多配套政策，这些政策之间的协同性成为影响政策执行和政策效果的重要因素。由于政策主体不同，政策目标多元，政策工具多样，仅仅通过定性分析难以全面和客观地描述主体功能区配套政策。政策的量化研究为公共政策分析提供了一个新的研究范式，为主体功能区配套政策研究提供了新的研究方法。

一直以来，我从事环境政策、土地政策两个领域的教学和研究工作。在长期的理论研究中，鉴于定性研究和定量研究相结合能够相互印证，提高政策研究的质量，近几年来我也开始尝试应用量化分析方法，以求尽可能客观、真实地阐述这些政策领域的问题。

本书在全面梳理主体功能区配套政策的基础上，分析主体功能区配套政策的协同问题，以及影响主体功能区配套政策协同的因素，提出修改和完善主体功能区配套政策的建议。全书分为八章。

第一章阐明研究背景，梳理主体功能区配套政策的研究文献，说明主体功能区配套政策协同研究的基础和研究意义。

第二章对主体功能区配套政策的概念进行界定，描述自然资源利用、自然资源管理和自然资源治理的理论发展脉络，探讨主体功能区配套政策协同的理论基础。

第三章明确《全国主体功能区规划》对配套政策的基本要求，整理相关的政策文献，总结和概括《全国主体功能区规划》颁布之后九大类配套政策的主要内容。

第四章从政策工具的角度，分析主体功能区配套政策工具的特征，探讨不同主体功能区中各类配套政策的差异性。

第五章从政策内容的角度，基于主体功能区配套政策的构成要素，讨论主体功能区配套政策的协同状况。

第六章从政策结果的角度，以农产品主产区为例，具体分析财政转移支付与农业政策，以及财政政策与投资政策、土地政策、人口政策、环境政策之间的协同效果。

第七章作为前面内容的拓展和补充，应用多案例的研究方法，探讨影响主体功能区配套政策协同的因素。

第八章归纳和总结各部分的研究结论，提出完善我国主体功能区配套政策的建议。

在选题立项和研究过程中，得到了武汉大学中国发展战略与规划研究院领导和老师的支持与帮助。这个选题既是自然资源部重大项目的子课题，也是中央高校基本科研业务费专项资金武汉大学课题，得到了国家部委和学校的资助。在课题的研究过程中，何莲、王泉、张万顺等副院长，以及王兴文、陈秀红老师的鼓励和帮助，让我更加坚定了对资源环境政策研究的信心和对研究方法的探索。在课题调研过程中，国家和一些地方的发展和改革委员会、自然资源部门、生态环境保护部门的领导和专家给予了很多支持，提供了有价值的数据资料。在此表示衷心的感谢！

在本书撰写过程中，得到了武汉大学政治与公共管理学院许多老师的支持和帮助。丁煌教授、倪星教授、陈世香教授给予我信任和鼓励，并提出了一些专业建议。黄景驰老师深度参与课题和书稿的讨论，本书的第七章第五节有他付出的努力和贡献。王少辉老师、李曦老师给予我帮助，为课题的前期工作提供支持。在此深表感谢！在本书的写作过程中，博士生李佳维、杜丹宁，硕士生王梦茹、周念、周嘉鑫，本科生王爽等同学给予很多的帮助。李佳维、杜丹宁、王梦茹、周念、周嘉鑫、王爽等同学非常认真和辛苦地收集研究文献和政策文献，并对政策文献进行量化和评分。在本书第五章、第六章数据处理中，我与李佳维、杜丹宁有过多次的交流和讨论，并在合作的基础上完成一些图表的制作。在此一并表示感谢！

本书能够顺利出版，还需要感谢本书的责任编辑丁传标老师和石珺老师的支持和指导。本书于2019年12月完成初稿，其后经历了抗击新型冠状病毒疫情的紧张时期。丁老师不仅在困难时期仔细审阅书稿，提出了很多规范化的意见，还非常关心我的处境，给予理解和支持。责任编辑认真负责的工作态度和给予我的帮助，让我非常感动和感谢！

资源环境问题是全球关注的问题，资源环境政策研究是公共政策研究领域中重要问题。主体功能区配套政策作为国土空间资源政策的一部分，其理论基础、研究方法还处在不断探索之中，很多实践问题亟待解决。如何应用新的理论和方法，解决实践中面临的具体问题，还需要学界进行深入探讨。本书只是这个领域研究的开端，还需要更多的学者一起探讨这个领域的问题。由于时间和能力所限，书中难免有不妥之处，诚请学界同仁和读者给予批评、指正。

操小娟

2020 年 2 月

目　　录

第一章
绪 论

第一节　研　究　背　景

　　国土空间既是人民栖息的场所,也是人民生产生活的重要资源。改革开放40多年来,我国国土空间资源的开发利用既为经济快速发展提供了支撑,也使得经济持续稳定发展面临着挑战。面对资源约束趋紧、环境污染严重、生态系统退化的严峻形势,在党中央和国务院实施主体功能区战略的部署下,国务院发布《全国主体功能区规划》(国发〔2010〕46号),根据资源环境承载力、开发强度和开发潜力,统筹人口分布、经济布局、国土利用和城镇化格局,确定不同区域的主体功能,明确开发方向,规范开发秩序,以实现人口、经济资源和环境相协调的国土空间开发格局。主体功能区战略和规划的出台,代表着国家发展的理念从过去单纯追求经济增长向经济、社会、生态环境协调发展的方向转变。主体功能区战略和规划的实施,也对公共部门治理体系和公共部门治理能力提出了更高的要求。

　　政策是国家机关、政党及其他政治团体在特定时期为实现或服务于一定目标所采取的行为或规定的行为准则,是一系列谋略、法令、措施、办法等的总称。政策贯穿于公共部门治理的全过程,既是治理的起点,也是治理的结果。《全国主体功能区规划》不仅将国土空间划分为四种类型的主体功能区,明确各主体功能区的规划目标和发展方向,还非常重视配套政策的制定,对财政政策、投资政策、产业政策、土地政策、农业政策、人口政策、民族政策、环境政策、应对气候变化政策,以及绩效评价考核分别提出了新的要求。《全国主体功能区规划》颁布实施之后,中央政府部门、各地方政府积极贯彻落实主体功能区规划,在主体功能区建设方面做了大量的工作。从国家层面来看,中央各部门根据职责和任务要求,在财政、投资、产业、土地、农业、人口、民族、环境和应对气候变化等方面相继出台和修订法规、规章等政策文件,对国土空间资源开发利用和保护的各个环节加强了管理。从地方层面来看,截至2018年年底,共28个省(区、市)根据各自的资源环境状况和经济发展情况,编制完成省级主体功能区规划和划定省内区域主体功能区,出台相应的政策实施方案,落实国家的政策。总的来看,在近十年的主体功能区建设过程中,主体功能区配套政策发挥了积极作用,尤其在重点生态功能区建设试点中成绩斐然。不过,由于这些配套政策是不同部门、不同层级政府制定和实施的,在资源约束不断趋紧、生态产品供需矛盾更加突出的大背景下,仍然有必要进一步厘清:中央各部门出台的这些配套政策是否相互配合形成合力,促进不同主体功能区的差异化发展?哪些政策的作用比较明显,哪些还存在不足?如何建立健全主体功能区的配套政策,推进主体功能区建设,形成人口、资源和环境相协调的国土空间开发格局,已经成为当前理论和实践部门共同关注的重要课题。

　　完善主体功能区配套政策是党的十九大的战略部署,是中共中央 国务院颁布《关于完善主体功能区战略和制度的若干意见》（中发〔2017〕27号）和《关于建立国土空间规划体系并监督实施的若干意见》（中发〔2019〕18号）的要求，主体功能区战略配套政策协同研究在建立主体功能区配套政策框架的基础上，从不同层面对我国主体功能区配套政策进行实证研究，探讨财政、投资、产业、土地、农业、人口、民族、环境和应对气候变化等配套政策，以及绩效考核的协同状况及协同效果，对于建立健全我国主体功能区配套政策，提高政府对国土空间开发利用的引导和调控能力，优化资源的配置，推动形成主体功能定位清晰，人口、经济、资源环境相互协调，公共服务和人民生活水平差距不断缩小的区域协调发展格局，具有重要的意义。

主体功能区战略配套政策协同研究也是深化改革，推进国家治理体系和治理能力现代化的一项重要举措。通过研究可以厘清各部门职能履行的现状，提高政策的质量，推动全国主体功能区规划的落实。更重要的是，制定和实施主体功能区配套政策，需要不同行政区加强合作，形成区域联动发展机制，还需要国家发展和改革委员会、财政部、自然资源部、生态环境部、农业农村部、人力资源和社会保障部等部门通力合作，形成部门互动协调机制。主体功能区配套政策协同研究以强化主体功能区配套政策的协同性和系统性为目标，可以促进不同层级政府及部门间的协调与合作，推进国家治理体制和机制创新（图1-1）。

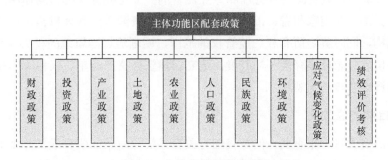

图 1-1　主体功能区配套政策

第二节　研究进展与综述

《全国主体功能区规划》是根据党的十七大报告、《中华人民共和国国民经济和社会发展第十二个五年规划纲要》和《国务院关于编制全国主体功能区规划的意见》（国发〔2007〕21号）编制的，有关国土空间开发的战略性、基础性和约束性规划。规划颁布实施后，学界积极开展相关的研究和探索。本章对2010年之后的自然资源政策、主体功能区配套政策、政策协同的研究文献进行梳理，以总结我国相关研究的经验，分析现有研究的不足，为本研究奠定基础。

一、自然资源政策的研究现状

国土空间资源的开发利用，本质是国土空间内自然资源的开发利用，因此我们首先需要对近十年来的自然资源政策进行梳理和回顾。

（一）自然资源资产管理及资产管理体制

市场经济条件下自然资源资产管理是自然资源政策中不可回避的问题。由于我国全民所有自然资源资产所有权由国务院代为行使，而国务院又可以授权自然资源主管部门行使，因此自然资源资产管理中中央和地方关系、自然资源资产所有者和管理者的关系、自然资源资产管理和资源保护的关系，一直是学者们研究的热点。关于自然资源产权制度和管理体制，黄海燕（2014）提出需要法律清晰界定产权的权属和权利义务，有效保护权利人的利益，促进相关要素的流转配置；廖红伟和乔莹莹（2015）提出明晰产权，以自然资源的可持续开发利用为前提，实现自然资源国有资产综合统一管理、改革自然资源国有资产产权制度、建立并完善激励约束机制及科学的定价体系；马永欢等（2018）提出解决全民所有自然资源资产所有权人不到位、所有者权益不落实、中央和地方的财权事权不对等，以及重审批轻监管等问题，才能构建新型的自然资源资产管理体制；常纪文（2019）认为自然资源产权管理和专业监管的分立可充分发挥市场作用，进一步促进简政放权。建议在国家和省、市成立三级国有自然资源资产管理机构，在部分区域和流域派驻机构，同时界定所有权、监管权的范围，明晰流域与属地的权力（利）关系，改革生态补偿、资源环境有偿利用制度，建立自然资源资产清单、权利清单和管理信息平台，加强评价考核和奖惩机制。

（二）自然资源政策

虽然自然资源管理很重要，但是我国有关自然资源政策的研究成果并不多。一些成果探讨自然资源政策的演进历程和政策的特征，如谷树忠等（2011）认为我国自然资源政策的演进到了第五个阶段，未来自然资源政策应重点在政府规制、全面负责、促进转型、系统协调和差异设计等方面不断优化和发展；甘黎黎等（2018）通过构建政策二维分析框架，分析我国农村自然资源治理政策的基本特征，提出改进农村自然资源治理政策，需要推动农村自然资源治理政策的民主化、法治化与协调化，优化政策工具，并进一步廓清政策客体。

一些成果则关注自然资源政策与财政政策、环境政策的关系，如杨志安和李媛媛（2016）对我国 29 个地区 2011～2013 年财税政策促进自然资源合理利用效果进行实证分析，提出社会效益和经济效益差异是影响地区间财税政策效果的主要因素；李媛媛（2018）研究财税政策促进自然资源合理利用的作用机制，从矿产资源、森林资源、水资源、土地资源、环境保护等角度对现有财税政策进行梳理，提出促进税费政策的全面"绿化"、构建财政支出体系及加快配套措施建设等方面的政策建议；邓海峰（2018）则探寻环境法与自然资源法的内在逻辑关系，提出保持两法独立性并统一于生态法之下，促成制度与价值的有机融合，是推进我国生态文明顶层立法布局与生态法典体系基础的理想选择。

二、主体功能区配套政策的研究现状

主体功能区战略是国家战略，主体功能区规划出台之后，学者们也积极开展相关研究。在主体功能区配套政策研究方面，多数成果只涉及某一类型的政策，分析现状和提出对策建议。例如，产业政策方面，冯翠月等（2010）在分析评价现行的产业政策的基础上，依据西北地区主体功能区划分结果，提出适合各主体功能区的差别化的产业政策。环境政策方面，郭培坤和王勤耕（2011）在分析主体功能区环境政策需求的基础上，从环境政策目标、政策手段、政策保障三个层面构建了主体功能区环境政策体系框架；程克群等（2011）以安徽省为案例，提出了构建适用安徽省主体功能区实施的环境政策体系基本思路及框架设计方案；周民良（2012）认为不同主体功能区建设的方向与重点不同，应该采取分类调控、区别对待的环境政策和相应的考核体系。财政政策方面，徐诗举（2013）认为中国应当借鉴日本的6次全国国土综合开发规划的财政政策，运用差别化税收政策引导重点开发区域承接优化开发区域的产业转移，加大对重点开发区域基础设施的投入，发挥财政转移支付制度对地方财力的平衡作用；刘晓光和朱晓东（2013）从资金投入、权责划分、转移支付、横向援助、森林生态效益补偿、财政补贴六个层面提出了财政支持林业生态建设的政策建议。土地政策方面，梁佳（2013）提出将资本和劳动等要素的自由灵活流动与不可流动的土地要素相结合，将土地政策与其他政策相配合，使土地政策成为宏观调控的手段。投资政策方面，王青云等（2018）提出各级政府应明确投资责任，形成分清职责、上下联动、齐抓共管的治理格局，投资政策应按照主体功能区安排的投资领域和主要投资方式，设计差别化、精细化的具体方案。

少数研究涉及主体功能区配套政策之间的关联性，如杜黎明（2010）认为完善主体功能区配套政策系统构成的基础和前提，是明确不同配套政策的直接作用对象，明确主体功能区配套政策间相互关联的纽带；徐诗举（2011）提出在坚持市场对人口资源基础性配置地位的前提下，发挥政府对人口迁移的主导作用，采取一系列财政政策工具，促进人口在各类主体功能区之间合理配置。

三、政策协同的研究现状

政策协同是近几年学界研究的热点，相对而言研究比较多，主要集中于政策协同的概念和内涵、政策协同的现状及其影响、实现政策协同的途径和方法等。

（一）政策协同的概念和内涵

关于"政策协同"的概念，学者们解释不一。不同学者依据其对相关理论的理解，将政策协同表述为政策合作、政策协调和政策整合。目前比较系统阐述的主要有三类。

以梅吉尔斯为代表的学者认为，政策协同即政策整合，是指在政策制定过程中跨界问题的管理超越了现有政策领域的边界，也超越单一职能部门的职责范围，因而需要多元主体间的协同（Meijers and Stead，2004）。政策整合可以发生在不同政府部门之间（称为组织间的协同），也可以发生在同一部门的不同业务单位之间（称为组织内的协同），两者之间没有区别，只是在主体的相互依存度和面临的控制方面，组织协同要大于组织间的协同。政策合作、政策协调和政策整合是政策制定中三个不同的层次，政策合作的目的是制定更有效率的部门政策，更好地实现各自的目标；政策协调的目的是确定共同的目标或期望的结果，使部门间的政策相互协调；政策整合的目的是跨部门协同，制定"一体化"的新政策。

经济合作与发展组织（OECD）则认为政策协调和政策整合反映的是政策协同的不同程度或深度，政策协调的目的只是提高部门政策的内在一致性，而政策整合则是跨部门政策的统一。政策协同有三个维度：横向整合，旨在确保单个政策之间的相互支持，避免政策目标相互冲突或政策内容不一致；纵向整合，旨在确保政策产出能够与决策者的原初意图相一致，即政策执行向期望结果转化的过程，重点关注相关主体之间的沟通和激励机制的完善；时间维度整合，旨在确保政策在可预见的未来具有持续效力，包括公共政策的前瞻性，以及根据环境变化做出合理的制度安排（OECD Public Management Service and Public Management Committee，2000）。

周志忍和蒋敏娟（2010）在总结以上观点的基础上提出政策协同是一个持续的过程，政策合作、政策协调、政策整合可以视为这一过程的不同阶段或者不同产出。政策协同分为宏观、中观和微观三个层面：宏观层面关注的国家的宏观战略，确保具体政策与国家宏观战略一致，协同产出之一是制定具体领域政策依据和指南，或者说"元政策"；中观层面的政策协同关注跨界的政策领域和政策议题，协同的产出是相关政策领域的决策体制机制，或是相关议题的具体政策方案；微观层面关注的是同一部门内不同业务单位之间的政策协同，确保具体政策之间的一致性，产出是业务单位制度化的协商机制、信息交流和共享机制。

（二）政策协同的现状及其影响

政策协同的现状及其影响是研究和解决政策协同问题的基础。这方面的研究虽然非常多，但是并不集中，学者们研究的政策领域不同，每个领域的侧重点也有差异。

在政策协同及其影响方面，彭纪生等（2008a）最早尝试通过量化政策的方法，建立计量模型，评估中国科技政策的政策协同度；彭纪生等（2008b）、仲为国等（2009）通过量化政策，测量政策之间的协同问题，并研究政策协同与经济绩效、政策协同与技术绩效之间的关系。

之后很多学者也学习应用政策量化的方法，分析政策的协同度，如郭淑芬和裴耀琳（2015）采用隶属度计算方法，构建协同度分析模型，从静态协同角度和动态协同角度分析了协同度的变化趋势；李良成和高畅（2016）以战略性新兴产业政策为样本，采用内容分析法，分析政策主体-政策目标-政策工具之间及政策群之间的协同状况；王洛忠和张艺君（2017）构建了一个包括内容维度、结构维度和过程维度在内的政策协同三维分析框架，分析新能源汽车产业政策协同存在问题；杨艳等（2018）从政策力度、政策工具和政策目标三个维度，分析上海人才政策的协同度；李雪伟等（2019）构建基于纵向维度和横向维度的政策协同分析框架，对北京、天津、河北三地的省级"十三五"专项规划进行指标评分和数据分析，研究京津冀地区政策协同状况；樊霞等（2019）引入协同度测度模型，对长三角和珠三角区域的创新政策主体、政策目标和政策措施间协同性开展量化评价研究。

在政策协同的影响方面，有学者分析政策协同对经济绩效、技术绩效、产业绩效、创新绩效的影响，还有的研究协同对节能减排效果的影响，如李伟红等（2014）分析中国中小企业创新政策的组成及量化标准，探究政策工具间的协同作用与经济绩效的关系；张国兴等（2015）分析政策措施协同和政策目标协同的有效性，以及不同政策措施协同和不同政策目标协同对节能减排效果的影响；张国兴等（2017）从政策力度、政策措施和政策目标三个维度去分析节能减排的政策措施与目标的协同状况，提出不同政策措施协同对节能减排效果的影响；郭本海等（2018）构建了产业政策协同度模型，探讨了政策措施协同对产业绩效的影响；郭净等（2019）探讨了产业政策与财政、金融和货币政策协同对中小企业创新绩效的效应差异；魏玮和曹景林（2019）分析绿色信贷与环保财政政策之间的协同关系，以及协同效果。

（三）实现政策协同的途径和方法

政策协同的状况，各个领域、各种政策之间存在的问题不一。由于政策之间协同及其效果不佳，因此对于如何实现协同，国内外学者的探讨也比较多，有关政策协同的路径、内容、程序、组织结构、政策工具的组合等都有所涉猎。

Underdal（1980）将政策协同方法分为直接途径和间接途径两大类。直接途径是通过界定政策目标和规则来达成政策协同，其效果取决于有效地寻求清晰的一体化目标和规则并保证执行的能力。间接途径则分为"知识性策略"（研究和培训）和"制度性策略"（问题"上移"或"平移"、改变决策程序、在机构之间重新分配资源和权威、创立新的机构）两个子类型；OECD（1996）提出了政策协同的八种具体途径，即政治领导人的努力、建立战略性政策框架、培养决策者的全局视角和协调能力、向决策者提供关于政策问题的清晰界定和优秀分析、建立预测和解决政策冲突的机制、建立促进政策优先次序与财政计划一致的决策程序、建立适应新信息和变化环境的政策执行程序和监控机制，以及培育促进对话的行政文化等；Kampas 等（2012）认为政策协同有三种实现路径：不同层次政府之间的政策协同、同一领域不同类型的政策之间的协同和不同领域同一目标的政策之间的协同。

国内的研究，主要分为两个方面。一方面是介绍国外经验，如孙迎春（2011）认为美国海洋政策的政策协同框架涉及评估、监督、执行、多方参与等程序。具体来说就是首先通过评估现状与未来，制定沿海海事空间规划；提高信息透明度和公众参与度，保证所开发制定的计划方案与国际国内的法律法规相一致；为每一个具体目标开发战略行动方案，每一个方案都有具体且可测量的近期、中期和长期行动；与州、部族和地方政府机构、地区治理结构、学术机构、非政府组织、休闲用户和私人企业开展协调与合作。张娜和梁喆（2019）总结了西方发达国家环境与气候政策协同经验，认为政策协同要注重政策前期调研与评估；明确政策主体职责和分工；鼓励政策主体间沟通协作；积极推进市场化环境气候政策；强化法律法规的保障作用。

另一方面是从不同角度提出政策协同的路径，如王延杰（2015）从政策工具组合的角度对京津冀地区治理大气污染的财政金融政策协同提出建议：一是要注重财政金融政策工具导向上的"双绿化"组合；二是要注重搞好财政与金融工具的空间结构性组合；三是要注重搞好财政与金融政策工具的时间序列组合。薛泽林和孙荣（2016）从政策协同网络，提出明确政策协同网络中各主体之间的权责，理顺协同网络中政治与执行的关系，促进治理势能的传导，提升治理效能。在土地政策方面，刘双良和秦玉莹（2019）从政策协同机制，促进宅基地流转与农民住房保障的政策协同，化解"人地"失衡问题，推动城乡融合发展。

四、现有研究评价

通过对相关文献的梳理和归纳可以发现，目前国内在自然资源政策、主体功能区配套政策、政策协同方面都有比较多的研究，取得了可观的成果，积累了一些成功的经验，但是针对主体功能区配套政策协同方面的研究还比较少，有待进一步的拓展。

一是关于主体功能区配套政策协同的研究不多。国内多数学者关于政策协同的研究主要集中在创新、金融、产业等领域，很少研究自然资源政策和相关政策之间的关联性。已有学者研究某一类型政策的协同，主要限于单一政策如气候政策、土地政策的内部协同，或者自然资源政策与相关政策的协同。自然资源涉及资源、产业、环保、生态等部门，自然资源政策与产业政策、环保政策、生态政策等政策有着密切的互动关系。我国自然资源相关政策间存在协同不足的问题，主要表现为各部门制定的政策之间没有形成合力，甚至出现各自为政的状况。目前虽有少数文章涉及主体功能区配套政策之间的协同，但是缺乏对主体功能区九大政策协同问题的研究。

二是关于主体功能区配套政策协同的研究缺乏系统性。从字面上理解，policy integration 是指政策一体化、政策整合；policy coherence 是指政策一致性。两者之间有着比较大的区别。政策整合强调的是将不同的政策融合在一起，制定一个更具有综合性的政策；政策一致性，是保留不同的政策，只是将政策不一致的方面消除。因此政策合作、政策协调和政策整合可以同时存在，适应不同的情形。对主体功能区配套政策协同问题的研究，不能只限于政策整合，或者政策协调，或者政策合作，而是要从不同角度不同层面，考虑政策协同的问题。

三是研究方法比较单一。从政策协同的相关文献来看，学者们有采用定性的研究方法，也有采用定量的研究方法，总体而言，定量方法的运用越来越多。目前在主体功能区配套政策研究方面，定性研究比较多，定量研究比较少见，无法准确把握主体功能区配套政策协同的实际情况，评估这些配套政策协同的效应。

综上所述，主体功能区配套政策协同研究是一个有待开拓的研究领域，不仅在学术上可以弥补现有研究的不足，还可以深入分析我国主体功能区配套政策的实践问题，对于完善我国主体功能区配套政策，促进主体功能区建设具有重要的意义。

第三节　研究目标和研究方法

一、研究目标

主体功能区配套政策的类型多，数量也多。由于这些政策的主体不同，政策目标、政策工具会有一些差异，政策之间不协同，甚至掣肘的情况可能发生。本书的研究目标是在梳理主体功能区配套政策现状的基础上，基于理论基础和现有文献，通过应用量化分析方法，探讨我国主体功能区配套政策之间的协同状况和协同效果，为完善我国主体功能区配套政策提供依据。本书对完善我国主体功能区配套政策，提高主体功能区配套政策的绩效，提高政府对自然资源配置的引导和调控能力，优化国土空间开发格局具有重要的理论和现实意义。

二、研究方法

本书采用规范分析和实证分析相结合的方法，力求保证研究结论的科学性和客观性。在研究的过程中，不同的方法有一些交叉和融合。总的来说，有以下三种方法。

1. 文献分析法

文献分析法是指通过搜集、鉴别和整理文献，并经过研究探明研究对象性质和状况的一种分析方法。本书通过搜集 2010 年《全国主体功能区规划》颁布之后的理论研究文献，系统整理出目前有关主体功能区配套政策的理论研究成果，深入分析当前主体功能区配套政策研究的成绩和存在的不足，为本书的研究提供参考和借鉴。

2. 政策文本内容分析法

政策文本内容分析法是一种对具有明确特性的信息内容进行客观、系统和定量描述的研究技术，其优势在于将用语言表达的政策文本转换成用数量表达的资料，从文本数据中提取观点，反映文献本质特征，从而克服定性研究的主观性和不确定性，达到对文献"质"的更深刻、更精确地认识。本书将对政府各部门发布的政策文本进行内容分析，从政策主体、政策目标和政策工具三个维度，探讨政策之间的协同问题。

3. 案例研究方法

本书应用案例研究方法分析主体功能区配套政策协同的问题。应用定性比较案例研究方法，采用《中国统计年鉴》的统计数据获取样本数据，运用 QCA 软件进行分析，了解农产品主产区不同配套政策的协同状况。应用多案例研究方法，进行案例内分析和案例间比较分析，描述具有代表性的五个省在执行主体功能区规划中的主体、行为及结果的关系，探讨影响主体功能区配套政策制定的因素。

第四节　研究框架和研究内容

一、研 究 框 架

本书全面梳理和总结我国主体功能区配套政策内容及内在逻辑关系，并借鉴已有的理论成果，分析现有配套政策文件和政策执行的实践案例，把握我国主体功能区配套政策协同的现状及其效果，探讨影响主体功能区配套政策协同的因素，提出完善主体功能区配套政策的建议（图 1-2）。

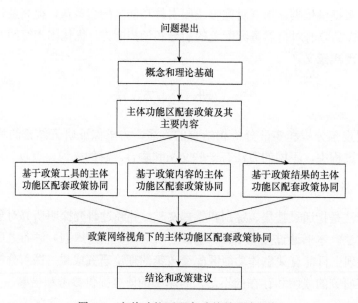

图 1-2　主体功能区配套政策的研究框架

二、研 究 内 容

全书分为八章。

第一章绪论。明确研究的背景和选题意义，在全面整理国内外相关文献的基础上，提出本书的研究目标、研究方法、研究的框架和研究内容。

第二章相关概念及理论基础。对主体功能区、主体功能区配套政策、政策协同的概念和内涵进行界定，介绍协同治理理论产生的背景，协同治理理论的主要内容，阐明协同治理理论在主体功能区配套政策协同研究中的适用性。

第三章主体功能区配套政策的类型及其主要内容。梳理我国现有的主体功能区配套政策，研究《全国主体功能区规划》对不同配套政策的要求，以及《全国主体功能区规划》之后不同类型配套政策的主要内容。

第四章基于政策工具的主体功能区配套政策协同。不同类型的主体功能区，开发目标和开发方向不一样，相应的配套政策应该有所区别。基于政策工具（强制性政策工具、混合型政策工具、志愿性政策工具）把握现有的不同类型配套政策的总体情况，基于主体功能区类型（优化开发区、重点开发区、农产品主产区、重点生态功能区）分析不同主体功能区中各类配套政策的差异性。

第五章基于政策内容的主体功能区配套政策协同。在对2011~2018年国家出台的主体功能区配套政策进行量化处理的基础上，基于政策主体、政策工具和政策目标三个维度来分析政策内容本身的协同度：主体功能区配套政策主体之间协同（联合发文的数量和政策力度），主体功能区配套政策目标的协同（资源利用效率提高、资源优化配置、区域协调发展、资源的可持续利用能力提升等），主体功能区配套政策工具的协同（强制性政策工具、混合型政策工具、志愿性政策工具），以及三者之间的协同度，探讨政策制定本身存在的问题。

第六章基于政策结果的主体功能区配套政策协同。以农产品主产区为例，分析两个层面的协同及其效果：一是财政转移支付与农业政策的协同及效果；二是财政转移支付（农业补贴）、投资政策（农户投资）、土地政策（耕地占补平衡、增减挂钩和增存挂钩）、人口政策（农村人口迁移）、环境政策（化肥减量）之间的协同及效果。

第七章政策网络视角下的主体功能区配套政策协同。应用多案例的研究方法，分析陕西、贵州、青海、安徽、浙江五个省的主体功能区规划制定过程，探讨政策网络中政策主体、政策主体的行为和政策结果的关系，以及影响主体功能区配套政策协同的因素。

第八章研究结论、政策建议和未来展望。基于已有的实证分析，归纳总结主体功能区配套政策协同研究得出的结论，提出完善我国主体功能区配套政策的建议。同时，指出研究的不足之处，以及未来需要进一步深入研究的方向。

参 考 文 献

常纪文. 2019. 国有自然资源资产管理体制改革的建议与思考. 中国环境管理, 11(1): 11-22.

程克群, 潘骞, 王晓辉. 2011. 安徽省主体功能区环境政策框架设计. 环境保护, 2(Z1): 102-104.

邓海峰. 2018. 环境法与自然资源法关系新探. 清华法学, 12(5): 51-60.

杜黎明. 2010. 主体功能区配套政策体系研究. 开发研究, (1): 12-16.

樊霞, 陈娅, 贾建林. 2019. 区域创新政策协同——基于长三角与珠三角的比较研究. 软科学, 33(3): 70-74+105.

冯翠月, 米文宝, 侯雪, 等. 2010. 基于西北地区主体功能区划的产业政策研究. 经济地理, 30(11): 1841-1846.

甘黎黎, 吴仁平. 2018. 改革开放以来农村自然资源治理政策变迁研究——基于政策文本的定量分析. 江西社会科学, 38(10): 101-109.

谷树忠, 曹小奇, 张亮, 等. 2011. 中国自然资源政策演进历程与发展方向. 中国人口·资源与环境, 21(10): 96-101.

郭本海, 李军强, 张笑腾. 2018. 政策协同对政策效力的影响——基于 227 项中国光伏产业政策的实证研究. 科学学研究, 36(5): 790-799.

郭净, 孟晓倩, 徐玲. 2019. 产业政策及政策协同对企业创新绩效的效应比较. 郑州大学学报(哲学社会科学版), 52(2): 39-45.

郭培坤, 王勤耕. 2011. 主体功能区环境政策体系构建初探. 中国人口·资源与环境, 21(3): 34-37.

郭淑芬, 裴耀琳. 2015. 山西省文化产业创新政策的协同性分析. 高等财经教育研究, 18(4): 70-75+82.

黄海燕. 2014. 完善自然资源产权制度和管理体制. 宏观经济管理, (8): 75-77.

李良成, 高畅. 2016. 基于内容分析法的广东省战略性新兴产业政策协同性研究. 科技管理研究, 36(14): 24-30.

李伟红, 李洁然, 陈燕. 2014. 中小企业创新政策协同作用的经济绩效研究——基于全国 16 省份 2001-2011 年样本数据. 科技管理研究, 34(12): 37-41.

李雪伟, 唐杰, 杨胜慧. 2019. 京津冀协同发展背景下的政策协同评估研究——基于省级"十三五"专项规划文本的分析. 北京行政学院学报, (3): 53-59.

李媛媛. 2018. 财税政策促进自然资源合理利用的若干思考. 税务与经济, (5): 96-102.

梁佳. 2013. 土地政策参与宏观调控的政策工具研究——基于主体功能区建设的理论探索. 经济与管理, 27(4): 13-15.

廖红伟, 乔莹莹. 2015. 产权视角下中国资源性国有资产管理体制创新. 理论学刊, (2): 41-48.

刘双良, 秦玉莹. 2019. 宅基地流转与农民住房保障的政策协同机制构建——基于典型创新实践模式的对比分析. 中州学刊, (4): 31-37.

刘晓光, 朱晓东. 2013. 论财政政策与林业生态建设——基于主体功能区的视角. 生态经济, (12): 68-72.

马永欢, 吴初国, 黄宝荣, 等. 2018. 构建全民所有自然资源资产管理体制新格局. 中国软科学, 2(11): 10-16.

彭纪生, 孙文祥, 仲为国. 2008a. 中国技术创新政策演变与绩效实证研究(1978~2006). 科研管理, (4): 134-150.

彭纪生, 仲为国, 孙文祥. 2008b. 政策测量、政策协同演变与经济绩效: 基于创新政策的实证研究. 管理世界, 2(9): 25-36.

孙迎春. 2011. 公共部门协作治理改革的新趋势——以美国国家海洋政策协同框架为例. 中国行政管理, (11): 96-99.

王洛忠, 张艺君. 2017. 我国新能源汽车产业政策协同问题研究——基于结构、过程与内容的三维框架. 中国行政管理, (3): 101-107.

王青云, 冯朝阳, 任亮, 等. 2018. 推动主体功能区战略格局形成的投资政策研究. 宏观经济管理, (10): 63-68.

王延杰. 2015. 京津冀治理大气污染的财政金融政策协同配合. 经济与管理, 29(1): 13-18.

魏玮, 曹景林. 2019. 产业升级视角下绿色信贷与环保财政政策协同效应研究. 科技进步与对策, 36(12): 21-27.

徐诗举. 2011. 日本国土综合开发财政政策对中国主体功能区建设的启示. 亚太经济, 2(4): 60-64.

徐诗举. 2013. 主体功能区人口迁移: 理论模型与财政政策涵义. 探索, (6): 98-102.

薛泽林, 孙荣. 2016. 治理势能: 政策协同机制建构之关键——台北与上海文化创意产业培育政策比较. 情报杂志, 35(10): 190-194.

杨艳, 郭俊华, 余晓燕. 2018. 政策工具视角下的上海市人才政策协同研究. 中国科技论坛, (4): 148-156.

杨志安, 李媛媛. 2016. 基于 EM 促进我国自然资源合理利用的财税政策效果评价. 税务与经济, (4): 75-82.

张国兴, 高秀林, 汪应洛, 等. 2015. 我国节能减排政策协同的有效性研究: 1997-2011. 管理评论, 27(12): 3-17.

张国兴, 张振华, 管欣, 等. 2017. 我国节能减排政策的措施与目标协同有效吗? ——基于 1052 条节能减排政策的研究. 管理科学学报, 20(3): 162-182.

张娜, 梁喆. 2019. 西方发达国家环境与气候政策协同的经验启示. 中国行政管理, (3): 155-156.

仲为国, 彭纪生, 孙文祥. 2009. 政策测量、政策协同与技术绩效: 基于中国创新政策的实证研究 (1978~2006). 科学学与科学技术管理, 30(3): 54-60+95.

周民良. 2012. 主体功能区的承载能力、开发强度与环境政策. 甘肃社会科学, (1): 176-179+212.

周志忍, 蒋敏娟. 2010. 整体政府下的政策协同: 理论与发达国家的当代实践. 国家行政学院学报, (6): 28-33.

Kampas A, Petsakos A, Rozakis S. 2012. Price induced irrigation water saving: unraveling conflicts and synergies between European agricultural and water policies for a Greek water district. Agricultural Systems, 113: 28-38.

Meijers E, Stead D. 2004. Policy Integration: What Does It Mean and How Can It be Achieved? A Multi-disciplinary Review Paper Presented at the 2004 Berlin Conference on the Human Dimensions of Global Environmental Change: Greening of Policies Interlinkages and Policy Integration. Berlin: 5-12.

OECD Public Management Service and Public Management Committee. 2000. Government Coherence: The Role of the Centre of Government. Meeting of Senior Officials from Centres of Government on Government Coherence: The Role of the Centre of Government. Budapest: 6-7.

OECD. 1996. Building policy coherence: Tools and tensions. Public Management Occasional Papers, (12).

Underdal A. 1980. Integrated marine policy: what? why? how? Marine Policy, 4(3): 159-169.

第二章
相关概念及理论基础

"主体功能区"的概念最早在 2002 年《关于规划体制改革若干问题的意见》出现，旨在增强规划的空间指导和约束功能。之后，国家《"十一五"规划纲要》在"促进区域协调发展"中，设立"推进形成主体功能区"一章，提出优化开发、重点开发、限制开发和禁止开发四类主体功能区的发展方向及分类管理的区域政策；2007 年 10 月，党的十七大报告提出"加强国土规划，按照形成主体功能区的要求，完善区域政策，调整经济布局"；2010 年 10 月，党的十七届五中全会审议通过《中共中央关于制定国民经济和社会发展第十二个五年规划的建议》，提出"实施主体功能区战略"；2010 年 12 月，国务院出台《全国主体功能区规划》，对我国的国土空间进行了主体功能区划分，明确开发目标、开发方向和开发原则。因此，从主体功能区战略和规划的形成过程来看，《全国主体功能区规划》是有关国土空间开发利用的战略性规划，是党中央和国务院对国土空间资源的战略部署和制度安排。

第一节　相关概念

一、主体功能区配套政策的概念

（一）主体功能区

有关主体功能区，《全国主体功能区规划》并没有直接下定义，只是提出"全国主体功能区规划，就是要根据不同区域的资源环境承载力、现有开发强度和发展潜力，统筹谋划人口布局、经济布局、国土利用和城镇化格局，将国土空间划分为优化开发区、重点开发区、限制开发区和禁止开发区四类，确定主体功能定位"[①]。因此，对于主体功能区，我们主要从以下四个方面理解。

（1）主体功能区是具有特定主体功能的国土空间单元。主体功能区是从提供产品的角度对国土空间单位划分的一种功能区域。每个主体功能区都有一个主要功能，如提供工业品或服务品，或者提供农产品，或者提供生态产品，如主要提供农产品的，就是农产品主产区；主要提供生态产品是重点生态功能区。既然有主要功能，当然也会有次要功能。每一种类型的主体功能区都有主要功能和次要功能，如农产品主产区的主要功能是提供农产品，但是农产品主产区中农村的自然环境需要保护，农民生产生活需要有基本的服务和工业品，因此农产区也有提供生态产品和工业品和服务品的功能。

（2）主体功能区有四种类型。在《国务院关于编制全国主体功能区规划的意见》（2007 年）、《全国主体功能区规划》中主体功能区的类型是优化开发区、重点开发区、限制开发区和禁止开发区。其中限制开发区包括限制大规模工业化、城镇化开发利用

---

① 《国务院关于编制全国主体功能区规划的意见》（国发〔2007〕21 号）。

的农产品主产区和重点生态功能区，禁止开发区是禁止进行工业化、城镇化开发利用的重点生态功能区。《国务院关于完善主体功能区战略和制度的若干意见》（2017年）中将主体功能区调整为优化开发区、重点开发区、农产品主产区和重点生态功能区，使不同类型功能区的产品更加明确。

（3）主体功能区划分的依据是资源环境承载力。划分主体功能区，需要考虑资源环境承载能力、现有开发强度和发展潜力等因素。现有开发强度和发展潜力是在不超出资源环境承载能力范围的前提下，对现有开发的评估和可能开发限度的考量。无论是现有的开发，还是未来的开发，都不能超出资源环境承载力范围，资源环境承载能力是主体功能区建设首要考虑的因素。

（4）主体功能区划分的目的是促进人口、经济、资源环境的协调。将国土空间划分为不同的类型，是为了明确不同区域的开发方向，控制开发强度，规范开发秩序，最终的目的是形成人口、经济、资源环境相协调的国土空间开发格局。从四类主体功能区来看，虽然功能定位不同，但是目的是通过分工协作，统筹安排我国国土空间资源的开发利用，实现国家经济社会的可持续发展；从单个功能区来说，在实现主体功能时，也要兼顾其他功能，如优化开发区的主体功能是人口急剧和经济发展，但是也并不是无限制的开发，而是要在资源环境承载力容许的范围之内，控制开发强度，通过产业转型升级，实现经济增长。

（二）主体功能区规划

规划，也称计划，是解决相关的、不可分割的、不可逆的、不完全预见的决策问题的选择（路易斯·霍普金斯，2001）。规划的合理性在于获得一个良好的生活环境、确保资源在现在或未来都能实现最适当的使用，协调各种土地使用的竞争；更有学者认为，规划的作用在于增进知识和信息，减少不确定性，解决外部性问题，处理不完全的竞争，提供公共或共同的设施，改善资源的流动性，以及进行所得再分配（Jack and Ernie，2001）。

全国主体功能区规划，是国家为统筹安排国土空间资源，促进区域协调发展和国土空间资源可持续利用所制定的政策。主体功能区规划具有以下三个方面的特点。

1. 主体功能区规划是战略性规划

所谓战略规划是"一种确定基本决策和行动的训练有素的努力。这种决策和行动影响和指导组织应该是什么样，它应该做些什么以及为什么这样做。战略规划由一套用以帮助领导者和管理人员完成其组织任务的概念、过程及工具组成"（John and Bryson，1996）。主体功能区是党和国家的重大战略，自党的十七次全国代表大会报告首次提出之后，国务院就主体功能区规划的编制做出批示，并于2010年出台《全国主体功能区规划》。这一规划对划分主体功能区规划的指导思想和规划目标、主体功能区的划定及不同类型主体功能区的发展方向、管制原则都做出了比较明确的规定，成为推进形成主体功能区的基本依据，是实施主体功能区战略的重要举措。

2. 主体功能区规划是基础性规划

主体功能区规划是指导国土空间开发利用和保护的总体战略。国务院《关于编制全国主体功能区规划的意见》（2007 年）明确"主体功能区规划是国民经济和社会发展总体规划、人口规划、区域规划、城市规划、土地利用规划、环境保护规划、生态建设规划、流域综合规划、水资源综合规划、海洋功能规划、海域使用规划、粮食生产规划、交通规划、防灾减灾规划等在空间开发和布局的基本依据"。不过，一方面，主体功能区规划的编制体系为国家和省级两层架构的规划体系，导致主体功能区的安排和布局仅到县这一层级，一定程度上影响了主体功能区规划的精准落地；另一方面，主体功能区规划以县域为单元控制开发强度，缺少明晰的生态、农业、城镇等功能空间管控，也缺少市县层面的规划部署，难以对其他空间性规划形成有效的约束和指导。主体功能区规划需要土地利用规划、城市规划的补充，因此中共中央 国务院《关于建立国土空间规划体系并监督实施的若干意见》（2019 年）进一步明确主体功能区规划是国土空间规划的重要组成部分，要推进以主体功能区规划为基础的空间规划相关工作，加快建立空间规划体系。

3. 主体功能区规划是约束性规划

国家的主体功能区规划不仅明确了各类主体功能区的数量、位置和范围，还明确了各个主体功能的定位、发展方向、开发时序、管制原则等。虽然从法律性质上来说，国家的主体功能区规划并没有通过立法程序，上升为法律或者行政法规，但是对省及以下政府及职能部门、国土空间开发者和利用者仍然具有约束力。一方面，国家主体功能区规划对国土空间的开发者和利用者具有约束力，国土空间的开发者和利用者对主体功能区规划要求的义务应当履行，如果不履行，政府及职能部门可以强制履行，或者追究责任；另一方面，省及以下政府及职能部门应当依据主体功能区规划要求，在做出空间管制行为时应当符合主体功能区规划要求，如果违反规划要求，或适用规划错误，都可能导致相应的行为被撤销。

（三）主体功能区配套政策

主体功能区配套政策是重要的公共政策。关于公共政策，有许多具有代表性的观点。Wilson（1887）认为，公共政策是由政治家即具有立法权者制定而由行政人员执行的法律和法规；Lasswell 和 Kaplan（1970）指出，公共政策是一种含有目标、价值与策略的大型计划；Eyestone（1971）认为公共政策就是政府机构和它周围环境之间的关系；Dye（1987）把公共政策界定为政府决定做的事情，或者不做的事情；Kruschke 和 Jackson（1992）指出，公共政策就是政治系统的产出，通常以条例、规章、法律、法令、法庭裁决，以及行政决议等其他形式出现。

国内学者也对公共政策的概念进行了界定。伍启元（1989）认为公共政策是政府所采取的对公私行动的指引；林水波在《公共政策》一书中援引了戴伊关于公共政策概念的界定，认为公共政策是政府选择作为或不作为的行为（林水波和张世贤，1982）；孙光认为政策是国家和政党为了实现一定的总目标而确定的行为准则，它表现为对人们的利益进行分配和调节的政治措施和复杂过程（孙光，1988）；张金马（2003）在《政策科学》导论中认为，政策是党和政府用以规范、引导有关机关团体和个人行动的准则或指南；陈振明（2012）认为政策是国家机关、政党及其他政治团体在特定时期为实现或服务于一定社会政治、经济、文化目标所采取的政治行为或规定的行为准则，它是一系列谋略、法令、措施、办法、方法、条例等的总称。

综上所述，公共政策是国家机关、执政党或其他政治团体在特定时期为解决公共问题，实现公共利益目标所采取的行为或准则，是一系列法律、法令、措施、办法、方法、条例等的总称。由于主体功能区规划明确了各主体功能区的功能定位、发展方面、管制原则等，因此主体功能区配套政策，就是与国土空间资源相关的，促进自然资源可持续利用和生态环境保护的政策，包括财政、投资、产业、土地、农业、人口、民族、环境、应对气候变化等政策。[1]

1. 主体功能区配套政策主体以执政党和政府机关为主

政策主体是指影响政策制定和执行，直接或间接参与到政策过程的个人和组织。从类型来说，不仅包括作为政策制定和执行者的执政党、中央和地方政府及职能部门，还包括影响政策制定和执行的利害关系人、利益群体等。就主体功能区建设来说，各主体在政策中所起的作用不同。前者从全局和宏观的角度，针对国土空间开发利用的政策问题做出决策；后者则根据自身的利益需求提出国土空间开发利用要求，并争取政党、政府和职能部门、社会公众的支持，形成相应的政策诉求，两者相互影响、相互作用，共同形成相应的配套政策。

2. 主体功能区配套政策客体包括政策问题和目标群体

主体功能区配套政策所要解决的社会公共问题是国土空间资源的开发、利用和保护问题，主要表现为[2]：耕地减少过快，保障粮食安全的压力大；生态损害严重，生态系统功能退化；资源开发强度大，环境问题凸显；空间结构不合理，空间利用效率低；城乡和区域发展不协调等。因此政府需要制定政策，综合运用各种手段，引导市场主体根据主体功能定位，有序进行开发。

3. 主体功能区配套政策的目标是促进经济、社会全面协调可持续发展

主体功能区配套政策是保障不同主体功能区建设的政策。优化开发和重点开发区域，主要依靠市场机制发挥作用，政府主要通过编制规划和制定政策，引导生产要素向

---

[1] 《全国主体功能区规划》将主体功能区配套政策分为财政、投资、产业、土地、农业、人口、民族、环境、应对气候变化等九大类，同时对绩效考核制度也做出规定。由于绩效考核是一种政策工具，可以在每个政策中应用，因此本书所指的配套政策主要指九大类政策。

[2] 《全国主体功能区规划》第一篇第一章第三节。

这类区域聚集。农产品主产区和重点开发区，则通过约束不符合主体功能定位的开发行为，通过建立补偿机制引导地方人民政府和市场主体自觉推进主体功能区建设[①]。虽然不同的主体功能区的区域政策有所差异，但都是为了解决国土空间自然资源开发利用中产生的资源环境承载力超载问题，促进经济社会的可持续发展。

4. 主体功能区配套政策的类型多样

主体功能区建设的目的，归根结底是优化配置国土空间资源，促进人口、经济、资源和环境协调。市场虽然在国土空间资源的开发利用中起基础性作用，但是受到外部性、公共物品等因素的影响，市场会出现失灵的现象，需要政府发挥积极作用。政府的干预的手段很多，有财政、投资、产业、土地、农业、人口、民族、环境、应对气候变化等，这些政策虽然制定的主体不同，政策工具和政策目标有一些差异，但是应当相互配合，相互补充，协同发挥作用。

（四）主体功能区配套政策与相关概念的区别

主体功能区配套政策与自然资源的开发利用密切相关，但是主体功能区配套政策与主体功能区自然资源政策、主体功能区政策不同。

1. 主体功能区配套政策与主体功能区自然资源政策

自然资源政策，简单地说就是有关自然资源开发、利用和保护的政策。理论界和实务界大都强调自然资源是可为人类利用的天然的生成物，但是对自然资源外延的解释并不一致[②]，我国的法律文件中也不明确，如《宪法》第九条指出自然资源是指"矿藏、水流、森林、山岭、草原、荒地、滩涂等"；《物权法》第48条明确提出"森林、山岭、草原、荒地、滩涂等自然资源"的权属，但是对于矿藏、水流、海域、土地、野生动植物资源，虽然明确了权属，但是没有明确指出是否属于自然资源；《关于健全生态保护补偿机制的意见》（2016年）明确了森林、草原、湿地、荒漠、海洋、水流、耕地等七个领域的生态保护补偿重点任务，但是也并没有明确这些是否是自然资源。鉴于我国目前已制定《矿产资源法》（1986年颁布，2009年修订）、《森林法》（1984年颁布，2009年修订）、《草原法》（1985年颁布，2013年修订）、《水法》（2002年颁布，2016年修订）、《海洋环境保护法》（1999年颁布，2017年修订）、《土地管理法》（1986年颁布，2004年修订），因此本书讨论的自然资源主要是指在一定历史条件下能被人类开发利用的矿藏资源、森林资源、草原资源、水资源、海洋资源、土地资源等的总称。相应地，自然资源政策可以定义为公共政策主体在特定时期为促进自然资源（或称国土空间资源）的

---

① 《全国主体功能区规划》第二篇第二章第三节。

② 《辞海》解释自然资源是指"一般天然存在的自然物，不包括人类加工制造的原材料，如土地资源、矿藏资源、水利资源、生物资源、海洋资源等"，《辞海》缩印本，上海辞书出版社，1979年，第1897页；《中国大百科全书》称"自然资源是自然环境中人类可以用于生活或生产的物质，可分为三类：一是取之不尽的，如太阳能和风力；二是可以更新的，如生物、水和土壤；三是不可更新的，如各种矿物"，《中国大百科全书（环境科学）》编委会：《中国大百科全书×环境科学卷》，中国大百科全书出版社，2002年，第496页。

开发、利用、保护而制定和实施的行动、计划、规则、措施等的总称。

主体功能区的划分以资源环境承载力为主，而环境容量与自然资源开发利用强度密切相关，因此自然资源政策是主体功能区中非常重要的一个组成部分，直接规定自然资源开发利用的规模、开发利用的方向和管制要求，而主体功能区配套政策则是间接影响自然资源开发利用行为的政策，通过影响其他生产要素的投入和产出而发生作用。主体功能区的自然资源政策与财政、投资、产业、土地、农业、人口、民族、环境、应对气候变化等政策之间相互依赖、相互协调、相互支持，促进自然资源的合理开发利用。

2. 主体功能区配套政策和主体功能区政策

主体功能区自然资源的开发利用，必须在各主体功能区的资源环境承载力范围之内。因此自然资源的管理包括两个方面（图 2-1）：①有多少资源可以开发利用，谁有资格开发和利用自然资源。依据公地悲剧、博弈理论、集体行动选择理论，超过资源承载力的过度开发利用，既可能是个人和企业乱占乱用，也可能是政府没有控制或没有有效控制自然资源开发利用的规模和数量，因此自然资源开发的限制，既包括对个人和企业非法占用或者超标准占用行为的控制，还包括对地方规划管理行为的控制；②控制自然资源开发利用行为对生态环境安全造成的影响。个人和企业在开发利用自然资源的过程中有追求自身利益最大化的动机，为了防止个人和企业的开发利用行为对环境造成损害，需要鼓励有正外部性的行为，惩罚负外部性的行为。

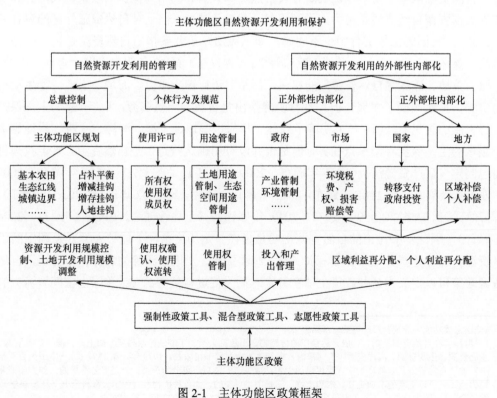

图 2-1　主体功能区政策框架

相应地，主体功能区的政策包括两个方面：一是主体功能区自然资源政策，包括主体功能区规划、自然资源产权和生态空间用途管制等；二是主体功能区（自然资源）配套政策，包括财政政策、投资政策、产业政策、土地政策、农业政策、人口政策、民族政策、环境政策、气候政策等。主体功能区自然资源政策和主体功能区配套政策相互作用、相互影响，共同在国土空间资源治理中发挥作用。

二、主体功能区配套政策协同的概念

政府部门的分工和专业化可以提高效率，适应经济社会发展的需要。但是面对跨区域、跨时空的复杂问题，政府部门之间也需要协调合作，使政策之间协同，共同实现政策目标。政策协同的定义虽然并不统一，但基本包含政策的合作、协调、整合的意思。基于协同理论，主体功能区配套政策协同的内涵可以从以下四个方面理解（赫尔曼·哈肯，2018）：

（1）主体功能区配套政策协同关注的是两个或两个以上各自独立的政策子系统之间的合作、协调和整合。公共政策不是一个单一的政策，而是由多种类型的配套政策子系统构成的政策系统。公共政策主体围绕政策目标，通过序参数的选择与管理，以及子系统间协同机制的建立，来促进九大类配套政策子系统相互配合、共同作用，实现政策系统整体优化。在政策协同的状况下，对于既定的政策目标，多种类型的配套政策子系统组成的政策组合，其运行成本和运行绩效都优于单一的政策子系统简单的加总。

（2）主体功能区配套政策协同是一个动态的过程。最初的配套政策系统处于无序状态，各配套政策子系统由于性质不同，功能各有侧重，各配套政策子系统独立运动，相互关联性较弱。受到外界环境的影响，配套政策系统在序参数的支配下与外界环境进行物质、能量和信息的交换，配套政策子系统相互作用，独立运动相对变弱，关联性开始增强，当达到一定阈值时，配套政策子系统功能趋同，导致宏观系统功能有序，这时配套政策系统的运行就进入了一个更高层次的协同，形成新的系统功能和结构。

（3）主体功能区配套政策协同是一种理想状态。在外界环境的作用下，配套政策系统可以通过自组织，从不协同的状态走向协同的状态。配套政策系统协同的标准不是消解"冲突"，而是是否实现系统整体功能。政策子系统之间或政策系统组成要素之间在发展演进过程中彼此和谐一致、相互配合的程度称为协同度。协同度决定了政策系统在达到临界区域时走向何种顺序与结构。

（4）实现主体功能区配套政策协同需要建立协同机制。对于复杂政策问题，通过引入和管理序参数，运用一定的机制可以保障政策系统的有序运行，实现政策目标。因此，为实现配套政策系统的有序运行，可以建立一定的协同机制，建立调节控制活动所遵循的程序与规则，对配套政策子系统采取若干调节控制活动，推动政策系统的自组织形成。

自然资源利用和管理涉及国家发展和改革委员会、财政部、自然资源部、生态环境部、农业农村部、人力资源和社会保障部等政府部门。由于各部门的职责范围不同，目标不一样，这些部门各自出台的政策之间可能出现不能协同或协同度不高的情况。尤其是颁布《全国主体功能区规划》之后，不同部门需要根据主体功能区的类型制定差异化的政策。哪些配套政策发挥的作用大，哪些政策发挥的作用小，如何将这些政策配合起来实现更好的效果，需要以协同治理理论为指导，结合自然资源治理的实际情况，对主体功能区配套政策协同的情况进行分析。

第二节　理论基础

自然资源是人类文明和社会进步的物质基础。随着自然资源的价值得到进一步的认识，人类对自然资源的开发利用的深度和广度加大。如何优化配置自然资源，提高自然资源的利用效率，学者们进行了广泛而深入的探讨。

一、协同治理理论产生的背景

（一）"公地悲剧"

自然资源可以满足人们的生产生活需要，但是自然资源是稀缺的，并非取之不尽、用之不竭。人类的开发利用活动会使自然资源数量减少、枯竭和耗尽，会使自然资源退化，还会使自然资源所构成的生态平衡被破坏。对此，许多学者进行了深入的分析，其中最著名的是"公地悲剧"。

"公地悲剧"是指一种许多人因共同使用稀缺资源造成环境退化的现象。对这一现象，亚里士多德、霍布斯等曾在其著作中有所描述（埃莉诺·奥斯特罗姆，2012）。1968年哈丁在前人的基础上建构理论模型，并通过一个"对所有人都开放"的牧场作为例子来加以阐释，引起学界的普遍关注。在这个牧场中，因为牧场是公共的，牧民从放牧中获得的收益大于自己在公共牧场退化中承担的成本，这样放牧人会尽可能多地增加自己在公共牧场上放牧的牲畜数量，每个牧民都这样做的结果是公共牧场退化甚至毁灭。因此，哈丁得出了这样的结论："这是一个悲剧。每个人都被锁定进一个系统，这个系统使得他可以在一个有限的世界里不受限制地增加自己的牲畜数量。在一个信奉公地自由使用的社会里，每个人追求他自己的最大利益。公地的自由使用导致对所有人的毁灭"（Hardin，1968）。

对这一现象，囚徒困境从博弈的视角予以阐释。"囚徒困境"是1950年梅里尔·弗劳特和梅尔文·德莱歇提出的模型，用来解释存在外部性情况下个人的选择问题。"囚徒困境"理论讲述了两个犯罪的人被同时关进监狱，在互相不能沟通而且知道不同选择后果的情况下，两人可以选择相互合作，或揭发对方，或者保持沉默。其结果是两人出于对对方的不信任及自身利益最大化的考虑，最终均会选择揭发对方，形成了不合作的博弈结局。"囚徒困境"也被用来分析"公地悲剧"。使用同一块公共牧场的牧民是对局人，在两人参与的博弈中，"合作"策略中每个放牧人放养 1/2 的牲畜，双方利益共享；"不合作"策略中一方放养尽可能多的牲畜，而另一方只能放养少量的牲畜而导致利益受损。由于双方都追求自身利益的最大化，个人理性的策略导致集体非理性的结局。这种博弈也称为哈丁的放牧人博弈。

与传统古典经济学理论不同，奥尔森的集体行动理论建立在"理性人假设"基础上，并对公共资源问题做出了不同的解释。他认为，理性是人类具有以推理行为实现有目的的结果的能力，……理性行为是理性地适应于追求行为者某个目的的行为。理性的人在追求自身利益的过程中总会倾向于使用有效方法获得最大的效率，即在一定产出下投入最小或在一定投入下产出最多。基于这种个人理性的逻辑起点，集团成员不会自愿为集体利益的增值而努力（曼瑟尔·奥尔森，1995）。

公地悲剧是公共或共同资源管理中的普遍问题，不同的学者从不同的角度进行了阐释。这些学者都认为个人利益和集体利益之间的冲突在于搭便车，即任何一个人可以追求自己的利益，但是无须为共同利益付出成本。由于存在搭便车的现象，公共物品供给不足，政策干预便有了必要性。

（二）"市场失灵"和"政府失灵"

由于存在个人理性和集体理性之间的冲突，因此需要选择合适的政策方案。如何选择，学者之间的分歧很大。

市场是自然资源配置的重要手段。在亚当·斯密的"经济人"假设中，每个人是自身利益的最好判断者，只要存在完全的竞争，生产者和消费者都能根据价格信号，在"看不见的手"调控下实现社会利益的最大化。然而由于外部性的存在，社会环境中个人利益和社会利益往往并不一致。因此以科斯为代表的新制度经济学派强调私人产权对资源配置具有积极作用，当存在的是资源的公共产权时，对于获得高水平的技术和知识几乎就没有激励。相形之下，排他性的产权将激励所有者去提高效率和生产率，或者在更根本的意义上讲，去获得更多的知识和新技术（丹尼尔，2007），同时提出由于市场交易是有社会成本的，因此权利的界定和安排在资源配置中非常重要（科斯等，2002）。然而，即便如此，市场作用在自然资源共有或公有的情况下仍然难以发挥作用，一方面，森林、土地等自然资源价值没有在林产品、农产品中得到全部体现，许多林产品、农产品的价格并不能完全反映其价值。对自然资源定价，就要对自然资源的潜在价值进行补偿，并且这种补偿必须符合市场经济规律的客观要求。另一方面，共有或公有的自然资源虽然在其消费和使用过程中具有竞争性，但同时又不具有排他性。对于流动性资源，如水和牧场，即使在特定的权利已被分列出来、定量化并且广为流行时，资源系统依然可能为公共所有而非个人所有（埃莉诺·奥斯特罗姆，2012）。

政府也是配置自然资源的重要手段。面对自然资源开发利用过程中集体行动问题，曼瑟尔·奥尔森（1965）提出除非一个群体中人数相当少，或者除非存在着强制或其他特别手段，促使个人为他们的共同利益行动，否则理性的、寻求自身利益的个人将不会为实现他们共同的或群体的利益而采取行动（曼瑟尔·奥尔森，1995）。Hardin（1968）

认为应当完善立法，同时使监管者的权利合法化。以 Ophuls（1977）为代表的学者回到霍布斯《利维坦》的观点，提出外在的强制力对避免公地悲剧是必不可少的，"由于存在着公地悲剧，环境问题无法通过合作解决……所以具有较大强制性权力的政府的合理性，是得到普遍认可的"。不过，政府在对自然资源市场进行干预的过程中，由于自身的局限性和其他客观因素造成的市场效率低下和其他缺陷，可能会导致资源配置效率达不到最优的情况。集中控制的建议所实现的最优均衡，是建立在信息准确、监督能力强、制裁有效，以及行政成本为零的假设基础上（埃莉诺·奥斯特罗姆，2012）。集中控制的失败会导致地方资源管理及资源质量恶化。

（三）"公共池塘资源"理论

无论是政府管理，还是市场调控，在配置资源的过程中都可能出现失灵的状况。20世纪 80 年代，在多种理论的基础上，埃莉诺·奥斯特罗姆应用制度分析与发展框架，研究多个小规模公共池塘资源的案例，证明政府与市场之外还存在其他的政策方案，即公共池塘资源的共同所有者或使用者的自主治理。

在埃莉诺·奥斯特罗姆的公共池塘资源理论中，公共池塘资源是一个自然的或人造的资源系统，这个系统之大，使排斥因使用资源而获益的潜在收益者的成本很高，使用公共池塘资源的多个个人或多个企业，在没有外部强制的情况下，可以自我组织起来，进行自主治理（埃莉诺·奥斯特罗姆，2012）。公共池塘资源的制度设计原则包括八个方面（埃莉诺·奥斯特罗姆，2012）：①清晰界定边界，能够排除外来者进入；②分配和使用规则与当地条件相一致；③集体选择的安排，受规则影响的人能够参与到规则修改之中；④监督，由占用者、对占用者负责的人或授权的其他人实施监管；⑤分级制裁，有其他占用者或有关官员等解决冲突；⑥冲突解决机制，能够迅速和低成本地解决冲突；⑦对组织权的认可，占用者设计的规则不受外界影响；⑧嵌套式企业，各项活动的组织形式完整。

公共池塘资源理论源于新制度经济学，意在解释制度如何对个人行为产生影响。不过，由于存在制度供给、执行和监督的问题，在公共池塘资源的管理中公有和私有的制度经常是相互结合，共同发挥作用的。自主治理并不是否定政府和市场，而是发挥政府、市场的作用，实现多元主体的协同治理。

二、协同治理理论的主要内容

与埃莉诺·奥斯特罗姆的制度分析与发展框架不同，协同治理更加注重子系统的协同性和协同效果。协同理论起源于协同学，由德国物理学家哈肯（Hermann Haken）在20 世纪 70 年代提出。他认为协同学是在普遍规律支配下有序的自组织集体行为的科学（赫尔曼·哈肯，2018）。随着这一学科在社会科学中广泛应用，协同理论逐步形成，并用来研究子系统之间相互作用、相互影响，从无序到有序的变化规律。

协同理论包括四个原理：序参数原理、支配原理、协同效应原理和自组织原理。序参数原理是指系统中存在将系统组织起来的"无形之手"，包括快弛豫参数和慢弛豫参数。快弛豫参数发挥作用的时间短，作用不明显。慢弛豫参数发挥作用的时间长，效果显著并贯穿于系统转化的全过程，把握这些参数可以使复杂的系统简单化。支配原理是指序参数支配系统中各部分的行为，影响系统的自组织过程。其中慢弛豫参数支配快弛豫参数，主导协同的转化过程。协同效应原理是指系统内各部分的协同带来系统整体效益的增加。当一些外在变量影响复杂系统时，系统内各子系统或各部分出现关联运动，这些关联运动围绕整体发展，通过协作使系统出现协同效应，从而达到"1+1＞2"的效果。子系统协作程度越高，协同效应越好。子系统之间不协作，甚至牵制，整体就会出现无序的结果。自组织原理是指当系统受到外界的物质或信息的侵入时，系统内子系统或各组成部分可以自发有序地行动，实现协同的效果。

治理的定义很多，但都强调改变政府的角色满足社会不断发展的需求。在治理的概念中，得到公认的是全球治理委员会 1995 年在《我们的全球伙伴关系》中对治理的界定，即"治理"就是指各级政府、法人、自然人等管理各类事务的诸多方式的集合。其作用在于使相互冲突抑或不同利益的主体之间的关系得以协调并且能够进行有效的联合行动；它包括人们服从并遵守的法律、法规、各种规章制度，以及各类非正式安排（全球治理委员会，1995）。这一定义主要包括几个方面特征：第一，治理包括一系列的程序和制度，可以是正式制度，也可以是非正式制度，共同指导或限制集体的行动；第二，治理不是一次性活动，而是一个持续的、动态的行动过程；第三，治理涉及多种部门，包括公共部门及私人部门，应用多样的政策工具，如放松管制、市场建立、公私合作等。总而言之，不同于统治和管制，治理是指多方参与主体为了实现共同利益或目标而进行的持续活动或行动的动态过程，这些活动或行动并非完全依靠国家层面的强制力量得以充分实现。

协同治理将"协同"和"治理"两者结合起来，意指来自公私领域的行动者通过公共政策过程提供公共服务。协同治理主要包括几个方面：①治理是综合的概念，不仅仅是指应用法律、法规或其他规则提供公共服务，还包括决策的制定。应用法律法规提供公共服务只是协同治理的基本要求，协同治理中更重要的是公私行动者集体做出决策。因此协同治理是指公私行动者以独特方式和特别程序一起工作，为提供公共服务制定和实施法律及其他规则（Ansell and Gash，2008）。②治理主体多元化。协同治理强调多元主体参与，包括公共机构和非政府的利益相关者（Ansell and Gash，2008）。其中公共机构，不仅限于执行机构，还包括立法、司法机构，以及不同层级的国家和地方的政府机构。非政府的利益相关者，包括公民个人和各种类型的组织。协同治理要求治理主体除了政府机构之外，所有的利益相关者都应当参与到治理之中，并通过政府机构和非政府机构的共同努力，解决公共问题。③治理主体之间的协作。协同治理需要吸取每一方的贡献和资源，各主体都发挥自己的优势，而每一方给共同利益带来增值。具体说，政府保证公共服务的目标、代表公众需求的合法性、公共服务的公开透明和公共责任；私人部门带来企业家精神、从市场获得的资金和其他资源、现代管理技术和经验，以及管理的灵活性和及时性；非营利组织和公民组织作为中间人，以其社会资本、道德规范和管理能力，灵活地回应自身的需求（Rosenau and Czempiel，1992）。协同治理的目的就是要充分发挥"1+1>2"的整体效应，各主体在公共政策制定和实施过程中，相互作用，相互协调，通过自发的、良好的互动以提供更高效的公共服务。

三、协同治理理论对主体功能区配套政策
协同研究的适用性分析

公共的自然资源开发利用具有消费上的非排他性和竞争性，涉及不同区域、多元目标和多重利益矛盾和冲突。对于主体功能区建设来说，由于各类配套政策的性质不同，内容不同，功能各有侧重，因此主体功能区配套政策之间需要有很强的关联性。协同治理理论对于配套政策的研究更具有指导意义。

首先，主体功能区建设需要企业、社会公众等多元主体的参与。一方面，主体功能区建设涉及区域经济发展模式的转变、产业结构的调整、人口的迁移等诸多方面，不仅需要投入大量人力、物力和财力，而且需要企业和社会公众的配合。另一方面，企业和公众在生产和生活过程中造成生态环境污染和破坏，修复生态环境和治理污染的成本需要企业和公众合理分担，因此在自然资源治理中需要发挥企业和社会公众的协作，既明确修复生态环境和治理环境污染的责任主体，同时对政府部门、企业、公众等各个主体的资源进行重新整合，发挥最高的效益。协同治理倡导多元主体的参与，协调多元主体的利益需求，发挥企业和社会公众的积极作用。

其次，主体功能区建设需要发挥地方政府的积极性。在不同类型的主体功能区内，自然资源开发利用所受到的限制不一样。尤其是对于中西部地区来说，由于农产品主产区和重点生态功能区所占比例较高，受到的限制比较多，面临较大的经济发展压力，容易出现激励不足问题。协同治理可以通过利益的分配与共享，实现各个子系统的协同行动。

最后，主体功能区建设需要政府各部门的配合。在公共政策领域，若政策体系为一个整体，政策体系的各个分支政策则为政策子系统，要实现政策体系的整体效益，需要各个政策子系统之间的相互配合；若一个政策为一个整体，政策的各个要素就是子系统，各要素应相互配合，才能实现政策目标。在主体功能区建设中，不仅各自然资源之间相互影响、相互作用，共同维护生态系统的功能，各自然资源政策子系统之间也应当协同，实现主体功能区建设的目标。而且，自然资源开发利用涉及人口、经济、资源、环境等众多领域和众多部门的职责范围，每一种类型的配套政策都构成一个子系统，需要各政策子系统围绕共同的目标形成一致的准则，保证协同治理的整体效益最大化。协同理论是关于系统中各个子系统之间共同行动、耦合结构和资源共享的科学，用来诠释自然资源管理中各个子系统之间的协作关系非常适用。

综上分析，协同治理理论认为协同合作可以使得子系统有序运行，从而自发形成协

同结构，保证整体效应的发挥最大化。协同治理理论所蕴含的多元化主体、自组织结构、各子系统的协作关系和共同规则等特性，对解决当前主体功能区建设中因自然资源开发利用和管理问题，发挥政府部门、地方政府、企业和社会公众的积极性具有指导意义。

第三节 本章小结

主体功能区配套政策是与国土空间资源相关的，促进自然资源可持续利用和生态环境保护的政策，包括财政、投资、产业、土地、农业、人口、民族、环境、应对气候变化等政策。主体功能区配套政策协同则是指主体功能区不同类型配套政策子系统之间的合作、协调和整合。

国土空间资源，是一种自然资源。主体功能区，是依据资源环境承载力、现有开发强度和发展潜力所划分的、具有特定主体功能区的国土空间单元。将国土空间划分为不同类型的主体功能区，是为了明确不同区域的开发目标、开发方向和开发原则，规范开发秩序，实现国土空间资源的优化配置。

关于自然资源的配置，有很多理论探索，"公地悲剧""囚徒困境""集体行动理论"从不同角度说明公共或共同资源管理中存在个人利益和集体利益不一致的问题，需要政府的干预。而"市场失灵"和"政府失灵"推动寻找政府和市场之外其他的解决方案。与"公共池塘资源"理论的制度分析和发展框架不同，协同治理强调公私领域的行动者通过公共政策过程提供公共服务，包括决策的制定、治理主体的多元化、治理主体之间的协作给共同利益带来增值。

主体功能区配套政策很多，这些配套政策主体不同，政策工具和政策目标有一些差异，因此需要多元的主体组织起来，通过协同，共同解决国土空间资源利用保护中的问题。协同治理的理论契合了国土空间资源开发保护的要求，对于主体功能区配套政策的研究具有指导意义。

参 考 文 献

埃莉诺·奥斯特罗姆. 2012. 公共事务的治理之道. 余逊达, 陈旭东译. 上海: 上海译文出版社: 1-36.

陈振明. 2003. 政策科学——公共政策分析导论. 北京: 中国人民大学出版社: 50-51.

丹尼尔 W. 布洛姆利. 2007. 经济利益与经济制度. 陈郁, 郭宇峰, 汪春译. 上海: 上海三联书店: 15-22.

赫尔曼·哈肯. 2018. 大自然成功的奥秘: 协同学. 凌复华译. 上海: 上海译文出版社: 4-18.

林水波, 张世贤. 1982. 公共政策. 台北: 五南图书出版公司: 4-8.

路易斯·霍普金斯. 2001. 都市发展制定计划的逻辑. 赖世刚译. 台北: 五南图书出版公司: 7-18.

曼瑟尔·奥尔森. 1995. 集体行动的逻辑. 陈郁, 郭宇峰, 李崇新译. 上海: 上海人民出版社: 1-2, 70-76.

全球治理委员会. 1995. 我们的全球伙伴关系. 牛津: 牛津大学出版社: 23-24.

孙光. 1988. 政策科学. 杭州: 浙江教育出版社: 14-15.

伍启元. 1989. 公共政策. 香港: 香港商务印书馆: 4-8.

张金马. 2003. 政策科学导论. 北京: 中国人民大学出版社: 19-20.

Dye T R. 2002. 自上而下的政策制定. 北京: 中国人民大学出版社: 3-4.

Jack H, Ernie J. 2001. 都市土地经济学. 台北: 五南图书出版公司: 235-242.

Kruschke E R, Jackson B M. 1992. 公共政策词典. 上海: 上海远东出版社: 31-32.

R. 科斯, A. 阿尔钦, D. 诺斯, 等. 2002. 财产权利和制度变迁. 上海: 上海三联书店: 4-52.

Ansell C, Gash A. 2008. Collaborative governance in theory and practice. Journal of Public Administration Research and Theory, 18(4): 543-571.

Bryson J M. 1996. Sttrategic Planning for Public and non-Profit Organization. San Franisco: Jossey-Bass Publishers: 4-12.

Eyestone R. 1971. The Threads of Public Policy: A Study in Policy Leadership. New York: Bobbs - Merrill: 18-19.

Hardin G. 1968. The tragedy of the commons. Science, (162): 1243-1248.

Lasswell H D , Kaplan A. 1970. Power and Society. London: Yale University Press: 71-72.

Ophuls W. 1977. Ecology and the Politics of Scarcity. W. H. Freeman & Co Ltd.

Rosenau J, Czempiel E. 1992. Governance without Government: Order and Change in World Politics. Cambridge: Cambridge University Press.

Wilson W. 1887. The study of administration. The Academy of Political Science, (2): 197-222.

第三章

主体功能区配套政策的类型及其主要内容

近几年来，主体功能区配套政策的建立和健全受到党中央和国务院的高度重视。2016年3月，国家《"十三五"规划纲要》在第十篇"加快改善生态环境"中设立"加快建设主体功能区"一章，提出要推动主体功能区布局基本形成、健全主体功能区配套政策体系、建立空间治理体系。2017年10月，党的十九大报告在"加快生态文明体制改革，建设美丽中国"中要求"构建国土空间开发保护制度，完善主体功能区配套政策，建立以国家公园为主体的自然保护地体系"；中共中央 国务院《关于完善主体功能区战略和制度的若干意见》指出："进一步完善主体功能区战略和制度，对于加快生态文明建设，促进空间均衡发展，推动形成更高质量更有效率更可持续的空间发展模式，实现'两个一百年'奋斗目标和中华民族伟大复兴的中国梦，具有重大战略意义和深远历史意义"。在党中央和国务院的推动下，国务院职能部门出台了很多相关的政策。这些配套政策的内容各有侧重，是对《全国主体功能区规划》不同要求的贯彻和落实。

第一节　主体功能区的财政政策及其主要内容

财政政策是指政府通过税收、支出等手段调整公共收支规模以影响经济活动，促进经济增长和社会公平的政策。财政政策是国家整个经济政策的组成部分，同其他经济政策有着密切的联系，往往和其他经济政策协调配合使用和实施，以保证更好的政策效果。财政政策的手段主要有税收、国债、政府投资和购买支出、转移支付等。

一、《全国主体功能区规划》对财政政策的要求

财政政策是政府进行宏观调控的重要方式，不仅可以引导市场影响主体功能区的自然资源配置，同时政府还可以通过直接的资金支持，保障公共产品和公共服务，参与主体功能区的建设。具体而言，财政政策应在"财力保障""收入再分配""提供公共物品"等方面发挥作用。

1. 财政政策为限制开发区域提供财力保障

主体功能区的划分考虑资源环境的承载能力、已有开发强度和未来开发潜力，而行政区的划分多考虑政治、历史、文化等因素，两者边界不一致。对于限制开发区域，如农业主产区、重点生态功能区，其开发利用自然资源的能力受到限制，不仅经济发展程度会受到影响，而且要满足环境保护、农业生产及公用事业开支的需要，在其财政自给能力相对较弱的情况下，其财政收支之间势必存在缺口，导致与其他功能区在基本公共服务的水平上出现差异。因此财政政策在主体功能区建设中应发挥协调功能，实现基本公共服务的均等化（孙健，2009）。当限制区域的财政收入与基本公共服务支出的资金需求存在缺口的时候，就需要通过中央对地方的转移支付，尤其是专项转移支付给地方提供财力支持，弥补地方财政资金的不足，增强地方政府提供基本公共服务和解决民生

问题能力, 实现社会公平的目标。

2. 财政政策要调整不同主体功能区的收入分配关系

财政政策可以改变集体或成员在国民收入中占有的份额, 调整不同地区、行业、部门之间的利益关系。主体功能区的划分, 使得各地资源的开发利用行为受到不同程度的限制, 进而影响到不同主体功能区的经济水平和居民的生活水平。相对而言, 优化开发区和重点开发区可以大力发展第二、第三产业, 经济和生活水平相对富足; 限制开发区和禁止开发区主要进行农产品供给、生态保护和自然文化保护, 经济和生活水平相对贫困。财政政策中的一收一支, 可以对社会财富分配中的不公正状况做出矫正, 以改善窘迫者的生活条件 (约翰, 2001)。当不同主体功能区之间经济发展不平衡时, 可通过经济发达区域向欠发达区域的横向补偿, 如资金补助、定向援助、对口支援等方式, 实现"收入再分配", 平衡主体功能区区域利益分配格局, 推进主体功能区规划和建设。

3. 财政政策对自然保护区建设提供直接支持

自然保护区, 是指对有代表性的自然生态系统、珍稀濒危野生动植物物种的天然集中分布区、有特殊意义的自然遗迹等保护对象所在的陆地、陆地水体或者海域, 依法划出一定面积予以特殊保护和管理的区域[①]。自然保护区作为珍稀濒危野生生物物种的庇护所、重要的自然生态系统, 以及科研教育基地, 是人类休闲、娱乐的场所, 对促进国民经济持续发展和科技文化事业发展具有十分重大的意义。自然保护区分为核心区、缓冲区和试验区。严格意义上的自然保护区, 属于纯公共物品, 需要政府提供, 因此不同层级的政府不仅应加大财政支出力度, 增加对自然保护区建设的投入, 而且应当在不同类型的自然保护区建设方面, 明确权责。

二、《全国主体功能区规划》之后财政政策的主要内容

财政政策的类型很多, 按照财政来源和去向可分为财政收入政策和财政支出政策。其中, 财政收入政策包括税收、公债和国有资本收益, 财政支出政策是对政府财政进行再分配活动, 主要包括政府转移支付、政府购买等。《全国主体功能区规划》颁布之后出台的财政政策比较多, 主要的财政政策文件如表3-1所示。

表3-1 近十年主要的财政政策

颁布年份	政策主体	政策名称	政策主要内容
2005年 (2010年, 2016年修订)	财政部	《国家农业综合开发资金和项目管理办法》	完善农业综合开发资金管理要求和规定
2011年	财政部、农业部、国家发展和改革委员会	《关于完善退牧还草政策的意见》	调整建设内容, 完善补助政策, 加强组织领导

---

① 《自然保护区条例》, 2017-10-7. http://www.mee.gov.cn/stbh/zrbhdjg/201807/t20180723_447124.shtml.

颁布年份	政策主体	政策名称	政策主要内容
2014 年	财政部、国家林业局	《中央财政林业补助资金管理办法》	总则、预算管理、森林生态效益补偿、林业补贴、国有林场改革补助、监督检查等
2016 年	国务院办公厅	《关于健全生态保护补偿机制的意见》	明确森林、草原、湿地、荒漠、海洋、水流、耕地等分领域重点任务，提出建立健全体制机制
2016 年	国家发展和改革委员会、财政部、环境保护部、水利部	《关于加快建立流域上下游横向生态保护补偿机制的指导意见》	明确流域上下游横向生态补偿的基本原则和工作目标，就补偿基准、补偿方式、补偿标准、联防共治、补偿协议等提出具体措施
2016 年	财政部、水利部	《中央财政水利发展资金使用管理办法》	规定资金管理、资金支出范围、支出标准、支出方式、支出的绩效管理和监督等
2016 年	全国人大常委会	《环境保护税法》	规定计税依据和应纳税额、税收减免和征收管理
2017 年	财政部	《中央对地方重点生态功能区转移支付办法》	明确政策目标、支持范围、分配原则、补助对象、资金测算、补助对象、绩效管理等
2018 年	财政部、国家林业和草原局	《林业生态保护恢复资金管理办法》	加强和规范林业生态保护恢复资金管理

1. 对重点生态功能区的转移支付

转移支付是政府进行宏观调控的重要手段，包括一般性转移支付和专项转移支付。一般性转移支付是为了弥补财政能力薄弱地区的财政收支缺口，由中央财政转移给地方的财政资金，又称财力性转移支付；专项转移支付是中央财政为实现特定的宏观政策或战略目标而设立的补助资金，专门用于一些关系民生的公共服务。由于主体功能区建设中各级政府之间存在财政能力差异，《中央对地方重点生态功能区转移支付办法》（2017年，2019 年修订）明确重点生态功能区转移支付的目的是"提高国家重点生态功能区等生态功能重要地区所在政府的基本公共服务保障能力"，引导国家重点生态功能区、深度贫困地区、国家生态文明建设和国家公园体制试点示范和重大生态工程建设地区等地方政府加强生态环境保护，并对补助资金使用类型、适用对象、测算标准、中央和地方的权责划分、绩效管理做出具体规定。

2. 以补贴的方式对林业、草地、水利等实施生态补偿

生态补偿是以经济手段调整市场主体利益关系，发挥其保护生态环境的积极性，维护生态系统功能为目的的制度安排。财政政策中有不同的财政支出方式，采用补贴实施生态补偿，可以调整不同产品供给和需求促进产品的生产和供给，如补贴可用于部分弥补公共物品供给的支出成本，也可以是对部分减污成本的返还或者对每单位排污减少的固定支付。对一些历史遗留问题，在其他手段不可行的情况下，如无法确定破坏者或排污者，政府只能用公共资金来补贴别的企业的方式来资助生态保护和修复行动（托马斯·恩德纳，2005）。

补贴的形式很多，包括补助、奖励、贷款贴息等。对于某些公共服务可以采取支付

方式，对于某些投入或技术、贷款、信用市场，则应采取价格方式。通过补贴可以弥补市场主体在提供生态产品时的经济损失，激发其生产的积极性，保证生态产品的供给，如《中央财政草原生态保护补助奖励资金管理暂行办法》（2011年）明确实施禁牧补助、草畜平衡补助、牧草两种补贴、牧民生产资料补贴等一系列的补助奖励措施，促进草原生态保护和牧民增收；《中央财政林业补助资金管理办法》（2014年）规定对森林生态效益补偿、林业补贴、森林公安、国有林场改革等方面的补助资金；2018年财政部、国家林业和草原局为促进林业生态保护恢复，专门制定《林业生态保护恢复资金管理办法》（2018年），对林业生态保护恢复资金的使用范围、资金分配、资金下达、资金管理监督做出规定。

不同的生态产品之间存在供求平衡，生态产品和农产品之间也存在供求平衡，如《国家农业综合开发资金和项目管理办法》（2010年公布，2016年修订）明确规定"加强农业基础设施和生态建设""促进农业可持续发展和农业现代化"，采用补助和贴息的方式，增加农业综合开发投入。因此财政支出补偿需要在不同的产品之间予以平衡。

3. 规定了环境税

环境税是政府依法要求直接向环境排放污染物的企事业单位和其他生产经营者缴纳的一种税。通过环境税，可以让企事业单位或其他经营者承担其环境污染造成的社会成本，实现负外部性内部化。通常环境税设定为某些污染导致的社会边际损失，在边际损失难以计算的情况下，或者对排放进行控制非常困难或极其昂贵时，可能会向一些投入物或产出物征税，如对汽车、燃料等课征的税收，尽管环境因素在创建这些税收时已经起了很大的作用，税收管理的简单易行可能还是主要的考虑因素（托马斯，2005）。如果一个企业的产出与被控制污染密切相关，或者没有可供利用的削减污染技术，那么产品税是一个很好的手段。

环境税是财政政策中的重要内容，是减少污染物排放，保护和改善环境的重要手段。《中华人民共和国环境保护税法》（2016年）明确规定环境保护税的适用范围、计税依据和应纳税额、税收减免、征收管理等内容。

第二节　主体功能区的投资政策及其主要内容

投资政策，简单地说，就是国家为引导行业和企业的投资行为，实现一定时期规划目标而制定和实施的规则。投资政策的内容包括投资领域、投资规模、投资方式、投资标准等。由于存在着周期性的经济波动，投资政策在实施中通常针对不同情况，采用扩张性或紧缩性政策，并与财政政策、货币政策密切结合，通过调整有效需求而达到调控的目的。自然资源的开发利用是一个人力、物力和财力的投入过程，对自然资源开发利用者的投资进行干预可以直接影响自然资源开发利用的数量和方式，因此投资政策在主体功能区建设中占有重要的地位。

一、《全国主体功能区规划》对投资政策的要求

投资政策对资金在行业、产业及地区间的流向具有重要的影响。促进主体功能区建设的投资政策，对于加快推进主体功能区战略精准落地具有重要的意义。

《全国主体功能区规划》要求按功能区安排投资。主体功能区规划明确政府投资主要用于加强农产品主产区和重点生态功能区的发展，如在农产品主产区，政府主要投资农业基础设施建设、农业生态环境保护，不断提升其农业综合生产能力，确保国家粮食安全。在重点生态功能区，政府投资主要是支持生态环境修复工程、基础设施建设和民生改善问题，提升生态产品供给能力，确保国家生态安全。而在不同区域的农产品主产区和重点生态功能区中，国家主要是加强中西部的农业综合生产能力和生态产品生产能力的建设。

《全国主体功能区规划》要求重大项目投资符合功能区定位。主体功能区规划对重点项目的投资领域做出明确规定，要求重点开发区加强基础设施投资，生态环境保护投资用于重点生态功能区，农业投资用于农产品主产区，同时这些领域的投资要特别用于中西部地区。采用的投资方式主要是中央政府补助和贴息，增加中央政府对农产品主产区和重点生态功能区的支持力度。

《全国主体功能区规划》要求政府投资和民间投资相结合。按投资主体不同，可将投资分为政府投资和民间投资（包括外商投资）。随着市场经济的发展，我国投资领域形成了政府投资和民间投资为主体的新格局。国家《"十三五"规划纲要》也明确指出要"充分发挥政府投资的杠杆撬动作用"。由于政府投资与民间投资的目的不一样，投资领域不一样，因此在用好政府投资的基础上，更应当发挥民间投资的作用。

二、《全国主体功能区规划》之后投资政策的主要内容

2010年《全国主体功能区规划》颁布之后，我国出台的投资政策文件数量比较少（表3-2），政策主要内容包括以下两方面。

1. 加强对国家重点建设项目的管理

国家投资如何安排，历来有"平衡增长"与"不平衡增长"的理论的争论（艾伯特·赫希曼，1991）。"平衡增长"理论认为，依靠投资本身可以解决市场问题，即同时建立各种相互依存的工业，使某一部门的产出成为其他部门的投入，从而造成市场的全面扩大，各部门实现全面增长。"不平衡增长"理论则认为，发展中国家资金有限，不可能实现平衡增长，主张把投资集中于某些"主导部门"，以带动其他部门的发展。2011年我国对《国家重点建设项目管理办法》进行修订，明确国家重点建设项目是对国民经济和社会发展有重大影响的项目，包括基础设施、基础产业和支柱产业中的大型项目、高科技项目、跨区域的重大项目等，并规定重点项目确定的原则、确定的方式、项

目管理的组织形式、资金安排、工程建设和管理、绩效和监督、法律责任等，对于加强国家重点建设项目的管理，保证国家重点建设项目的工程质量，提高投资效益，促进国民经济持续、快速、健康发展，具有重要意义。

2. 针对不同主体功能区采用不同的投资政策

投资政策是国家规范投资活动，促进资本流动和生产要素转移的政策。目前国家的投资政策首先明确了政府投资和企业等投资的关系，如《关于深化投融资体制改革的意见》（2016 年）要求转变政府职能，发挥政府投资的引导和带动作用；《关于构建绿色金融体系的指导意见》（2016 年）明确引导和激励社会资本投入绿色产业，促进经济转型。其次针对不同主体功能区采取差别化的投资政策，如《关于落实和完善主体功能区投资政策的实施意见》（2013 年）规定，对于符合主体功能区定位和"三区三线"空间管控的要求投资，在项目审核、建设用地、贴息贷款和投资补助等方面给予支持；对农业主产区和重点生态功能区，加强投资支持，并实行产业准入负面清单，对企业退出给予奖励和补助（表 3-2）。

外资是政府投资之外的一种重要类型。针对外商投资，国家发展和改革委员会还专门制定《外商投资准入特别管理措施（负面清单）》（以下简称《外商投资准入负面清单》），对外资的主体、股权要求、高管要求等外商投资准入方面特别规定，要求境外投资者不得投资《外商投资准入负面清单》中禁止外商投资的领域；非禁止投资领域，须进行外资准入许可；投资有股权要求的领域，不得设立外商投资合伙企业。

表 3-2 近十年主要的投资政策

颁布年份	政策主体	政策名称	政策主要内容
2011 年（修订）	国家计划委员会	《国家重点建设项目管理办法》	规定重点项目类型、建设和管理、责任等
2013 年	国家发展和改革委员会	《关于落实和完善主体功能区投资政策的实施意见》	明确不同主体功能区的重点投资方向，实行差别化投资政策，完善保障措施
2016 年	国家发展和改革委员会	《促进民间投资健康发展若干政策措施》	从促进投资增长、改善金融服务、落实完善相关财税政策、降低企业成本、改进综合管理服务、制定修改法律法规等六个方面提出具体措施
2016 年	中共中央 国务院	《关于深化投融资体制改革的意见》	明确投资体制改革的总体要求，完善政府投资体制、创新融资机制、转变政府职能，强化保障措施
2016 年	七部委	《关于构建绿色金融体系的指导意见》	明确投资体制改革的总体要求，完善政府投资体制、创新融资机制、转变政府职能，强化保障措施
2019 年	国家发展和改革委员会、商务部	《外商投资准入特别管理措施（负面清单）》	对外资的主体、股权要求、高管要求等外商投资准入方面作出特别规定

第三节　主体功能区的产业政策及其主要内容

宏观经济增长的微观基础是企业技术进步、行业生产要素积累与产业升级。在产业发展过程中，政府是否及如何通过政策发挥作用，显然是一个重要问题。关于产业政策，国内学界的定义比较多，有代表性的主要有两种：一种观点认为，产业政策是中央或地方政府为促进某种产业在该国或该地发展而有意识地采取的政策措施，包括关税和贸易保护政策，税收优惠，土地、信贷等补贴，工业园、出口加工区，R&D 中的科研补助，经营特许权，政府采购，强制规定等（林毅夫，2018）；另一种界定的范围比较小，认为产业政策是指政府出于经济发展和其他目的，对私人产品生产领域进行的选择性干预和歧视性对待，其手段包括市场准入限制、投资规模控制、信贷资金配给、税收优惠和财政补贴、进出口关税和非关税壁垒、土地价格优惠等（张维迎，2018）。

一、《全国主体功能区规划》对产业政策的要求

产业政策是重要的调控政策，在主体功能区建设中应当发挥重要的作用。主要表现在如下三个方面。

1. 实行差异化的产业政策

产业政策的内涵涉及两个方面：一是产业政策的内容是否具有特定产业指向；二是产业政策与市场之间的关系（任继球，2018）。一般认为，制定产业政策目标是弥补市场失灵，是政府对市场的补充。在一个完全竞争的市场中，一个企业会按照要素禀赋所决定的比较优势来选择产业和技术，生产的产品成本低才会在国内国际市场中具有竞争力，才能够获得最大的利润；相应地，一个国家的整体经济才有机会获得最大的剩余和资本积累。在产业升级的过程中，由于市场风险导致的失灵，需要政府发挥积极的作用，为现有产业和技术升级提供物质基础，促进产业从劳动和自然资源密集逐渐向资本密集型提升，使得具有潜在比较优势的产业转变成新的具有竞争优势的产业。不过，近期的"林张之争"表明，学界对产业政策的作用还未达成共识，为了解决有关产业政策的争论，许多学者将产业政策分为"功能性的产业政策"和"选择性的产业政策"（任继球，2018）。所谓功能性产业政策是指通过弥补市场失灵，强化市场功能来促进产业的发展，着重强调为所有产业提供一个公平竞争的平台。选择性产业政策主要是通过积极主动地扶持战略产业和新兴产业，实现经济赶超的目标。功能性的产业政策注重市场机制在资源配置中的作用，选择性的产业政策更加强调政府在资源配置中的作用。

不同的主体功能区的产业发展的方向和重点不同，产业政策自然应该有所不同。优化开发区的重点是产业升级，因此应当依托产业政策的力量，主动扶持战略产业和新兴产业，使本国的比较优势得以改变，实现经济赶超的目标。政策的主要内容是在必要的资源、资金和技术力量等方面实行倾斜性投入和扶持，加快主导产业的发展；农业主产区和重点生态功能区，产业政策应弥补市场缺陷，完善资源配置。这种产业政策的基本思路是通过市场的自由竞争和价格变化，促进社会资源按产业结构的发展方向流动。政策的主要内容是为各产业的发展创造良好的市场环境和秩序，以及在科技研发和交易方面发挥重要的作用。

2. 重大项目按功能区布局

关于重大项目，现有的政策文件没有明确界定，只在《关于深化投融资体制改革的意见》（2016 年）要求严格控制政府投资范围，确立企业投资主体地位，并且明确政府投资的范围主要是"市场不能有效配置资源的社会公益服务、公共基础设施、农业农村、生态环境保护和修复、重大科技进步、社会管理、国家安全等公共领域的项目"；企业投资需要核准的项目是涉及社会公共利益的，"关系国家安全和生态安全、涉及全国重大生产力布局、战略性资源开发和重大公共利益等项目"。因此重大项目可以理解为公共领域的重大项目，或者涉及重大生产力布局、战略性资源开发的重大公益项目。国家在一定时期的目标任务和中心工作不同，重大项目就会有所变化。主体功能区规划要求重大项目布局符合功能区定位，重大制造业项目、资源加工类项目优先布局于中西部重点开发区。

3. 建立市场进入和退出机制

市场是双向的，产业有进有退，通过不断调整，才能推动不同主体功能区的建设。市场准入反映了国家对产业进入市场的控制和管理，由于不同功能区的资源环境承载能力不同，因此应当对不同主体功能区的项目实行不同的强制性标准。市场退出可以是市场主体的主动退出，也可以是被动退出。为了保证国家的粮食安全和生态安全，规划要求对农产品主产区域不符合主体功能定位的现有产业，要通过经济手段引导退出，促进产业跨区域转移或关闭。

二、《全国主体功能区规划》之后产业政策的主要内容

产业政策是有关资源配置结构调整的经济政策。根据资源配置结构，产业政策包括产业结构政策、产业组织政策和产业布局政策[①]。产业结构政策侧重调整本国不同产业资源配置结构，如产品价格保护（补贴）、产业成本降低（优惠贷款、贴息贷款）、产业倾斜税（差别折旧、差别税）、再就业支持（失业保险、职业培训、职业中介）；产业组织政策侧重市场结构和市场行为，调整一个产业内部资源配置结构，如产权改革、市场进入管制、政府支持（担保、贷款优惠等）；产业布局政策则是调控地理空间上的资源配置结构，如基础设施的投资、基本公共服务的完善、产业迁移的支持（杨治，1999）。这些政策中有些是强制性政策工具，如产业进入管制、市场进入管制；有些是混合型的政策工具，如政府投资、投资补贴和贷款优惠、信息工具（信息服务、信息平台建设）等；还有些是志愿性政策工具包括志愿协议和志愿标识等。

《全国主体功能区规划》颁布之后主要的产业政策如表 3-3 所示。这些产业政策主要涉及产业目录和市场准入的负面清单。

---

① 产业技术结构是产业结构的一个方面，产业技术政策属于产业结构政策的范围，有时单列的目的是为了突出其重要性。

表 3-3　近十年主要的产业政策

颁布年份	政策主体	政策名称	政策主要内容
2011 年 (2013 年修改)	国家发展和改革委员会	《产业结构调整指导目录（2011 年）》	规定鼓励类、限制类和淘汰类产业目录
2014 年	国务院	《关于促进市场公平竞争维护市场正常秩序的若干意见》	改革市场准入制度，制定市场准入负面清单。探索对外商投资实行准入前国民待遇加负面清单的管理模式
2015 年	国务院	《关于实行市场准入负面清单制度的意见》	明确实行市场准入负面清单制度总体要求、适用条件、适用对象、清单类别、制定清单原则、制定清单程序及与现行制度的衔接等内容
2016 年	国家发展和改革委员会	《重点生态功能区产业准入负面清单编制实施办法》	编制实施程序、编制规范要求、技术审核要求、实施管控
2016 年	国家发展和改革委员会、商务部	《市场准入负面清单草案（试点版）》	初步列明了我国禁止准入类 96 项、限制准入类 232 项，并在上海市、天津市、广东省、福建省 4 个省（市）开展市场准入负面清单试点
2018 年	国家发展和改革委员会、商务部	《市场准入负面清单（2018 年）》	规定对禁止准入事项，市场主体不得进入，行政机关不予审批、核准；对许可准入事项，规定有关资格的要求和程序、技术标准和许可要求等
2019 年	国家发展和改革委员会、商务部	《鼓励外商投资产业目录》	规定鼓励外商投资的产业，对于目录内的外商投资的产业给予优惠政策

1. 制定产业结构调整目录

所谓产业，是指产品和劳务的生产具有同质性（产品用途的同质性、生产工艺的同质性、功能特征的同质性）的企业及其活动的集合（杨治，1999）。经国务院批准，国家发展和改革委员会 2005 年颁布了首部《产业结构调整指导目录》之后，每年根据实际情况对目录内容进行了多次调整，每次调整不仅细化了条目内容，提高了技术要求，而且扩大了覆盖范围。产业调整目录的重点内容涵盖落后淘汰产能、防范产能过剩、适应新型领域的需求、加强重点产业和新兴产业、注重关键设备部件和基础制造能力等方面，对于产业调整和优化升级、促进经济增长方式转变，具有非常重要的指导意义。为推动重点生态功能区的产业准入负面清单编制实施工作的制度化、规范化，为因地制宜制定限制和禁止发展的产业目录，完善相关配套政策，国家发展和改革委员会印发《重点生态功能区产业准入负面清单编制实施办法》，明确了产业负面清单基本原则、编制实施程序、编制规范要求、技术审核要求、实施管控等内容。

另外，我国的外商投资产业政策有了较大变化。为了更好地发挥外资在我国产业发展、技术进步、结构优化中的积极作用，《鼓励外商投资产业目录（2019 年版）》（包括全国鼓励外商投资产业目录和中西部地区外商投资优势产业目录），分别对《外商投资产业指导目录（2017 年）》和《中西部地区外商投资优势产业目录（2017 年）》又进行了修订，较大幅度增加鼓励外商投资领域，鼓励外资参与制造业高质量发展，鼓励外资投向生产性服务业，支持中西部地区承接外资产业转移。属于《鼓励外商投资产业目录（2019 年版）》的外商投资项目，依照法律、行政法规或者国务院的规定享受税收、土地等优惠待遇。《鼓励外商投资产业目录（2019年版）》是我国重要的外商投资促进政策，在保持政策连续性基础上，进一步扩大鼓励外商投资范围，可以促进外资在现代农业、先进制造、高新技术、节能环保、现代服务业等领域投资，促进外资优化区域布局。

2. 实施市场准入负面清单

产业可做多层次划分，一个产业可以划分为若干个行业，一个大行业又可以划分为若干个小行业。市场准入负面清单是政府以清单方式明确列出禁止和限制投资经营的产品、技术、工艺、设备等。通过实行产业准入和市场准入负面清单制度，明确了政府作用的职责边界，赋予市场主体更多的主动权，有利于形成公开公平公正的市场环境，也有利于加快建立与国际规则接轨的现代市场体系，促进国际国内要素有序自由流动、资源高效配置。

在《产业结构调整目录》的基础上，国家针对各类市场主体初始投资、扩大投资、并购投资等投资经营行为及其他市场进入行为，分行业出台有关市场准入负面清单一系列的具体规定。国务院的政策主要确定市场准入负面清单的总体要求、适用条件和对象、清单类别、制定清单原则、程序，以及与现行制度的衔接。国家发展和改革委员会和商务部则进一步明确禁止或许可事项，禁止或许可准入措施。对于禁止准入的事项，市场主体不得进入，行政机关不予审批和办理有关手续。对许可准入事项，由市场主体提出申请，行政机关依据法律规定做出是否准入的决定。

第四节　主体功能区的土地政策及其主要内容

正如土地概念有很多的界定一样，土地政策有许多的定义，如土地政策是为了达到土地利用的某些目标而制定的计划（伊利和莫尔豪斯，1982）；土地政策是国家和政党为实现其所代表的阶级和社会集团在土地问题上的经济利益而规定的调整土地的所有、占有、使用、经营、管理等方面的关系的行为准则（何康等，1990）；土地政策可以理解为国家、政党、政府、社会团体乃至个人等为了协调一定阶级或领域的土地关系，实现土地权益目标的行动过程（黄贤金，2014）。不论是将土地政策解释为计划，或是行为规则，还是行为过程，其实都只是反映了土地政策的一个侧面。总的来看，土地政策是为实现国家一定时期的目标，规定土地利用活动，调整土地利用中的各种利益关系的政策。土地是人口、产业和经济的支撑，是生产和生活的基础。由于有限的土地供给无法满足人们日益增长的用地需求，因此需要土地政策来调节供求，实现土地资源的优化配置。土地政策是主体功能区配套政策中重要的一个部分。

一、《全国主体功能区规划》对土地政策的要求

土地是一切空间开发活动的载体，空间开发秩序的规范、空间结构的优化最终都要

通过土地资源的用途、开发速度、利用结构来体现，土地资源开发利用直接关系着推进形成主体功能区的成败。按照推进形成主体功能区的要求，制定实施土地政策，是政府推进引导市场形成主体功能区的关键。

1. 实行差别化的土地政策

土地政策的作用是解决土地资源配置中的外部性、公共物品、信息不对称、不完全竞争等问题。在完全的市场经济中，资源配置是消费者与生产者追求收益与成本差距最大化的结果。由于存在外部性、公共物品、信息不对称等问题，市场的价格系统对土地利用的成本收益无法完全反映出来，导致"收益外溢"或"成本外溢"的情况出现，因此需要政府的干预，优化配置土地资源，以日益稀缺的土地资源满足人类无限增长的需求。鉴于土地位置的固定性、质量的差异性、用途的多样性和供给的稀缺性，不同的主体功能区需要差别化的土地利用和管理政策，科学确定各类用地规模，如农产品主产区，需要加强基本农田的土地管理，维护粮食安全；生态功能区，需要加强自然保护区的土地管理，尽量减少人类活动对生态环境的影响。

2. 解决人地矛盾

主体功能区建设的目的是实现人与资源、环境的协调，其中人与土地资源的协调是其中的一个重要内容。人与土地资源的协调主要表现在几个方面：一是通过城镇内土地增存挂钩，盘活土地存量，提高城镇区的土地利用效率；二是促进城乡用地之间增减规模挂钩，依据农村建设用地减少规模确定城市建设用地增加的规模，控制土地总量；三是加强城乡之间人地挂钩和区域之间人地挂钩，依据城市吸纳农村人口到城市定居的规模确定城市建设用地增加规模，依据区域吸纳外来人口定居的规模确定该区域建设用地增加规模，以较少的土地来满足更多人口的需求。

二、《全国主体功能区规划》之后土地政策的主要内容

土地政策可以分为土地规划政策、土地权属政策、土地利用管理政策（农地管理和建设用地管理）等，采用不同的政策工具，如强制性政策工具（土地规划、土地许可、土地用途管制、土地监督和监察、绩效考核、法律责任等）、混合型政策工具（土地税、土地使用费、土地产权交易）、志愿性政策工具等。一般来说，土地政策的目标多元，需要根据政策目标，选择合适的政策工具，并将之组合应用，实现多元化的政策目标。自《全国主体功能区规划》之后，国家出台的土地政策比较多，涉及基本农田保护政策、增减挂钩和增存挂钩政策，以及人地挂钩政策等，如表3-4所示。

表 3-4   近十年主要的土地政策

类目	年份	政策主体	政策名称	政策主要内容
增减挂钩政策	2017年	国土资源部	《关于进一步运用增减挂钩政策支持脱贫攻坚的通知》	省级扶贫开发工作的重点县可以将增减挂钩节余指标在省域范围内流转使用

类目	年份	政策主体	政策名称	政策主要内容
增减挂钩政策	2017 年	中共中央办公厅、国务院办公厅	《关于支持深度贫困地区脱贫攻坚的实施意见》	对深度贫困地区加强土地政策支持
	2018 年	国务院办公厅	《城乡建设用地增减挂钩节余指标跨省域调剂管理办法》	增减挂钩政策升级,允许深度贫困地区跨省调剂
	2018 年	国务院办公厅	《跨省域补充耕地国家统筹管理办法》	要求跨省域补充耕地国家统筹要坚持耕地占补平衡县域自行平衡为主、省域内调剂为辅、国家适度统筹为补充,合理控制补充耕地国家统筹实施规模
增存挂钩政策	2018 年	自然资源部	《关于健全建设用地增存挂钩机制的通知》	推进"增存挂钩",规范认定无效批准文件,有效处置闲置土地,做好调查确认,加强监管
耕地占补平衡政策	2016 年	国土资源部	《关于补足耕地数量与提升耕地质量相结合落实占补平衡的指导意见》	提出总体要求,加强规划统筹,严格改造项目管理,强化监督考核
	2017 年	国务院	《关于加强耕地保护和改进占补平衡的意见》	提出总体要求和基本原则,严格控制建设占用耕地,改进占补平衡管理,推进耕地质量提升和保护,健全耕地保护补偿机制,强化保障措施和监管考核
	2017 年	国土资源部	《关于改进管理方式切实落实耕地占补平衡的通知》	改进耕地占补平衡管理,建立以数量为基础、产能为核心的占补新机制,促进耕地数量、质量和生态三维一体的保护
人地挂钩政策	2008 年	国务院办公厅	《关于 2008 年深化经济体制改革工作意见的通知》	首次提出"推进城镇建设用地增加与农村建设用地减少挂钩、城镇建设用地增加规模与吸纳农村人口定居规模相挂钩的时点工作"
	2011 年	国务院	《关于支持河南省加快建设中原经济区的指导意见》	允许河南省探索开展城乡之间、地区之间人地挂钩政策试点
基本农田划定	2014 年	国土资源部、农业部	《关于进一步做好永久基本农田划定工作的通知》	要求在已划定永久基本农田工作的基础上,将城镇周边、交通沿线现有易被占用的优质耕地优先划为永久基本农田。14 个试点城市将先行开展城市周边永久基本农田划定
	2015 年	国土资源部办公厅、农业部办公厅	《关于切实做好 106 各重点城市周边永久基本农田划定工作有关事项的通知》	下发通知要求中国 106 个重点城市周边将划定永久基本农田,并限制高速公路、地铁、轻轨的建设
	2016 年	国土资源部、农业部	《关于全面划定永久基本农田实行特殊保护的通知》	对全面完成永久基本农田划定工作加强特殊保护,作出部署
	2018 年	国土资源部	《关于全面实行永久基本农田特殊保护的通知》	要求以守住永久基本农田控制线为目标,以建立健全"划、建、管、补、护"长效机制为重点,巩固永久基本农田划定成果,完善保护措施,提高监管水平
	2018 年	自然资源部	《关于做好占用永久基本农田重大建设项目用地预审的通知》	严格限定重大项目范围,严格占用和补划永久基本农田论证,严格用地预审事后监管
	2018 年	国务院办公厅	《省级政府耕地保护责任目标考核办法》的通知	明确考核目标、考核主体、考核对象、考核依据、考核方式等

1. 基本农田保护

基本农田保护是保障国家粮食安全，维护社会稳定的重要手段。早在1998年，我国就出台《基本农田保护条例》（1998年），划定基本农田保护区，对划定保护区的基本农田实行严格管理，任何个人和单位不得占用。国家重点项目需要占用基本农田的，必须经国务院批准，同时地方政府应按规划要求补充数量和质量相当的基本农田。《全国主体功能区规划》发布之后，国家更加重视基本农田的保护工作，出台一系列的政策，如《关于进一步做好永久基本农田划定工作的通知》（2014年）、《关于全面划定永久基本农田实行特殊保护的通知》（2016年）、《关于全面实行永久基本农田特殊保护的通知》（2018年），从最初要求将城镇周边容易被占用的优质耕地划定为永久基本农田，到全面划定永久基本农田，从只涉及永久基本农田的划定，到规定永久基本农田划定，永久基本农田质量建设，永久基本农田管理，永久基本农田补划，永久基本农田保护机制，以及保障措施等各个方面，保护的范围进一步扩展，同时严格保护的规定更加具体，表明了党和国家对永久基本农田保护的高度重视，也表明了永久基本农田保护的重要性和紧迫性。

2. 土地利用计划调整

保护耕地要加强对永久基本农田的保护，还需要解决建设用地不足的问题，促进城镇化和工业化的发展。全国主体功能区规划实施之后，国家规定了耕地占补平衡、土地增减挂钩、土地增存挂钩和人地挂钩政策。这四类政策的手段一样，都是"一增一减"，将增减结合起来，但是政策客体不一样，政策目标也不同。耕地占补平衡要求建设占用多少耕地则地方就应当补充相同数量质量的耕地，通过开发未用地和农村土地整治，提高耕地的质量；土地增减挂钩将城镇建设用地增加和农村建设用地减少挂钩，通过建新拆旧和土地整理，使城乡用地布局更加合理；土地增存挂钩则盘活批而未供的土地和闲置土地，提高土地供给的质量和效率，改进城市内部土地利用结构；而人地挂钩更是将城市建设用地增加和吸纳人口的能力结合起来，优化不同城市空间布局。可见，四种政策相互补充、相互协调，对盘活存量的土地，提高城乡建设用地的利用效率，优化土地利用结构和空间布局，具有非常重要的作用。

为了发挥土地政策在支持脱贫攻坚中的作用，国家还专门制定相关土地政策，对脱贫地区倾斜，如《关于进一步运用增减挂钩政策支持脱贫攻坚的通知》（2017年）明确省级扶贫开发工作的重点县可以将增减挂钩节余指标在省域范围内流转使用，将增减挂钩节余指标在省域内流转使用的范围扩展；《关于支持深度贫困地区脱贫攻坚的实施意见》（2017年）则规定深度贫困地区的增减挂钩可以不受指标规模限制，增减挂钩指标可在东西部扶贫协作和对口支援框架内开展交易，占用耕地可以"边占边补"等。这些政策加大了土地政策对脱贫攻坚的支持力度，放宽了适用条件和管制要求，为贫困地区的土地利用提供了一些空间。

第五节　主体功能区的农业政策及其主要内容

农业是人类利用太阳能，依靠生物生长发育机能以获取劳动产品的物质生产部门，一般包括农（种植业）、林、牧、渔业。广义上的农业还包括产前（饲料加工、农业教育和科技）和产后（农产品加工）的部门。因此农业政策有广义和狭义的区分（佟光霁，2017），狭义的农业政策是国家为实现一定的农业发展目标而影响和干预农业生产活动所采取的政策，广义上的农业政策还包括农业、农民和农村等领域的政策。本书选用广义的农业政策。

一、《全国主体功能区规划》对农业政策的要求

农业是重要的物质生产部门，是国民经济中的基础产业，直接关系到人民的基本生活和国家的粮食安全。农业比较效益低，又是一个相对比较弱势的产业，因此农业的发展需要国家的政策支持。《全国主体功能区规划》对农业政策提出了新的要求。

1. 向农产品主产区倾斜

农产品主产区是指具备较好的农业生产条件，以提供农产品为主体功能，以提供生态产品、服务产品和工业品为其他功能，需要在国土空间开发中限制进行大规模高强度工业化城镇化开发，以保持并提高农产品生产能力的区域[①]。农产品主产区是四大类主体功能中的一种，农业政策是主体功能区配套政策中重要组成部分。

农业政策的目的是解决农业政策问题，包括农产品供给问题、农产品质量问题、农产品增产和农民增收问题、农业生产与生态环境保护问题等。不同地区农地数量和质量不一样，农业政策问题不一样，目标群体的利益矛盾和冲突会不同，相应的农业政策就会出现差异。农产品主产区的功能定位于提供农产品，与其他功能区相比受到的限制更多，能够从市场获得的回报更少，更需要农业政策给予大力支持。因此农业主产区需要农业政策的倾斜。

2. 加强农民种粮补贴

农业生产中，粮食种植和粮食销售都是关键环节。与其他产业部门相比，农业生产容易受自然、经济和社会因素的影响，风险性较大。受自然因素的影响，农民种植的粮食可能减产或者绝收。受市场价格的影响，加之农民的议价能力比较弱，收入也会发生较大的变化。因此农业政策中应加强对种粮的农民提供补贴和价格支持。

通常，农业政策目标包括两个主要的内容：其一是保证粮食的产出，增强农业对国民经济的贡献；其二是公平对待农业生产部门，保证农民的收入。在农产品增收和农民

---

① 引自《全国主体功能区规划》第七章。

收入之间不能保持一致的情况下，政策的选择必然受到经济发展水平的影响。但是不断增加对农业的投入，消除农业生产和非农业生产的差距，逐步使农民获得与其他产业相当的收入，对于保障农业生产，保护耕地具有非常重要的意义。

3. 加大财政、投资和信贷的支持力度

农产品主产区是一个重要的主体功能区域，关系到整个国家的粮食供应和国家安全。限制农产品主产区的工业化生产，必然对本区域的经济发展造成影响，进而影响地方政府提供基本公共服务的能力。可见农产品主产区的居民在利用土地为自己谋取利益的过程中为整个国家承担了一定的义务，并因此受到了损失，需要国家通过利益补偿的方式可以使农产品主产区的损失得到合理的补偿，从而实现社会公平的价值要求。

国家对农产品主产区的补偿可以采取多种方式，可以是调整财政支出、加大政府投资，引导民间投资等方式，增加对农村基础设施和公共服务的投入，也可以是通过转移支付，增加土地税费收入用于农业的比例。可见，农业主产区的建设需要农业政策与财政政策、投资政策等密切配合。

二、《全国主体功能区规划》之后农业政策的主要内容

政策工具是实现政策目标的手段。依据政府的强制性不同，农业政策工具主要包括：强制性政策工具（用地许可、用途管制、监督和责任），混合型政策工具（政府财政支持、政府投资、价格支持和政府采购、农业信息服务和信息平台建设）和志愿性政策工具（农产品生产协议、农产品销售协议、农药化肥使用协议等）。近十年来，党中央和国务院非常重视"三农问题"，陆续出台一系列强农惠农政策，如信贷政策、补贴政策、基础设施投融资政策、农产品主产区保护政策等，逐步加大国家支持和保护农业发展的力度，并将之作为乡村振兴战略的重点（表3-5）。

表3-5 近十年主要的农业政策

颁布年份	政策主体	政策名称	政策主要内容
2014年（2017年修订）	财政部、农业部	《农业资源及生态保护补助资金管理办法》	明确资金性质、资金支出范围（耕地质量、草原禁牧和草畜平衡、草原生态修复、渔业资源保护）、资金分配、资金使用和管理等
2015年	财政部、农业部、中国银监会	《关于财政支持建立农业信贷担保体系的指导意见》	财政支持建立农业信贷担保体系的指导思想和目标原则、建立健全全国农业信贷担保体系、财政支持建立农业信贷担保体系的政策措施、着力做好财政支持农业信贷担保体系的组建工作
2015年	财政部、农业部	《关于调整完善农业三项补贴政策的指导意见》	决定从2015年调整完善农作物良种补贴、种粮农民直接补贴和农资综合补贴等三项补贴政策（以下简称农业"三项补贴"）。为积极稳妥推进调整完善农业"三项补贴"政策工作
2015年	财政部、水利部	《农田水利设施建设和水土保持补助资金使用管理办法》	明确资金支出范围为农田水利设施建设和维护保养、水土保持工程建设，以及资金分配、资金使用和管理等

颁布年份	政策主体	政策名称	政策主要内容
2016 年	财政部、农业部	《农业支持保护补贴资金管理办法》	明确资金支出范围为耕地地力保护、粮食适度规模经营，以及资金分配、资金使用和管理等
2016 年	财政部	《国家农业综合开发资金和项目管理办法》	明确资金支出范围为土地治理、产业化经营，以及资金分配、资金使用和管理
2017 年	财政部、农业部	《农业生产发展资金管理办法》	明确资金支出范围为耕地地力保护、适度规模经营、农机购置、特色主导产业发展、绿色技术推广、职业农民培育等，以及资金分配、资金使用和管理
2017 年	国务院办公厅	《关于创新农村基础设施投融资体制机制的指导意见》	明确总体要求，构建多元化投融资新格局，完善建设管护机制，健全定价机制，保障措施
2017 年	中共中央办公厅、国务院办公厅	《关于创新体制机制推进农业绿色发展的意见》	贯彻绿色发展理念，推进农业绿色发展，深入推进农业供给侧结构性改革，加快农业现代化
2017 年	国务院	《关于建立粮食生产功能区和重要农产品生产保护区的指导意见》	科学划定两区，大力推进两区建设，切实强化两区监管，加强对两区的政策支持，加强组织领导
2018 年	中共中央 国务院	《关于实施乡村振兴战略的意见》	提出了实施乡村振兴战略的意义、实施的总体要求和重要工作
2018 年	中共中央 国务院	《乡村振兴战略规（2018～2022 年)》	强调农村基础设施和公共服务

1. 明确了新时期农业政策目标

我国农业虽然取得了积极成绩，保障了 14 亿人口的粮食供给，但是农业生产存在许多问题，如粗放经营方式，农业面源污染和生态退化严重，绿色优质农产品供给不能满足人民群众的需求，农民适应市场竞争的能力弱，基础设施和民生欠账比较多，农村发展水平亟待提升等。中共十八大召开之后，在党中央、国务院做出一系列重大决策部署下，中共中央办公厅、国务院办公厅出台《关于创新体制机制推进农业绿色发展的意见》，进一步明确了农业绿色发展的总的要求、基本原则、工作任务、保障措施，并将之作为乡村振兴战略的重要内容之一。

2. 加大了农业支持的力度

农业生产的比较效益低，需要政府的大力支持，财政部、农业农村部、水利部等联合印发了一系列政策，如《农田水利设施建设和水土保持补助资金使用管理办法》《农业支持保护补贴资金管理办法》《国家农业综合开发资金和项目管理办法》《农业生产发展资金管理办法》《关于调整完善农业三项补贴政策的指导意见》等，不仅提出完善农业生产各环节的补贴，还明确将支持建立完善农业信贷担保体系作为促进粮食生产和农业适度规模经营的重点内容，引导金融资本投入农业，解决农业"融资难"和"融资贵"问题，不仅有利于提高财政支农资金使用效益，对于促进现代农业发展，以及对稳增长、促改革、调结构、惠民生也具有积极意义。

3. 实行农业分区保护

近年来，国家出台了一系列强农惠农富农政策，实现了粮食连年丰收，重要农产品生产能力不断增强。但是，我国农业生产基础还不牢固，工业化、城镇化发展和农业生产用地矛盾不断凸显，保障粮食和重要农产品供给任务仍然艰巨。为优化农业生产布局，聚焦主要品种和优势产区，实行精准化管理，建立粮食生产功能区和重要农产品生产保护区，国务院出台《关于建立粮食生产功能区和重要农产品生产保护区的指导意见》，以主体功能区规划和优势农产品布局规划为依托，以永久基本农田为基础，明确规定两区划定、两区建设、监督、政策支持和组织领导。这些规定对促进农业结构调整，提升农产品质量和市场竞争力，为推进农业现代化建设、全面建成小康社会奠定坚实基础。

第六节　主体功能区的人口政策及其主要内容

社会属性是人的本质属性，人口问题是社会公共问题，不能依靠单个的个人或组织来解决，需要政府干预。关于人口政策，许多学者进行了界定。有的学者认为，人口政策是一个国家或地区用来影响和干预人口运动过程，以及人口因素发展变化的法规、条例和措施的总和（张纯元，2000）；也有的学者认为，人口政策是政府的各种行为，这些行为的目的在于影响人口增减、过程、规模、结构和分布；政府的各种行为包括制定各种法律、法规和措施（佟新，2010）。因此，可以简单地说人口政策是国家影响或干预人口运动过程，以及人口因素发展变化所制定的政策。人口政策的主要内容是增加或限制人口数量、提高人口素质、改善人口结构。

一、《全国主体功能区规划》对人口政策的要求

人口的特征主要表现在人口数量、人口质量和人口结构。人口数量主要是人口的规模大小；人口质量表现为人口的身体素质、文化素质和思想道德素质等；人口结构主要有自然结构（性别结构、年龄结构、身体素质结构）、空间结构（地区分布结构、城乡结构）、社会结构（社会阶层结构、民族结构、教育程度结构、婚姻结构和家庭结构等）（佟新，2010）。人口数量的增减、人口素质的高低、人口结构的变化等，都会对社会经济的发展产生影响，进而影响社会大多数人的利益。因此政府的人口政策，集中表达了国家和政府在一定时期，根据经济社会发展需要，对人口发展的方向所提出的要求，以及期望达到的目标和手段。主体功能区建设的核心目标是实现区域人口、经济、资源与环境的协调发展。实现这一目标，合理、有序的人口迁移则是关键环节。

1. 实行差别化的人口迁移政策

所谓差别化的人口迁移政策是指根据四种不同主体功能区制定不同的人口迁移政策。有关人口迁移的理论很多，包括选择性理论、网络理论、整合理论、推拉理论、过

程理论等（佟新，2010）。主体功能区人口迁移的影响因素不只是单一的货币收益，其他因素如收益成本、工作时间、"区域黏性"成本，包括迁移费用、就业情况、基本公共服务、风俗习惯、亲友情况等可能更重要（徐诗举，2013）。规划要求引导人口向重点开发区、优化开发区集聚的同时，积极推动农产品主产区和重点生态功能区人口退出，必然要针对不同功能区采取不同的人口政策，如对迁出人口的职业培训和安置补偿，对迁入人口的基本公共服务保障。

2. 促进区域人口结构优化

人口发展，不仅仅是一个实现人口均匀分布以均衡社会资本的过程，还必须是一个区域人口全面发展的过程。促进人口在不同区域理性迁移，实现人口在不同自然条件、经济区域的差异化分布，需要选择与人口政策相适应的政策工具，按照主体功能区定位引导人口有序流动，逐步形成人口与劳动力、资金等生产要素同向流动的机制，使人口与经济在一定的国土空间实现均衡。其中户籍制度尤为重要，在实现不同区域居民、城乡居民、迁入居民和本地居民享有均等化公共服务和大体相当的生活水平方面，发挥积极作用。

二、《全国主体功能区规划》之后人口政策的主要内容

人口政策的目的主要是对人口的自然变动、空间移动和社会变动产生影响，实现对人口数量、人口质量和人口结构的调整。作为实现人口政策目标的手段，人口政策工具主要包括：强制性政策工具（生育管制、迁入管制）；混合型政策工具（就业培训、社会保障和基本公共服务等方面的财政支持，就业信息服务和平台建设）；志愿性政策工具（基于成本效益的自由迁出）。《全国主体功能区规划》出台之后，国务院及各部门出台的人口政策并不多（表3-6）。这些政策的主要内容包括以下两方面。

1. 制定人口发展规划

人口问题始终是人类社会共同面对的基础性、全局性问题。不同时期有不同的人口问题，需要有不同的人口政策。针对新时期我国人口发展的内在动力和外在条件的特点，为积极有效应对我国人口趋势性变化及其对经济社会发展产生的深刻影响，促进人口长期均衡发展，国务院发布《人口发展规划（2016~2030年）》，明确了国家人口发展的总体要求、主要目标、战略导向和工作任务。这个规则是指导今后15年全国人口发展的纲领性文件，并为经济社会发展宏观决策提供支撑。

2. 鼓励农村人口向城市转移

为了在有限的土地上满足更多人的生产生活需求，需要通过城镇化和工业化的发展的实现。因此国家出台鼓励农村人口向城市人口转移的政策，主要包括户籍制度改革、财政支持。

表 3-6　近十年主要的人口政策

颁布年份	政策主体	政策名称	政策主要内容
2014 年	国务院	《关于进一步推进户籍制度改革的意见》	明确指出不再区分农业和非农业户口,再一次强调统一的居民户口,并且将继续推进户籍制度改革
2016 年	国务院	《关于实施支持农业转移人口市民化若干财政政策的通知》	对建立健全支持农业转移人口市民化的财政政策体系做出部署
2016 年	国务院	《国家人口发展规划(2016～2030 年)》	提出完善人口流动政策体系,深化户籍制度改革,切实保障进城落户农业转移人口与城镇居民享有同等权利和义务

（1）户籍制度改革。户籍管理是对人口管理的一项重要措施。改革开放之后,国家出台了一系列有关户籍制度改革的政策措施。《关于进一步推进户籍制度改革的意见》（2014 年）则是指导新时期户籍制度改革的又一个纲领性文件,标志着户籍制度改革进入全面实施的新阶段。该意见不仅明确了户籍制度改革的指导思想是"合理引导农业人口有序向城镇转移,有序推进农业转移人口市民化。推动大中小城市和小城镇协调发展、产业和城镇融合发展",还就户口迁移政策调整、创新人口管理、切实保障农业转移人口及其他常住人口合法权益等方面做出具体规定。

（2）财政支持。为了进一步加快农业转移人口市民化,国家出台《关于实施支持农业转移人口市民化若干财政政策的通知》,明确了总体要求、基本原则和政策措施。其中的政策措施主要包括:加大对农业转移人口市民化的财政支持力度;增强城市承载能力;保障农业转移人口有序实现市民化,并与城镇居民享有同等的教育、医疗、就业、社会保障等权利;维护进城落户农民土地承包权、宅基地使用权、集体收益分配权等。

第七节　主体功能区的民族政策及其主要内容

民族政策是指国家和政党在一定时期为协调民族发展、民族关系所采取的一系列相关措施、办法、方法的总称（穆殿春等,2010）。民族政策正确与否对社会稳定和国家统一有着重要的影响。无论从马克思主义的民族观,还是从各国的实践来看,多民族的国家必须选择体现民族平等、团结和共同发展的政策,才能维护国家统一和社会的稳定发展。我国是一个统一的多民族国家,民族的平等、团结、自治和发展,是我们党和国家民族政策的基本原则和根本宗旨。主体功能区战略影响到各民族的生存和发展空间,因此民族政策也是我国主体功能区配套政策中的重要组成部分。

一、《全国主体功能区规划》对民族政策的要求

主体功能区与按照民族集聚而划分的民族区域有交叉和重叠,经济发展和环境保护之间的矛盾突出。一方面,我国少数民族较为集中的区域,如云南、贵州、青海、四川等省自然条件恶劣,生态环境脆弱,多数纳入国家重点生态功能区实行特别保护。另一

方面，这些民族区域贫困人口比较多，急需在限制和禁止的功能区，开发利用国土空间资源，解决民生问题和基本公共服务问题。民族政策是民族利益关系的集中体现，保障和谋求少数民族和民族地区利益的实现是民族政策的目的，民族政策应当与主体功能区的要求相一致。

1. 不同功能区的民族政策目标有所不同

不同时期有不同的民族问题，不同区域有不同的民族问题，需要从国家民族问题和民族关系的实际情况出发，采用具有不同侧重点的民族政策。

在优化开发区和重点功能区，民族地区的发展受到的限制比较少，因此民族政策的目标应当是缩小不同民族地区经济社会发展的差距，促进不同民族地区经济社会的协调发展。在农业主产区和重点生态功能区，民族地区受到的限制比较多，可能影响少数民族地区群众的基本生活，因此民族政策应以基本公共服务和民生问题为主。

总的来说，无论是减少区域间经济社会发展的差距，还是缩小不同地区间的公共服务的差距，都体现了"以人为本"的发展理念。主体功能区划分下的民族政策更要转变政府职能，从市场已经成熟的经济领域退出转向主要提供公共产品和服务，从生产性和营利性领域退出投向教育、医疗、社会保障、环境保护等公共事业。

2. 不同民族地区应用不同的政策工具

一般来说，民族政策包括民族经济发展政策、民族教育科技政策、民族文化政策、民族医疗卫生政策、民族社会保障政策、少数民族干部和人才政策等。

在优化开发区和重点开发区，民族政策重点是保障少数民族特需商品的生产和供应，因此政策工具多选择财政、税收和金融等方面的优惠政策，促进特需商品和传统手工艺品的生产发展和贸易，促进不同民族地区的协调发展。

在农业主产区和重点生态功能区，民族政策应解决突出的民生问题和特殊困难，应当加大中央政府对民族地区的一些与群众生产和生活密切相关的教育、文化、卫生等公共服务和基础设施项目投资力度，吸引更多的非政府投资，为当地少数民族群众提供更多的就业机会，提高少数民族群众的收入水平。

二、《全国主体功能区规划》之后民族政策的主要内容

少数民族的发展，事关各族群众的福祉，事关社会主义现代化建设的全局，事关国家团结统一和长治久安。国家近几年对民族问题非常重视，加大了对少数民族各项事业支持的力度，主要政策（表 3-7）的内容包括如下两个方面。

1. 制定人口较少民族和民族地区发展规划

针对人口较少民族地区的贫困问题、基础设施问题、产业发展问题、社会事业问题等，国家民族事务委员会、国家发展和改革委员会、财政部中国人民银行、国务院扶贫

表 3-7　近十年来主要的民族政策

颁布年份	政策主体	政策名称	政策主要内容
2011 年	国家民族事务委员会、国家发展和改革委员会、财政部、中国人民银行、国务院扶贫办公室	《扶持人口较少民族发展规划（2011~2015 年）》	规划提出要采取特殊政策措施，集中力量帮助这些民族加快发展步伐
2012 年	国务院	《少数民族事业"十二五"规划》	着力推进民族地区基础设施建设，着力培育特色优势产业和战略性新兴产业，着力加强生态建设和环境保护，着力保障和改善民生，着力加大对少数民族文化事业的支持力度
2012 年	国家民族事务委员会	《少数民族特色村寨保护与发展规划纲要（2011~2015 年）》	提出要进一步做好少数民族特色村寨保护与发展工作，在促进经济发展的同时抢救和保护少数民族传统文化
2016 年	国务院	《"十三五"促进民族地区和人口较少民族发展规划》	分析发展环境，提出总体要求，明确主要任务、加大政策支持力度、保障规划组织实施

办在前期规划的基础上，制定《扶持人口较少民族发展规划（2011~2015 年）》，继续采取特殊政策措施，集中力量帮助这些民族加快发展步伐，走上共同富裕的道路。2012年，国务院在此基础上又对整个民族地区制定《少数民族事业"十二五"规划》，明确指导思想、发展目标、主要任务、政策措施和组织实施。尤其是在发挥政策支撑作用方面，对财政政策、投资政策、金融政策、产业政策、土地政策、社会政策、环境政策、人才政策、帮扶政策等方面予以强化。

2. 加强少数民族村寨保护

少数民族特色村寨是指少数民族人口聚居比例较高，生产生活功能较为完备，少数民族文化特征明显的自然村或行政村。少数民族特色村寨在村寨风貌、民居形态、产业结构，以及风俗习惯等方面都集中体现了少数民族经济社会发展特点和文化特色，反映了少数民族地区形成和演变的历史过程，相对完整地保留了各少数民族的文化基因，是传承民族文化的载体，是少数民族和民族地区加快发展的重要资源。

由于自然、历史等原因，少数民族特色村寨的保护与发展仍面临许多困难和问题，主要表现在：贫困问题突出；传统经济转型困难；民族文化传承遭受巨大冲击；村寨的民族特色和乡村特色急速消失。做好少数民族特色村寨保护与发展工作，在促进经济发展的同时保护少数民族传统文化刻不容缓。因此，国家民族事务委员会在国家试点的基础上，制定《少数民族特色村寨保护与发展规划纲要（2011~2015 年）》，特别加强对少数民族村寨的保护，对于促进民族地区经济发展，传承和弘扬少数民族传统文化，巩固和发展和谐的社会主义民族关系具有重要意义。

第八节　主体功能区的环境政策及其主要内容

国家和政党在一定时期为解决环境问题所制定和实施的一系列法律、法规、规章、规则和措施等，统称为环境政策。随着自然资源开发利用的扩展，环境污染问题和生态破坏问题日趋严重，进而制约经济社会的持续发展。政府通过环境政策工具控制和引导市场主体的行为，促使个人或企业实现一定的环境目标，促进公共利益的实现。环境政策工具主要包括强制性政策工具（总量管理、排污许可、环境准入）、混合型政策工具（环境税费、环境信息服务和信息平台建设）和志愿性政策工具（排污权交易、环境志愿协议）等。

一、《全国主体功能区规划》对环境政策的要求

在主体功能区规划的基础上配套实施环境政策，是推进主体功能区建设的重要内容。没有配套的环境政策，主体功能区的环境建设目标就有可能落空。只有将主体功能区建设与环境政策结合起来，才能使主体功能区战略得到具体落实。

1. 针对不同主体功能区应用不同的强制性政策工具

我国不同区域的资源环境问题有很大差别。相对而言，经济发展比较快的地区环境污染问题更加严重，污染造成的经济损失与社会损失也在上升；而在经济发展慢或者比较落后的地区，生态环境质量衰退比较明显，草地退化、沙漠化方面的影响造成许多地方不再适宜居住。由于地理位置、资源环境、社会经济发展程度及主体功能定位等条件的不同，必然要求环境政策具有针对性。

规划要求环境政策解决不同区域的环境问题。优化开发区应大幅度减少污染物排放，实行更严格的产业准入环境标准，严格限制排污许可证，严格总量控制指标和污染物排放标准等；重点开发区需要较大幅度减少污染物排放，逐步提高产业准入环境标准，合理控制排污许可证，实行较严格的总量控制；农产品主产区是减少污染物的排放总量，从严控制排污许可证，实行产业准入环境标准；重点生态功能区则是确保污染物"零排放"，实行产业准入标准，关闭或限期迁出污染企业，不发放排污许可证，严格禁止不利于水生态环境保护的开发利用活动。

2. 应用多种市场型政策工具

市场型政策工具是指按照市场规律的要求，调节和影响市场主体的行为所运用的价格、税收、信贷、保险等工具。与传统的强制性政策工具不同，这些工具鼓励通过市场信号来做出行为决策，而不是制定明确的污染控制水平或方法规范人们的行为，具有低成本高效率的特点和技术革新及扩散的持续激励（保罗和罗伯特，2006）。

不同主体功能区的企业或个人在开发和利用自然资源的过程中，或多或少产生一些外部性，包括负外部性和正外部性。负外部性是指个人利用土地和自然资源对其他人强加一部分损失，也就是说，个人收益大于社会收益，损失"外溢"，如工厂排放的污染物对社会造成了不良影响，而社会为此承担了一定的成本。为了使社会的成本与工厂的成本一致，就必须将这一部分社会代替工厂承担的成本转化为工厂自己的成本，迫使企

业治理自己的污染。正外部性是指个人利用土地和自然资源对其他人带来收益，也就是说，个人收益小于社会收益，利益"外溢"，如植树给社会带来很多益处，但个人收益较少。主体功能区规划要求应用环境税、绿色信贷、绿色保险、绿色证券等工具，促进各类主体功能区的建设。

二、《全国主体功能区规划》之后环境政策的主要内容

规划实施之后，国家出台的环境政策比较多（表3-8），涉及的范围比较广，包括生态红线、大气污染防治、水污染防治、信息系统建设和绿色金融等。主要内容包括以下两方面。

表 3-8　近十年来主要的环境政策

类目	颁布年份	政策主体	政策名称	政策主要内容
主体功能区	2013 年	环境保护部、国家发展和改革委员会、财政部	《关于加强国家重点生态功能区环境保护和管理的意见》	提出总的要求，明确主要任务和保障措施
	2014 年	国家发展和改革委员会、环境保护部	《关于做好国家主体功能区建设试点示范工作的通知》	提出对农产品主产区域取消地区生产总值考核，把生态环境保护与发展生态经济结合起来，探索壮大特色生态经济的发展模式和发展途径
	2015 年	环境保护部、国家发展和改革委员会	《关于贯彻实施国家主体功能区环境政策的若干意见》	不同功能区的环境政策
	2017 年	环境保护部、财政部	《关于加强"十三五"国家重点生态功能区县域生态环境质量监测评价与考核工作的通知》	突出地方政府在生态环境保护所取得的成效，消除由于自然条件差异而导致的考核结果差别，将生态环境质量动态变化值作为转移支付资金奖惩的主要依据
生态红线	2014 年	环境保护部	《国家生态保护红线-生态功能基线划定技术指南（试行）》	将内蒙古、江西、湖北、广西等地列为生态红线划定试点
	2015 年	环境保护部	《生态保护红线划定技术指南》	指导全国生态保护红线划定工作
	2017 年	环境保护部办公厅、国家发展和改革委员会	《生态保护红线划定指南》	以地形、地貌、植被、河流水系等自然界为依据，充分与相邻行政区域生态保护红线划定结果进行衔接与协调
	2016 年	国家发展和改革委员会等 9 部委	《关于加强资源环境生态红线管控的指导意见》	管控内涵及指标设置，建立管控制度、组织实施
	2017 年	中共中央办公厅、国务院办公厅	《关于划定并严守生态保护红线的若干意见》	划定生态保护红线、严守生态保护红线、强化组织保障
信息	2016 年	国家发展和改革委员会	《"互联网+"绿色生态三年行动实施方案》	要求完善污染物监测及信息发布系统，形成覆盖主要生态要素的资源环境承载能力动态监测网络，实现生态环境数据的互联互通和开放共享
	2016 年	环境保护部	《生态环境大数据建设总体方案》	要求推动政府信息系统和公共数据互联共享，运用现代信息技术加强政府公共服务和市场监管，实现生态环境数据互联互通和开放共享

类目	颁布年份	政策主体	政策名称	政策主要内容
排污权交易	2011 年	国务院	《"十二五"节能减排综合性工作方案》	推进排污权和碳排放权交易试点,建立健全排污权交易市场,研究制定排污权有偿使用和交易试点的指导意见
	2014 年	国务院办公厅	《关于进一步推进排污权有偿使用和交易试点工作的指导意见》	发挥市场机制推进环境保护和污染物减排
	2016 年	国务院	《"十三五"节能减排综合工作方案》	实施重点行业、重点区域、重点污染物总量减排
水资源保护	2012 年	国务院	《关于实行最严格水资源管理制度的意见》	对实行最严格水资源管理制度作出全面部署和具体安排。核心内容是"三条红线""四项制度"
	2013 年	国务院办公厅	《实行最严格水管理制度考核办法》	规定考核内容和评分方法
	2013 年	水利部	《关于加快推进水生态文明建设工作的意见》	提出加快推进水生态文明建设的部署。在全国层面分两批启动了水生态文明城市建设试点
	2015 年	国务院	《关于印发水污染防治行动计划的通知》	解决水污染问题,以改善水环境质量为核心,为建设"蓝天常在、青山常在、绿水常在"的美丽中国提供保障
	2016 年	中共中央办公厅、国务院办公厅	《关于全面推行河长制的意见》	

1. 制定不同主体功能区的环境政策

为了贯彻落实生态文明建设的精神和理念,推进《全国主体功能区规划》,环境保护部和相关部门出台了一系列与主体功能区配套的环境政策。《关于加强国家重点生态功能区环境保护和管理的意见》(2013 年)专门针对重点生态功能区提出了总体要求、主要任务和保障措施。其中主要任务是严格控制开发强度、加强产业发展引导、全面划定生态红线、强化生态环境监测和健全生态补偿。为了落实生态红线划定工作,还相继出台红线管控的指导意见、红线划定的技术指南等。在试点的基础上,国家发展和改革委员会、环境保护部发布第一个基于全国主体功能区规划出台的部门政策《关于贯彻实施国家主体功能区环境政策的若干意见》(2015 年)。该政策提出坚持激励和约束并重,坚持分类差异化管理,针对不同主体功能区应用不同的环境政策。这些政策对于提升环境管理的水平,促进主体功能区建设,促进经济社会健康发展具有重要的意义。

2. 加强了环境要素的污染治理

鉴于我国环境污染的严峻形势,国家一直非常重视节能减排工作,不仅先后出台《"十二五"节能减排综合性工作方案》(2011 年)、《"十三五"节能减排综合性工作方案》(2016 年),明确实施重点行业、重点区域、重点污染物总量减排的工作要求,积极推进拟排污权有偿使用和交易试点,还针对不同领域不同环境要素的污染控制出台一系列的意见,如针对我国人多水少、水资源短缺、水污染严重、水生态恶化的问题,国家和相关部门出台《关于实行最严格水资源管理制度的意见》(2012 年)、《实行最严格水管理制度考核办法》(2013 年)、《关于加快推进水生态文明建设工作的意见》(2013 年)、《关于印发水污染防治行动计划的通知》(2015 年)、《关于全面推行河长制的意见》(2016 年)等,规定"三条红线"(水资源开发利用控制红线、用水效率控制红线、水功能区限制纳污的红线)和"四项制度"(用水总量控制制度、用水效率控制制度、水功能区限制纳污制度、管理责任和考核制度),实行最严格的水资源保护政策和水污染治理,以促进水资源的合理开发利用和保护,推动经济社会发展与水资源水环境承载能力相协调。

第九节　主体功能区的应对气候变化政策及其主要内容

应对气候变化政策是国家和政党为应对气候变化所采取的一系列减缓和适应气候变化的措施和行动的总称。气候条件是影响一个地区自然资源禀赋、产业生产和经济布局、生态系统功能的决定因素。由于气候变化对环境、经济和社会所造成的影响无处不在,因此需要充分考虑不同区域气候类型和气候变化的后果,统筹考虑资源环境承载能力,在不同的主体功能区制定相应政策来缓解气候变化或适应气候变化,尽可能降低危害。

一、《全国主体功能区规划》对应对气候变化政策的要求

1. 不同区域的气候政策应有所侧重

气候行动包括减缓行动和适应行动。减缓行动主要是指通过节约能源、提高能源效率、捕捉温室气体等措施控制温室气体排放。适应气候行动是指为适应气候变化采取的政策,包括应对极端天气造成的损害、预防干旱导致的水和食物的短缺;减轻海平面上升对海岸基础设施造成的损害等。虽然减缓行动和适应行动的界限不清晰(如公共交通基础设施的建设不仅服务于减缓行动的目标,而且服务于适应行动的目标),二者之间往往是互补而非排斥的关系,应当同时考虑(Lee Godden, 2012)。

不过,气候变化对不同区域的影响不同,不同功能区的政策重点应有所不同。在城市化地区,能源生产和消费是主要的温室气体排放源。由于化石能源生产和消费过程中产生的外部成本无法体现在市场中,导致化石能源过度消费和温室气体排放。与此同时,新能源开发利用带来的环境利益为社会其他成员所共享,影响了新能源的生产。政府应主要采取减缓气候变化政策,通过提高传统能源的利用效率,发展新能源等措施来干预市场,解决能源生产和消费中的外部性问题,减少温室气体排放。

在农村地区,包括农业主产区和重点生态功能区,温室气体的排放比较少,更多的应采用适应气候变化的政策,如应对极端天气造成的损害、预防干旱导致的水和食物的

短缺；减轻海平面上升对海岸基础设施造成的损害等，增强适应气候变化的能力，减轻气候变化的不利影响，保证农产品和生态产品的供给。

2. 针对不同的主体功能区选择不同的政策工具

不同主体功能区因自然条件不同，受到气候变化的影响不同，也要采用不同的气候政策。虽然农业主产区和重点生态功能区都是以适应气候变化政策为主，但是适应气候变化的手段有所不同。在农产品主产区，气候变化对农业生产布局、种植结构等造成影响，需要加强基础设施建设，优化农产品结构，保障农业生产和粮食安全；在重点生态功能区，应当加强生态环境的治理，增强生态系统的固碳能力。

气候变化是人类自身活动所产生的风险，危害大、发生的时间和结果具有不确定性。在面对不确定性问题时，往往需要运用风险管理的方法对决策做出选择，对气候变化采取风险消减、风险监测和危机处置等全过程的行动（Lee Godden，2012）。从风险管理的手段可以看出，适应气候变化行动，不仅需要在出现气候变化造成灾害之后采取补救措施，更要提前做好风险预防措施，防患于未然。因此规划还要求针对不同的主体功能区建立预防机制，加强重大基础设施建设、大型工程建设、重大区域性经济开发项目的可行性论证，加强自然灾害监测预警和防御能力建设。

二、《全国主体功能区规划》之后应对气候变化政策的主要内容

主体功能区规划出台之后，我国随即开始低碳城市试点，不过这十年来，国家出台的应对气候变化政策并不多（表3-9）。应对气候变化政策工具主要包括：强制性政策工具（规划管理、碳排放许可、可再生能源证书）；混合型政策工具（碳税、可再生能源补贴、信息提供和平台建设）；志愿性政策工具（碳交易、可再生能源交易证书）等。

表3-9　近十年主要的应对气候变化政策

颁布年份	政策主体	政策名称	政策主要内容
2010 年	国家发展和改革委员会	《关于开展低碳省区和低碳城市试点工作的通知》	明确具体任务和工作要求
2011 年	国务院	《中国应对气候变化的政策与行动》	明确开展应对气候变化工作政策和行动
2012 年	国务院	《"十二五"控制温室气体排放工作方案》	提出减排目标，发挥市场机制在推动经济发展方式转变和经济结构调整方面的重要作用
2012 年	国家发展和改革委员会	《温室气体自愿减排交易管理暂行办法》	规范国内温室气体减排的交易行为，尝试通过政策引导先进地区开展的碳交易
2016 年	国务院	《"十三五"控制温室气体排放工作方案》	明确提出我国"十三五"末期在温室气体减排工作上的主要目标

1. 应对气候变化政策与行动

中国政府历来重视气候变化问题，积极应对气候变化，不仅将应对气候变化的政策

措施纳入国民经济和社会发展规划，还发表《中国应对气候变化的政策与行动》（2011年）白皮书，积极向国际社会表明中国的立场。白皮书明确了减缓气候变化、适应气候变化、基础能力建设、全社会参与、参与国际谈判和加强国际合作等六个方面的工作和任务，提出了"十二五"时期的目标任务和政策行动，以及中国参与气候变化国家谈判的基本立场。

2. 控制温室气体排放的政策

温室气体并非传统意义上的污染物，但是由于人类能源生产和消费产生的温室气体进入大气环境之后，使环境正常的组成和性质发生了改变，进而对人类和生态环境产生不良影响，因此也被视同污染物。

控制温室气体排放是我国应对气候变化的重要任务。相对而言，这一方面国家出台的政策文件比较多的。这些政策文件的侧重点有所不同。《"十二五"控制温室气体排放工作方案》（2012年）、《"十三五"控制温室气体排放工作方案》（2016年）明确总体要求和主要目标，综合运用多种控制措施，开展低碳发展试点、建立温室气体排放基础统计核算体系、探索建立碳排放交易市场、推动全社会低碳行动、开展国际合作、科技和人才支撑、保障措施等方面做出了全面和具体规定。《关于开展低碳省区和低碳城市试点工作的通知》（2010年）、《温室气体自愿减排交易管理暂行办法》（2012年）则是针对低碳试点问题、碳排放交易问题等做出规定。

第十节　本章小结

主体功能区配套政策包括财政政策、投资政策、产业政策、土地政策、农业政策、人口政策、民族政策、环境政策、应对气候变化政策等九大类。《全国主体功能区规划》中专门设立一章，对不同配套政策分别提出了要求。虽然具体内容不一样，但是基本要求都是针对不同的功能区，实施差异化的配套政策。

《全国主体功能区规划》出台之后，国务院职能部门按职能和任务颁布了很多配套政策。其中，财政政策的主要内容是对重点生态功能区实施转移支付、建立生态补偿机制、征收环境税；投资政策的主要内容是加强国家重点项目的管理，针对不同功能区采用不同的投资政策；产业政策的主要内容是制定产业结构调整目录，实施市场准入负面清单；土地政策的主要内容是加强对永久基本农田的保护，同时通过土地利用计划的调整解决建设用地问题；农业政策的主要内容是明确农业绿色发展的目标，加大农业支持的力度，实行农业分区保护；人口政策的主要内容是制定人口发展规划，鼓励农村人口向城市转移；民族政策的主要内容是制定人口较少民族和民族地区的发展规划，以及少数民族村寨保护规划，加大国家对少数民族各项事业的支持力度；环境政策的主要内容是针对不同主体功能区制定环境政策，加强环境要素的污染治理措施；应对气候变化政策的主要内容是发表《应对气候变化政策与行动》的白皮书，控制温室气体排放。

这些配套政策不仅数量多，而且内容非常丰富，涉及国土空间开发保护的不同方面和不同环节，最终的目的都是为了配合主体功能区的划分，解决国土空间资源开发保护中的市场失灵问题。

参 考 文 献

艾伯特·赫希曼. 1991. 经济发展战略. 北京: 经济科学出版社: 43-64.

保罗 R. 伯特尼, 罗伯特 N. 史蒂文斯. 2006. 环境保护的公共政策. 上海: 三联出版社: 41-82.

何康等. 1990. 中国农业百科全书·农业经济卷. 北京: 中国农业出版社: 374-378.

黄贤金. 2014. 土地政策学. 北京: 中国农业出版社: 3-5.

林毅夫. 2018. 产业政策与结构发展——新结构经济学视角. 见: 林毅夫, 等. 产业政策: 总结、反思与展望. 北京: 北京大学出版社: 3-5.

穆殿春. 2010. 民族政策概论. 北京: 民族出版社: 94-97.

任继球. 2018. 产业政策理论与实践研究述评. 见: 林毅夫, 等. 产业政策: 总结、反思与展望. 北京: 北京大学出版社: 92-97.

孙健. 2009. 主体功能区建设中的基本公共服务均等化问题研究. 西北师大学报, 42(2): 65-69.

佟光霁. 2017. 农业政策学. 北京: 科学出版社: 5-8.

佟新. 2010. 人口社会学. 北京: 北京大学出版社: 4-8, 321-326.

托马斯·恩德纳. 2005. 环境与自然资源的政策工具. 张蔚文, 黄祖辉译. 上海: 上海三联出版社: 113-122, 150-155.

徐诗举. 2013. 主体功能区人口迁移: 理论模型与财政政策涵义. 探索, (06): 98-102.

杨治. 1999. 产业政策与结构优化. 北京: 新华出版社: 54-68.

伊利, 莫尔豪斯. 1982. 土地经济学原理. 藤维藻译. 北京: 商务印书馆: 17-18.

约翰·L. 米克塞尔. 2001. 公共财政管理: 分析与应用. 北京: 中国人民大学出版社: 8-9.

张纯元. 2000. 中国人口政策演变过程. 见: 于学军, 谢振明. 中国人口发展评论: 回顾与展望. 北京: 人民出版社: 2-4.

张维迎. 2018. 我为什么反对产业政策——与林毅夫辩. 见: 林毅夫, 等. 产业政策: 总结、反思与展望. 北京: 北京大学出版社: 16-19.

Lee Godden. 2012. Legal Frameworks for Loal Adaption in Australia: The Role of Local Governance in a Climate Change Era. In: Richardson B J. Local Climate Change Law. Edward Elgar Publishing, Inc. 331-332.

第四章

基于政策工具的主体功能区
配套政策协同

在不同类型的主体功能区^①，自然资源开发利用所受限制不同，配套政策应该有所差异。实行差异化的配套政策也是《全国主体功能区规划》的基本要求。鉴于主体功能区配套政策数量很多，而定性分析难以把握政策的全貌，基于政策工具的类型对政策进行量化处理和统计分析，可以认识主体功能区配套政策差异化的现状。

第一节　政策工具分类的研究

政策工具，也称"政府工具"或者"治理工具"，有很多的定义，如有的学者认为政策工具是"政府行为的方式，以及通过某种方式调节政府行为的机制"（欧文·休斯，2001），有的学者认为是"政府将其实质目标转化为具体行动的路径和机制"（张成福和党秀云，2001）等。一般来说，多数学者都认为政策工具是政府为实现政策目标所采用的技术或手段（Michael，1991）。

一、国外政策工具的分类研究

政策工具是政策的构成要素，是政策实施的重要内容。将政策工具分类，可以把握政策工具的类型和特征，选择好的政策工具，实现政策目标。因政策工具本身的重要性和复杂性，国内外学者从不同角度对其进行了归类。

1. 基于政府目标和实施强度的分类

最早的政策工具分类研究源于 Lowi（Theodore Lowi）。Lowi 将政策工具分为分配型政策工具、规制型政策工具、再分配型政策工具和促进型政策工具（Michael，1991）。

Lowi 认为，政府的大部分活动可以根据其目标特征和实施的强度进行分类。分配型政策工具是以个人目标为导向且处罚较轻的一类政策工具；规制型政策工具是以个人目标为导向且处罚较重的一类政策工具；再分配型政策工具是以较重处罚实现整体目标的一类政策工具；而以整体目标导向但处罚较轻的政策工具则属于促进型政策工具。这种分类对很多国家的政策分析产生影响。

2. 基于政府使用资源的分类

英国学者 Hood（1983）对政策工具建立了系统化分析框架。他提出所有的政府活动，从功能上看可以分为两种：一是从社会中获取信息；二是影响社会。Hood 将前一种功能比喻为政府的探测器，后一种功能比喻为政府的影响器。为了实现这两种功能，

---

① 《全国主体功能区规划》（2010 年）按开发方式将我国国土空间分为优化开发、重点开发区、限制开发区和禁止开发区四种类型，按开发内容，分为城市化地区、农产品主产区和重点生态功能区。国务院《关于完善主体功能区战略和制度的若干意见》（2016 年）将我国国土空间分为优化开发区、重点开发区、农产品主产区和重点生态功能区。由于不同时期的文件分类不一致，为了统一和分析的便利，本书按开发内容，将国土空间分为优化开发区、重点开发区、农产品主产区和重点生态功能区。

政府就需要耗费一定的权威、资材、信息和组织等资源，资源不同政策工具就不一样。

依据政府使用的资源，Hood（1983）将政策工具分为权威型、资财型、信息型和组织型四类（表 4-1）。权威型政策工具即依靠政府的强制性力量，通过命令、禁止等方式影响社会；资财型政策工具与金钱有关，是指政府通过使用财政资金，以及其他可替代性资源来实现政策目标的手段，主要有定制的支付、开放的支付两种；信息型政策工具是指政府通过信息来影响社会其他实体的方式，包括定制的信息、大众的信息；组织型政策工具则是指政府依靠自身所拥有的组织资源，以个别处理或规模处理的方式采取直接的行动。

表 4-1 Hood 的政策工具分类

主要用途	政府资源			
	权威型	资财型	信息型	组织型
影响器	许可	拨款	建议	官僚行政
	用者付费	贷款	培训	公共企业
	规制	税收		
探测器	证明	税式支出		
	普查	投票	报告	记录
	咨询	侦查	登记	调查

3. 基于政府权力强制程度的分类

Etzioni（1991）和 Vedung（1998）认为，政策工具实质是政府行使权威力量使受众群体做出合乎自身期望的行为。Etzioni 将政府的权力分为强制权力、奖惩权力及规范权力，并根据政府权力的运用方式将政策工具分成强制性政策工具、利益性政策工具和象征性政策工具三类。其中，强制性政策工具使用强制权力，通过限制或剥夺目标群体的人身和财产而发挥作用。利益性政策工具使用的是奖励或制裁的权力，给予目标群体的利益或惩罚而实现功效。象征性政策工具则使用的是规范权力，以知识、情感和道德等引起标的群体的思想变化从而产生作用。

Vedung（1998）在 Etzioni 研究的基础上，偏重于政府权力强制程度对受众群体的影响，对政策工具做出了管制性工具、经济性工具、信息性工具的划分。管制性工具是指政府制定规则，并强制要求人们采用与这些规则保持一致的行动。经济性工具是以货币或实物的形式给予或剥夺受众群体的资源，如补贴或征收，激励群体自愿作为或不作为。信息性工具是知识传递、情感交流式的劝说与"道德教化"，政府的强制度最低。

4. 基于政府作用方式的分类

Schneider 和 Ingram（1990）比较关注政府影响力，从政府引导目标群体行为方式的角度，将政策工具归为五类：权威性的政策工具、诱因性的政策工具、建立能力的政策工具、象征性或劝说性政策工具和学习性政策工具。

五类政策工具差别比较明显。权威性的政策工具是以合法权威为基础，许可、禁止或要求做出某些行为。这种权威性的工具主要应用于政府的层级结构，但也经常扩展至目标群体，只是强制性程度有所不同。诱因性的政策工具是指以正面的或负面的回报，要求服从或鼓励某些行为。此类工具基于人是最大效用的追求者的假设，认为除非有金钱、自由、生命等诱因来强制或鼓励，否则目标群体不可能参与政策要求的活动。建立能力的政策工具是给资源及能力不足的个人或团体提供资讯、训练、教育，让其从事某些活动。象征性或劝说性政策工具认为人们根据自身的价值与信仰决定作为或不作为，政府可通过赋予、强调政策目标的重要性而增加目标群体的服从程度。学习性政策工具可给目标群体提供更多的选择机会和自由裁量空间，通过长时间的学习增进对问题的了解，提高政府与标的群体间的决策共识。

5. 基于政策工具特征的分类

Salamon（2001）认为，每一种政策工具既与其他工具相联系，具有一些共有属性，又与其他工具相区别，表现出自身的特征。政策工具通常包括几个要素：一是物品和服务的类型，如为公众提供信息服务、为公众提供现金或贷款；二是提供物品或服务的方式，如规则、法律体系、税收系统等；三是提供物品和服务的组织系统，如政府部门、非政府部门、地方政府或者营利性部门；四是提供物品和服务的规则。据此，Salamon将政策工具划分为 13 小类（表 4-2）。这些工具的一些特征，包括强制性、直接性、自治性和可见性等可以直接影响公共政策的结果（Salamon，2001）。

表 4-2　Salamon 的政府工具分类

政策工具	生产/活动	媒介	提供系统
直接政府	物品和服务	直接供应	公共机构
社会管制	禁止	规则	公共机构/管制机构
经济管制	公平价格	进入或比率控制	管制委员会
订立合同	物品或服务	合同或金钱支付	企业、非营利组织
补助	物品或服务	担保奖励/金钱支付	基层政府、非营利组织
直接贷款	金钱	贷款	公共机构
贷款担保	金钱	贷款	商业银行
保险	保护	保险政策	公共机构
税收支出	金钱诱因	税收	税务系统
罚款、费	财政处罚	税收	税务系统
法律责任	社会保护	民法	法院系统
政府公司	物品和服务	直接提供/贷款	准公共机构
代用券	物品和服务	消费补贴	公共机构/消费者

6. 基于政府干预程度的分类

加拿大学者多尔恩与斐德依据政策工具强制的程度，将其分为私人行动、劝告、支出、规划、公共所有权等五类（表4-3）（Doern and Phidd，1983）。其中私人行动的强制程度最低，而公共所有权的强制程度最高。

表4-3　Doern 和 Phidd 的政策工具分类

私人行动	劝告	支出	规划	公共所有权
自我规制	演讲 讨论会 咨询 调查	拨款 补贴 转移	税收 关税 罚款 关押	国有企业 混合企业
	低　────▶	合法强制程度	高　────▶	

与之类似，加拿大学者迈克尔·豪利特和 M.拉米什依据政府权力干预的程度，将政策工具分为强制性政策工具、志愿性政策工具、混合型政策工具（图4-1；Hollet and Ramesh，2006）。

强制性政策工具是指由政府通过强制命令影响或控制目标群体的行为，以此实现目标和实施行动方案一类工具，在这类工具应用中目标群体没有根据自己意愿采取行动的余地。志愿性政策工具则是由家庭和社区、志愿者组织、市场以自愿、平等协商的方式解决政策问题的一类工具，在这类工具应用中政府介入程度很低。而混合型政策工具兼具志愿性政策工具和强制性政策工具的特征，政府在不同程度介入的同时，将一部分决定权留给个人或组织。不同政策工具适用条件有一些差别。通常，基于市场的工具和基于管制的工具，对政府的能力要求比较高。当政府能力不足时，则比较倾向于使用志愿性政策工具。在一个复杂的政策系统中，涉及的目标群体人数众多时，实行市场工具或志愿性政策工具比较有利。在一个比较简单、目标群体人数比较少的政策系统中，国家可以直接选择混合型政策工具或强制性政策工具。

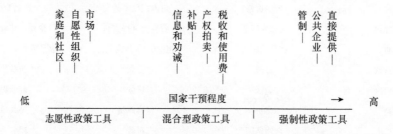

图 4-1　迈克尔·豪利特和 M.拉米什的政策工具分类

二、国内政策工具的分类研究

国内关于政策工具的研究起步较晚。早期的教材通常将政府实现政策目标的方式统称为"政府手段"，并划分为行政手段、经济手段、法律手段及思想教育手段等四种形式。之后，一些学者提出了不同的看法。王满船（2004）认为传统的分类不太合理，法律手段与行政手段难以区分应合并在一起，因此将政策工具划分为规制手段、经济手段及宣传教育手段（表4-4）。

表4-4　王满船的政策工具分类

政府手段	具体形式	相对优点	相对局限
规制手段	规定行为、颁布禁令 颁布和实施特定标准 审批、发放许可证、规定配额等	结果确定 见效快	不够灵活 管理成本较高 一次性刺激
经济手段	拨款、补贴、优惠 收费、收税、罚款 调控价格、汇率和利率 创建市场	管理成本低 比较灵活 持续刺激 产生经济效益	结果不确定 见效慢
宣传教育手段	舆论宣传 知识教育 信息公开	管理成本低 易于操作	结果更不确定 见效更慢

随着新公共管理运动的发展，西方政府进行了一些改革。陈振明（2009）注意到当代政府改革中现代管理技术的运用和治理模式的变化，将政策工具分为市场化工具、工商管理技术和社会化手段三类（表4-5）。其中，市场化工具是指那些具有明显市场特征（如价格、利润、私有产权、金钱诱因、自由化等）的方式、方法和手段；工商管理技术是指将企业的管理理念和方法应用到政府管理之中，借鉴企业的管理经验达成政策目标；社会化手段是指利用社会资源来实现政策目标。

表4-5　陈振明的政策工具分类

工具类型	主要特征	具体形式
市场化工具	明显的市场特征，是市场机制的反映	民营化、用者付费、合同外包、特许经营、凭单制、税收与补贴、分散决策、放松管制、产权交易、内部市场
工商管理技术	借鉴私人部门先进的管理方法和手段	全面质量管理、目标管理、绩效管理、战略管理、标杆管理、流程再造、项目管理、顾客导向、公司化、企业基金、内部企业化管理
社会化手段	个人、家庭、社区、企业、非营利组织或志愿团体的加入	社区治理、个人与家庭、志愿者服务、公私伙伴关系、公众参与听证会

朱春奎（2011）则以豪利特和拉米什对政策工具的三分法为基础，综合国内实际情况，对次级政策工具进行了更加细致的划分，新增了命令性、权威性、契约性及诱因性工具（表4-6）。这种分类方式虽然使政策工具的划分得到了充实，但由于次级工具比较复杂，所以界线难以明晰。

以上罗列的一些政策工具分类，只是政策工具分类研究中具有代表性的一些成果。这些分类或基于政府的资源，或基于政府的目标、基于政府权力的强制程度、基于政府权力的作用方式、基于政府的干预程度等，各有特色。学者们对政策工具特征的理解和把握，反映出不同学科对政策工具研究的影响，还反映出政策工具分类的发展趋势，即越来越多的学者在分类研究中不仅注意到应用政策工具的主体，还注意到政策工具作用的对象，开始将一些能发挥目标群体作用的政策工具纳入政策工具箱之中。

表 4-6 朱春奎的政策工具分类

自愿性政策工具		强制性政策工具		混合型政策工具	
家庭与社区	规制	体系建设和调整、建立和调整规则、标准、许可证和执照、检查检疫、监督、考核、法令、法规、特许、禁止、裁决、处罚、制裁	信息与劝诫	信息发布、信息公开、建设舆论工具、教育学习、舆论宣传、鼓励号召、呼吁、象征、劝诫、示范
自愿性组织、自愿性服务	公共企业		补贴	赠款、直接补助、财政奖励、实物奖励、税收优惠、票券、利率优惠、生产补贴、消费补贴、政府贷款、补贴限制
市场、市场自由化	直接提供	直接生产、直接服务、直接管理、公共财政支出、转移支付、政府购买	产权拍卖	排污权拍卖、生产权拍卖、服务权拍卖、政府出售
	命令性和权威性工具	机构设置、政府机构改革、政府机构能力建构、政府间协定、指示指导、计划、命令执行、强制保险、政策试验	征税和用户收费	使用者收费、消费税、生产税、营业税、个人所得税、社会保险金
			契约性工具	服务外包、公私合作
			诱因性工具	社会声誉、信任、程序简化、利益留存、权力下放

第二节 分析框架

不同的学者从不同的角度对政策工具进行划分，有的线条比较粗，有的线条比较细。"强制-混合-志愿"的三分法可以涵盖大部分的政策工具类型，在西方政府部门的官方文件中比较常见（陈振明，2009），也与当代社会的治理模式比较契合（Michael，2009），因此本章借鉴这种分类方法，将主体功能区配套政策工具分为这三类：强制性、混合型和志愿性，并在借鉴其他分类的基础上，对每个类型工具又作进一步的划分。具体工具类目如表 4-7 所示。

表 4-7 主体功能区配套政策的工具类型

工具类型		具体手段
强制性政策工具	规划控制	规划（财政规划、产业规划、农业规划、人口规划、环境规划等）和总量要求（排污总量、林草总量等）；分区（生态保护红线、永久基本农田保护红线、城镇开发边界）
	行为管制	标准制定和调整、许可或许可证发放、（用途）管制（包括命令或禁止）、监督和考核
	法律责任	损害赔偿、行政处罚、刑事责任
	直接提供	政府投资、政府购买
混合型政策工具	产权出让或交易	产权出让、产权确认和登记、产权交易
	税费	资源税和环境税、使用费等

工具类型		具体手段
混合型政策工具	补贴	补贴和补助、奖励、信贷优惠和担保等、保证金等
	公私伙伴关系	合同外包、特许经营、PPP（政府与社会资本合作）
	信息和劝诫	统计和监测、信用评价和标识、宣传教育、信息公开和平台建设
志愿性政策工具	个人	公民参与（决策、执行、监督、检举和控告）
	企业	志愿协议（环境志愿协议）、第三方治理、社会资本
	其他社会组织	志愿标准和志愿标识（包括志愿规则）、其他社会组织的监督、公益诉讼或调解

一、强制性政策工具

强制性政策工具是指用规制和直接行动的方式对市场主体的行为施加影响，从而实现政策目标的工具。从目前主体功能区的相关政策来看，已有的强制性政策工具包括：规划控制（总量要求和分区）、行为管制（标准的设定和调整；命令或禁止；许可证和配额管理、监督和考核）、法律责任（损害赔偿、行政处罚和刑事责任）和直接提供（政府投资和政府购买）等。

1. 规划控制

规划控制是对其他生产要素的控制，影响自然资源开发利用的一类政策工具，包括分区，以及投资、产业、土地、人口、污染物排放的总量要求等。主体功能区有关的九大政策领域中有很多规划，如财政规划、产业规划、土地利用规划、农业发展规划、人口规划、环境规划等，其中一些规划通过分区实现规划目标，包括生态红线的划定、基本农田的划定、城镇边界的划定等。一些规划则明确提出指标要求，控制总量。

土地政策中耕地占补平衡、增减挂钩、增存挂钩和人地挂钩是在总量基础上的内部调节，虽然给予土地利用一定的灵活性，但仍然控制总量不变，所以属于强制性政策工具，如国务院《关于严格规范城乡建设用地增减挂钩试点切实做好农村土地整治工作的通知》（2010 年）规定："严禁以整治为名，擅自突破土地利用总体规划和年度计划，扩大城镇建设用地规模"。国务院《城乡建设用地增减挂钩结余指标跨省域调剂管理办法》（2018 年）规定基本原则之一是："生态优先，绿色发展。落实最严格的耕地保护制度、节约用地制度和生态环境保护制度，严格执行耕地占补平衡制度，加强土地利用总体规划和年度计划统筹管控，实施建设用地总量、强度双控，优化配置区域城乡土地资源，维持土地市场秩序，保持土地产权关系稳定"。

2. 行为管制

行为管制是指强制要求企业等市场主体做出一定行为，或者不做出一定行为，从而实现政策目标的一类政策工具，包括遵守技术标准、申请许可、用途管制、目标考核等。在行为管制下，企业等市场主体没有选择余地，只能按照规定履行义务。

行为管制分为两种：一种是技术管制；另一种是执行管制（托马斯·恩德纳，2005）。对企业等市场主体的生产技术进行控制，要求其达到一定的技术标准，是技术管制，如《"十二五"节能减排综合性工作方案》（2011年）第46条要求加快节能环保标准体系建设，"加快制（修）定重点行业单位产品能耗限额、产品能效和污染物排放等执行国家标准，以及建筑节能标准和设计规范，提高准入门槛"。

对企业等市场主体的投入或产出进行控制，强制要求履行义务，并对执行情况进行监督考核，属于执行管制，如国家发展和改革委员会等9部委《关于加强资源环境红线管控指导意见》（2016年）明确管控内涵（设定能源、税、土地等资源消耗总量和严守大气、水、土壤环境质量），以及管控制度（建立红线管控的目标确定及分解落实机制，完善符合红线管控要求的准入制度，加强资源环境生态红线的监管，建立红线管控责任制等）。

3. 法律责任

法律责任是违反法律法规需要承担的不利法律后果。不同的违法行为，承担不同的法律责任。违反民事法律规范，承担民事责任；违反行政法律规范，承担行政责任；违反刑事法律规范，承担刑事责任。三种责任可以同时存在，如《环境保护法》（2014年）规定，"企业事业单位和其他生产经营者超过污染物排放标准或者超过重点污染物排放总量控制指标排放污染物的，县级以上人民政府环境保护主管部门可以责令其采取限制生产、停产整治等措施；情节严重的，报经有批准权的人民政府批准，责令停业、关闭"（第60条），"因污染环境和破坏生态造成损害的，应当依照《侵权责任法》的有关规定承担侵权责任"（第64条），"构成犯罪的，依法追究刑事责任"（第69条）。

4. 直接提供

政府机构能用的最直接的政策工具是利用自身的资金、技术等资源解决公共问题（托马斯·恩德纳，2005）。主体功能区中主要表现为政府投资和政府采购这两种形式。

（1）政府投资。政府作为投资主体的投资，是产业政策中的重要组成部分。在主体功能区建设中政府投资对于引导民间投资、调整投资结构具有重要作用，如《全国主体功能区规划》中明确，"按主体功能区的投资，主要用于支持国家重点生态功能区和农产品主产区特别是中西部国家重点生态功能区和农产品主产区的发展""按领域安排的投资，要符合各区域的主体功能区定位和发展方向。逐步加大政府投资用于农业、生态环境保护方面的比例"。

（2）政府采购。政府采购是政府依法定程序和方法（由财政部门向生产商直接付款的方式）购买货物、工程和劳务，为公众提供公共产品和服务的行为。《中央财政水利发展资金使用管理办法》（2016 年）第 4 条规定水利发展资金支出范围包括农田水利建设、地下水超采区综合治理、中小河流治理及重点县综合整治、小型水库建设及除险加固、水土保持工程建设、淤地坝治理、河流水系连通项目、水资源节约与保护、山洪灾害防治，以及水利工程设施维修养护。"水利发展资金的支付按照国库集中支付制度有关规定执行。属于政府采购管理范围的，按照政府采购有关法律法规规定执行。属于政府和社会资本合作项目的，按照国家有关规定执行"（第 12 条）。

二、志愿性政策工具

志愿性政策工具是指完全依靠市场和民间力量自主管理来实现政策目标的政策工具（托马斯·恩德纳，2005）。这类政策工具运行过程中，市场和民间力量在经济利益、信誉和影响力的作用下自发采取行动，政府不干预或很少干预。当市场不完善（产品或技术市场），或者无法确认污染成本使得税收等传统工具的应用遇到困难时，志愿性政策工具是很好的一个替代方案。但是志愿途径也有不利的方面，这种政策工具鼓励竞争者之间的合作，容易导致政府被"俘获"。因此如何避免政府和企业之间的勾结是政策制定中的主要目标之一。由于自愿途径的表现难以评价，因此其使用不会取代其他政策工具，只是对其他政策工具予以补充（托马斯，2005）。

在主体功能区配套政策中，志愿性政策工具依据主体不同分为三类：个人的志愿行动（包括参与决策、执行、监督、检举和控告等）、企业等市场主体的志愿行动（如农业生产志愿协议、环境自愿协议等）和行业及其他社会组织的自律管理（第三方治理、志愿标准和标识、监督和调节）等。

1. 个人的志愿行动

个人的志愿行动，包括个人志愿参与保护自然资源和生态环境的行动、个人对其他主体开发利用自然资源行为的监督，以及个人对其他主体违法行为的检举和控告，如《"十二五"节能减排综合性工作方案》（2010 年）要求深入开展节能减排全民行动，"通过典型示范、专题活动、展示展览、岗位创建、合理化建议等多种形式，广泛动员全社会参与节能减排，发挥职工节能减排义务监督员队伍作用，倡导文明、节约、绿色、低碳的生产方式、消费模式和生活习惯"。

2. 企业等市场主体的志愿行动

企业的志愿行动，主要是指企业志愿保护自然资源和生态环境的行动，尤其是志愿减少污染物的排放，避免自身生产活动对资源环境承载力造成不利的影响。

企业的环境志愿协议是税收的一个替代方案。当技术降低污染的机会良好而市场不完全（产品或技术市场），或者无法确认污染成本使得税收等工具应用遇到困难时，自愿性政策工具具有优势，如 2012 年国家发展和改革委员会针对国内已经开展的温室气体自愿减排的交易活动，发布《中国温室气体自愿减排交易活动管理办法》（2012年），以规范企业自愿减排的交易活动，调动全社会自觉参与的积极性，也为建立总量控制下的二氧化碳排放权交易积累经验。

第三方治理是排污者通过缴纳或按合同约定支付费用，委托环保服务公司进行污染治理的模式。第三方治理是环保设施建设运营市场化、专业化、产业化的重要途径，如环境保护部发布《关于推进环境污染第三方治理的实施意见》（2017年）明确："坚持市场化运作。充分发挥市场配置资源的决定性作用，尊重企业主体地位，营造良好的市场环境，积极培育可持续的商业模式，避免违背企业意愿的'拉郎配'。"

3. 行业及其他社会组织的自律管理

行业组织、中介组织及其他组织等社会力量可以在市场中发挥积极作用。国务院《关于促进市场公平竞争维护市场正常秩序的若干意见》（2014年）中明确规定，"发挥行业协会商会的自律作用"，建立行业自律规则，制定产品和服务标准，提起公益诉讼和调解纠纷；"发挥市场专业化服务组织的监督作用"，通过会计师事务所、税务师事务所、律师事务所、资产评估机构等依法对上市公司信息披露进行核查把关。在自然资源市场中，也应当发挥社会力量的作用。

三、混合型政策工具

混合型政策工具是介于强制性政策工具和志愿性政策工具之间的一类工具。这类工具很多，可以细分为创建市场和利用市场两类。在已建立市场的领域，充分发挥市场对自然资源配置的决定作用，政策工具只是弥补市场不足，解决市场失灵的问题；在没有建立市场的领域，可以基于科斯理论，创建市场解决外部性问题，实现资源的优化配置。主体功能区配套政策中，混合型政策工具分为以下五类。

1. 信息和劝诫

所有的政策工具都要求信息起作用，信息也有利于帮助市场主体根据市场需求做出正确的选择。这类工具包括信息提供、信息公开和信息的传播等。信息公开是在政策失败，如复杂的技术、污染者和受害者之间权利不平等，意识形态上的差异等情形下一种有效的政策工具（托马斯·恩德纳，2005）。主要形式包括标签计划（包括产品、公司、过程或管理程序）、等级证书等。信息提供包括统计和监测、信用评级和标识（包括产品、公司、过程或管理程序）、信息平台建设、宣传教育培训等，可以减小提供、处理和传播相关信息会带来成本变化。主体功能区建设中，这类政策工具很多，如国务院发布的《中国应对气候变化的政策与行动》（2011年）第二（三）明确，"加强海洋气候观测网络建设""发布年度中国海洋环境状况公报、中国海平面公报和中国海洋灾害公报，为有效应对和防御各类海洋灾害提供支撑"。国务院发布的《关于促进市场公平竞争维护市场正常秩序的若干意见》（2014年）要求完善市场主体信息记录，加快市场主体信用信息平台建设。

2. 产权出让或产权交易

产权包括一个人或其他人受益或受损的权利，其重要性就在于它们能帮助一个人形成他与其他人进行交易时的合理预期（登姆塞茨，2002）。一个经济系统之内，个体之间谈判、议价及所有契约的基础是产权的确立或定义（Amacher and Malik，1996）。因此产权也可以作为政策工具来使用。产权可以是有体物的权利，如自然资源产权，也可以是无体物，如排污权等。在主体功能区配套政策中，这类政策工具最有代表性的是排污权交易，如国务院办公厅发布的《关于进一步推进排污权有偿使用和交易试点工作的指导意见》（2014 年）第一条要求，"高度重视排污权有偿使用和交易试点工作。建立排污权有偿使用和交易制度，是我国环境资源领域一项重大的、基础性的机制创新和制度改革，是生态文明制度建设的重要内容，将对更好地发挥污染物总量控制制度作用，在全社会树立环境资源有价的理念，促进经济社会持续健康发展产生积极影响。"

3. 补贴

除了直接生产公共物品之外，政府还可以通过补贴的方式增加市场主体的收益，从而引导市场主体从事正外部性的行为，实现政策目标。"补贴的政治经济学是建立在这样一个事实上的，那就是从中获利的只是一小部分被安排好的人，要承受损失的是绝大多数人，他们的利益是小而分散的"（经济合作与发展组织，1996）。主体功能区建设中的补贴形式很多，有生态补助、奖励、税收优惠、贷款贴息、担保和保证金、支持性价格等，如《中央财政林业补助资金管理办法》（2014 年）明确补助资金主要包括森林生态效益补助、林业补贴、森林公安、国有林场改革等方面的补助资金。森林生态效益补助根据国家级公益林权属实行不同的补偿标准，包括管护补助支出和公共管护支出两个部分。

4. 税费

资源税是对各种类型自然资源税的总称。早期的资源税是调节资源级差收入并体现资源有偿使用而征收的一种税，即以增值税和企业及个人所得税为主，没有考虑经济增长所付出的资源和环境成本。现在的资源税则把税收负担从所得税转移到消费税、资源税和环境税，从主要向劳动力和资本等生产要素征收转向对污染物排放和自然资源的使用征收，以促进资源可持续利用。中国现行资源税主要向矿产资源征收，包括原油、煤炭、天然气、盐、金属矿原矿、非金属矿原矿等，水资源税还在试点阶段。另外，《中华人民共和国环境保护税法》（2016 年）明确指出："在中华人民共和国领域和中华人民共和国管辖的其他海域，直接向环境排放应税污染物的企业事业单位和其他生产经营者为环境保护税的纳税人，应当依照本法规定缴纳环境保护税"。

使用者付费。使用者付费通常被称为指定用途的税收，是资源利用者或消费者向政府缴纳的特殊费用。一般认为使用者付费达到筹集资金的目的，而本质上收费仍然是为了发挥庇古税在激励污染削减和产出替代效应的作用。国务院办公厅发布的《关于进一步推进排污权有偿取得和交易试点工作的指导意见》（2014 年）明确要建立排污权有偿使用制度，实行排污权有偿取得："试点地区实行排污权有偿使用制度，排污单位在缴纳使用费后获得排污权，或通过交易获得排污权。"

5. 公私伙伴关系

公私伙伴关系泛指公共部门和私人部门之间合作提供公共服务的形式（主要涉及基础设施和公共设施项目）。公私伙伴关系不限于 PPP，还包括政府传统的合作方式，如合同外包、特许经营等（E.S.萨瓦斯，2002）。其中，PPP 是公私部门通过创新的方式设计、建造、融资、维护和运营基础设施和公共设施；合同外包通过招投标或合约方式吸引私营部门参与建设基础设施和公共设施；特许经营是政府通过特许协议将某项公共设施或基础设施交由私人部门经营和管理。与合同外包、特许经营不同，PPP 意味着重新分配责任和风险，以此让私人承担财务风险，从而创造激励以实现合作优势和附加值（乔普·科彭扬等，2016）。

在主体功能区建设中，基础设施建设、节能减排和二氧化碳减排等环保项目，以及生态修复等都可以采取特许经营、合同外包、PPP 模式，如《全国主体功能区规划》要求"鼓励和引导民间资本按照不同区域的主体功能定位投资"，国家发展和改革委员会《关于深化投融资体制改革的实施意见》第十条明确，"鼓励政府和社会资本合作。各区、各部门、各单位可以根据需要和财力状况，通过特许经营、政府购买服务等方式，在交通、市政公用、环保、医疗、养老等领域采取单个项目、组合项目等多种形式，扩大公共产品和服务的供给"，《中央财政水利发展资金使用管理办法》第十条明确："鼓励采用政府和社会资本合作（PPP）模式开展项目建设，创新项目投资运营机制。"

第三节　数据来源和数据描述

一、数　据　来　源

本章所使用的政策文献来源于国务院及部门的门户网站、北大法宝、北大法易网、中国法律法规信息系统等数据库。由于《全国主体功能区规划》是 2010 年 12 月颁布的，因此本章以这个时间作为节点，收集 2011～2018 年财政部、国家发展和改革委员会、国土资源部（或自然资源部）等九大部门发布的、与主体功能区有关的"财政政策""投资政策""产业政策""土地政策""农业政策""人口政策""民族政策""环境政策""应对气候变化政策"。2019 年数据不完整，因此没有纳入收集范围。

通过以上途径检索出的政策文献有很多，为了保证文本选取的代表性，收集的政策文献根据以下原则进行整理和筛选：一是只选用中央层级发布的政策文献，包括国务院、国务院的职能部门，地方政府及职能部门的政策法规不予使用。二是直接体现政府及各部门对主体功能区自然资源利用态度的政策，如法律法规、规划、意见、办法、通知等，不计入批复、函等。三是选择直接与主体功能区相关的政策文献，要求文本题目中包含主体功能区及其类型，或者包含《全国主体功能区规划》中配套政策部分的要求，如财政政策主要涉及转移支付、生态补偿、横向援助等；投资政策主要涉及政府投资和民间投资；产业政策涉及市场准入、市场退出等。对政策内容的仔细研读，整理、分类和筛选，并征求专家意见，最终选择出 214 项配套政策，经过编码，建立主体功能区配套政策数据库。政策编码方法是仔细阅读每一个政策文本每一项条款，按照"政策文件编号一条款编码"的顺序进行条目编码，然后按照分析的维度对条目编码进行归类整理。

二、数据描述

在收集的主体功能区配套政策文献中，发文时间为 2011~2018 年，各部门发文的情况如表 4-8 所示。整体来看，单一部门发布的政策数量占政策总量的 63%，多部门占 37%，呈现出以单一部门政策为主、多部门政策为辅的特点。从时间序列进行分析，可以看出 2010 年之后，主体功能区配套政策中多部门联合发布的政策数量逐步增加，说明政策主体的协作逐渐加强。就配套政策类型来说，财政政策、农业政策、产业政策以多部门联合发文为主，而投资政策、土地政策、人口政策、环境政策及应对气候变化政策以单一部门发文为主，表明政府不同部门的合作情况有所不同。

表 4-8　主体功能区配套政策部门联合发文情况

部门	发文量	部门	发文量
财政部	79	国家民族事务委员会	5
国家发展和改革委员会	56	国家质检总局	2
农业农村部（含原农业部）	43	国务院国有资产监督管理委员会	1
国务院办公厅	42	国家标准委	1
生态环境部（含原环境保护部）	26	国家旅游局	1
自然资源部（含原国土资源部）	22	国家机关事务管理局	1
水利部	21	国家统计局	1
国家税务总局	17	教育部	1
全国人大常委会	6	国务院扶贫办公室	1
中国气象局	1	国务院南水北调办公室	1
国家海洋局	2	国家工商行政管理总局	1
商务部	4	全国工商联	1
交通运输部	2	中华全国供销合作总社	1
住房城乡建设部	7	国家开发银行	1
银监会、证监会、保监会、银保监会	10	监察部	1
中国人民银行	6	工业和信息化部	1

主体功能区配套政策的总体趋势，如图 4-2 所示。自 2010 年 12 月《全国主体功能区规划》出台之后，国家层面与主体功能区相关的配套政策不断增多。2016 年之后，发文总数超过一半以上。这主要是因为国家在 2016 年发布的《"十三五"规划纲要》，将"改善生态环境总体质量"作为经济社会发展的主要目标之一，要求树立绿色发展理念，加快建设主体功能区，落实主体功能区规划，完善政策，推动各地区依据主体功能区定位发展。2016 年国务院出台《关于健全生态保护补偿机制的意见》，明确了森林、草地、湿地等分领域的重点任务，提出建立健全配套政策体系，创新政策协同机制。

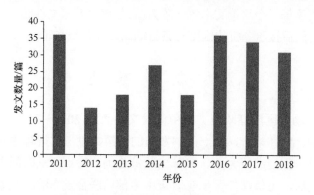

图 4-2　配套政策文本数量分布图

第四节　数据处理和分析

一、政策工具的分析

（一）整体情况

1. 政策工具总体分布情况

现有主体功能区配套政策工具的统计结果如图 4-3 所示。其中，强制性政策工具应用最多（54%），混合型政策工具次之（36%），志愿性政策工具最少（10%）。可以看出，主体功能区配套政策比较显著地使用强制手段来施加影响，市场方式和民间力量发挥的作用较小。

■ 强制性政策工具

■ 混合型政策工具

■ 志愿性政策工具

图 4-3　一级政策工具分布图

进一步分析可以发现（图 4-4），强制性政策工具中行为管制应用的最多（67%），法律责任次之（15%）。这一情况表明政府部门在配套政策中偏好通过明确条件、范围、义务等，规范市场主体的行为。

在混合型政策工具中，信息类工具达到 49%，占比近一半，说明国家非常重视信息提供、信息公开和信息平台建设方面的工作。同时，信息类工具的大量使用，也说明我国主体功能区建设中信息化水平低，信息化建设仍显不足，仍然存在较大的政策需求。补贴类的工具使用比例达到 30% 以上，反映政府对市场作用的认识不断提高，应用市场化手段的力度加大。

从志愿性政策工具的使用情况来看，企业和社会组织的占比较高，分别为 35% 和 38%，而个人的政策工具比较少（2%），说明政府更注重发挥企业和社会组织的作用，对公民个人作用的认识还不够。

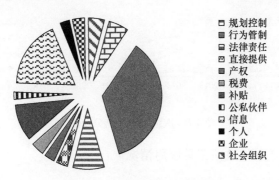

图 4-4　次级政策工具分布图

2. 政策工具年度分布情况

三类政策工具在不同的年份都有使用，不同年份的比例均存在差异，见图 4-5。其中，强制性政策工具的比例虽然有所起伏，但是自始至终都是政府用得最多的政策工具。这说明随着资源环境的形势日趋严峻，政府各部门更倾向于采取直接干预和强制行动推进主体功能区建设。

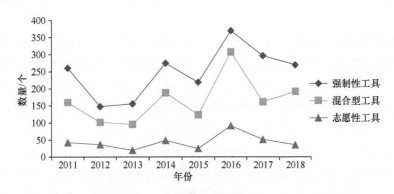

图 4-5　三类政策工具分布图

另外，三类政策工具的变化趋势并不一致。2016年之后，强制性政策工具有所减少，混合型政策工具有所增加，而志愿性政策工具变化不大。表明政府对政策工具的使用有所调整，开始重视发挥市场的作用，逐步增加了混合型政策工具，但是对志愿性政策工具的认识还不够。

次级政策工具的变化趋势有些类似，都是在2016年达到峰值，如图4-6所示。虽然不同类型的次级政策工具有比较大的波动，但是行为管制、信息和补贴始终排在前三位，说明这三类政策工具非常受欢迎，政府部门应用得比较多。

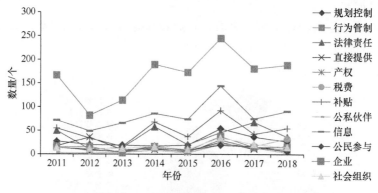

图4-6　次级政策工具分布图

（二）不同配套政策的政策工具应用情况

1. 财政政策的政策工具

主体功能区财政政策工具统计情况如图4-7所示。财政政策中，强制性政策工具是使用频率最高的政策工具（55%），混合型政策工具较高（45%），志愿性政策工具应用较少，只有10%。

不同类型政策工具各有侧重。强制性政策工具中行为管制的使用比较频繁，占比36%。法律责任的比例次之（7%），而规划控制比较少（4%）。从政策文献来看，财政政策非常注重资金的管理，但是资金的管理与总量控制、法律责任并没有很好地结合。

在混合型政策工具中，补贴的比例达到16%，税费的比例只占4%，差距比较大。可见，国家高度重视主体功能区建设，国家通过财政转移支付给予重点生态功能区的补贴很多，也反映出各地方的重点生态功能区和农产品主产区对这种纵向补偿依赖性很大。生态补偿分为纵向的生态补偿和横向的生态补偿。横向补偿作为一种重要的方式，调节不具有行政隶属关系但是生态关系密切的地区间利益关系。虽然主体功能区提出"鼓励探索建立地区间横向援助机制"，生态环境收益地区应对重点生态功能区因生态环境保护造成的利益损失进行补偿，但是有关横向补偿的政策文献只有针对流域上下游的指导意见，而且指导意见并没有明确补偿主体、补偿对象、补偿标准、补偿方式、补偿监督等具体内容，政策的可操作性不强。

在志愿性政策工具中，社会组织的占比多（5%），个人的占比较少（2%），说明政府更重视社会组织的作用，在调动民众个人资源方面显示不足。资源环境保护如果不能促进公众的志愿参与，调动个人的积极性，很容易出现反复，难以保持持久的效果。

在所用的次级政策工具中，排名前三的政策工具分别为行为管制、补贴和信息，分别占比 36%、16%、16%，表明国家比较重视财政资金的支出、使用和监管，如《中央财政农业资源和生态保护补偿资金》明确农业资源保护资金是中央财政预算安排的专项财政资金，不仅规定支出的区域范围、支出内容、分配方法、分配信息公开，还要求加强资金的绩效评价、监督检查和法律责任。

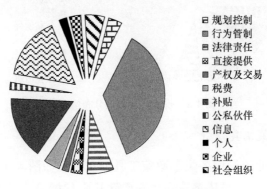

规划控制
行为管制
法律责任
直接提供
产权及交易
税费
补贴
公私伙伴
信息
个人
企业
社会组织

图 4-7　财政政策工具分配比例

2. 投资政策的政策工具分析

主体功能区配套投资政策中各类政策工具应用情况如图 4-8 所示。投资政策中强制性政策工具约占 52%，市场性政策工具约占 35%，志愿性政策工具约占 13%。这说明中国目前与主体功能区有关的投资政策，也以强制性政策工具为主。

具体地说，强制性政策工具中行为管制的使用频率最高（34%），法律责任次之（8%），规划控制较少（8%），直接提供最少（6%）。在市场经济条件下，尽管政府投资不占主导，但是对社会投资总量的均衡起到调节作用。不过，政府投资需要达到什么目标，政策文献并不明确。

在混合型政策工具中，补贴使用频率比较高（8%），说明国家投资政策更多的是采用补贴的方式，"鼓励和引导民间资本按照不同区域的主体功能区定位投资""利用金融手段引导民间投资"，充分发挥政府资金的引导作用和放大效应，而政府和社会资本合作（PPP）和用者付费工具使用不足，表明政府部门通过绿色发展基金和绿色服务收费机制，动员社会资本较少，不利于扩展资金来源。

在志愿性政策工具中，社会组织的使用频率最高（约占 7%），超过个人和企业的政策工具两者占比之和。国家注重社会组织的作用，积极引导社会组织参与绿色产业投资，为优化绿色产业的资金结构创造了条件，减轻了政府的财政负担。不过，社会资本不只来自社会组织。国务院《关于深化投融资体制改革的意见》中明确，"构建绿色金融体系主要目的是动员和激励更多社会资本投入到绿色产业，同时更有效地抑制污染性投资""绿色金融体系是指通过绿色信贷、绿色债券、绿色股票指数和相关产品、绿色发展基金、绿色保险、碳金融等金融工具和相关政策支持经济向绿色化转型的制度安排"。国家应当调动全部社会力量，在全社会进一步普及环保意识，推动形成发展绿色金融的广泛共识，形成支持绿色金融发展的良好氛围，显然这一方面的政策工具还有待加强。

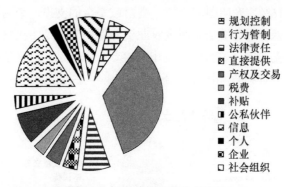

图 4-8 投资政策工具分布情况

3. 产业政策的政策工具分析

主体功能区中产业政策的各类型政策工具分布情况如图 4-9 所示。产业政策中强制性政策工具（72%）占绝对优势，混合型政策工具（10%）和志愿性政策工具（8%）与之相比有很大差距，说明我国主体功能区建设中，产业政策经常使用强制干预的方式。

具体分析可以看出，强制性政策工具中行为管制的占比很高，达到 59%。这与当前产业政策偏好以负面清单的方式制定产业目标，明确产业准入标准和市场准入标准，干预产业发展有关。产业政策中有关负面清单的政策文献较多，规划计划类文献较少，也说明与主体功能区有关的产业政策还没有形成一个比较完整的政策体系。

从混合型政策工具的分布情况来看，各类工具应用都很少。目前的产业政策主要对市场准入和产业准入做出规定，没有产业退出的激励。市场是双向的，产业有进有退，通过调整才能推动主体功能区的建设。市场准入反映了国家对产业进入的市场控制，市场退出可以是市场主体的主动退出，也可以是被动退出。强制性政策工具虽然可以控制新的产业进入，但是并不能使已有的、不符合主体功能区定位的产业退出。

与混合型政策工具一样，志愿性政策工具应用也很少。对于农产品主产区和重点生态功能区，不仅需要产业准入管制，禁止不符合功能区要求的产业进入，还需要鼓励已有产业退出，鼓励农业现代化发展和生态环境修复，发挥市场和社会主体的主动性和积极性。未来，这一类工具有待加强。

总的来看，产业政策工具之间缺乏配合。不同主体功能区的功能不同，产业政策工具应当不一样。补充型的产业政策注重市场统一性，赶超型的产业政策注重产业的差别性。从现有统计数据来看，不论哪一种类型的工具都很少。

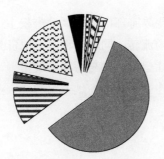

图 4-9　产业政策工具分布情况

4. 土地政策的政策工具分析

主体功能区配套土地政策的各类型政策工具占比情况如图 4-10 所示。与前面的政策一样，土地政策中强制性政策工具仍然最多，达到了 61%，混合型政策工具（24%）占比高于志愿性政策工具（5%）。这说明在主体功能区建设中，政府部门较多地依靠直接管制来实现土地资源的可持续利用。

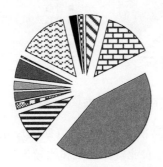

图 4-10　土地政策工具分布情况

在强制性政策工具中，使用频率最高的工具还是行为管制（占比 44%）。这一点容易理解。政府运用了规划控制土地利用总量或区域，并容许不同区域之间通过耕地占补平衡、基本农田保护、增减挂钩、增存挂钩、人地挂钩等适当调整建设用地指标，但是这些仍然有赖于许可、监督和考核来落实。

在混合型政策工具中，财政补贴（5%）比税费（2%）占比高，说明政府更倾向于对政策的目标群体进行补贴。土地税费是国家基于行政权和所有权获得土地收益的一种形式，可以刺激土地的经济供给和交易活动，应当与补贴配合一起应用。另外，产权类工具的应用也较少（2%）。产权类工具是提高土地利用效率和促进土地用途转变，引导农业人口集中和重点生态功能区人口转移的一个重要手段，但是现有的政策对产权的规定不完善，导致产权类工具的应用不足。随着"三权分置"改革的全面提速，这一工具以后应该会在土地政策中较多地被提及。

在志愿性政策工具中，针对个人、企业和社会的工具分别为 2%、1%、4%，占比都不多。我国土地资源稀缺，在城镇化建设中不太可能大规模新增建设用地，重要的是盘活存量土地，尤其是集体建设用地。因此政府部门应当调动产权主体的积极性，充分发挥企业和社会组织的作用，促进土地市场流转。同时，我国土地资源保护应按照"谁治理、谁受益"的要求，积极鼓励和引导社会资源参与污染土地治理，动员社会各方力量共同推进耕地保护与修复治理，加快构建中央指导、地方组织、企业、社会共同参与的多元化治理机制。

5. 农业政策的政策工具分析

主体功能区配套农业政策的各类型政策工具占比情况如图 4-11 所示。与其他政策不同，农业政策中混合型政策工具（46%）比强制性政策工具（40%）多，志愿性政策工具最低，仅为 15%。显示农业政策偏重利用混合型工具，促进农业发展。

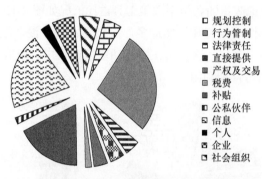

图 4-11　农业政策工具分布情况

在强制性政策工具中，行为管制工具使用频率较高（27%）。这说明政府部门比较重视执行基本农田的划定工作，立足各地农业资源禀赋和比较优势，构建优势区域布局和专业化生产格局。

混合型政策工具中补贴依然是使用频数最高的工具，占比 18%。目前的补贴涉及农业保险费补贴、目标价格补贴、农业综合开发补助、农业综合改革、农村土地承包经营权登记办证补助、现代农业发展资金补助、农业支持保护补贴、农机购置补贴、农业资源及生态保护资金、农业技术推广与服务补助、动物防疫等补助、农田水利设施建设和水土特别补助资金、农业生产救灾资金等，贯穿于生产和销售的整个过程，比较全面。农业发展所需要的资金可以来源于直接投资、投资补助、资本金注入、财政贴息、以奖代补、先建后补、无偿提供建筑材料等多种方式。此外，中央政府还可以鼓励地方政府和社会资本设立农村基础设施建设投资基金。财政补贴这一工具的使用远远高于其他工具，说明政府对其他资金的引导和撬动不足。

在志愿性政策工具中，企业和社会组织较高，占比 12%。说明农业生产中企业和社会组织的作用得到重视。不过，与其他政策工具相比，这类工具还是非常不足。农业受自然、社会和市场风险因素的影响，不适合大规模集体种植的生产方式，使得农民在市场中处于一种弱势地位，难以与从事工业生产的企业相抗衡。我国当前农民组织化程度低、农业社会化服务组织体系不健全，真正能够满足农户商品生产需求，能够帮助农户降低生产成本、疏通流通渠道、实现产品深加工、增加农民收入等方面的服务非常薄弱，需要政策工具在这个方面加强。

6. 人口政策的政策工具分析

主体功能区配套人口政策的各类型政策工具分布情况如图 4-12 所示。在人口政策中，占比最高的是混合型政策工具（75%），其次是强制性政策工具（15%），志愿性政策工具（10%）最少。人口政策以混合型政策工具为主，与其他配套政策有很大不同。

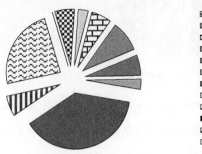

图例：
□ 规划控制
▨ 行为管制
□ 法律责任
□ 直接提供
▦ 产权及交易
▨ 税费
■ 补贴
▥ 公私伙伴
□ 信息
■ 个人
▨ 企业
□ 社会组织

图 4-12　人口政策工具分布情况

混合型政策工具中补贴的比例很高，达到 38%，其他政策工具应用较少。说明国家主要通过各种补贴来引导中西部地区农业转移人口就近城镇化。人口迁移的影响因素不是单一的货币收益，还包括收益成本、迁移费用、就业率、基本公共服务、习俗和亲友情况等，需要其他工具的配合。特别是人口迁移和集中对城镇的基本公共服务和基础设施集体提出更高要求，仅靠国家的转移支付难以为继，需要政府和社会资本合作模式，吸引社会资本参与城市公共服务和基础设施建设，而目前公私伙伴关系占比只有 6%。

与其他政策不同，人口政策中强制性政策工具占比较低，尤其是行为管制的占比低，与人口政策引导人口合理流动的指导思想相一致。不过，规划控制使用频数比较低（6%），这一点需要有所改变。现在我国的人口红利不再，人口结构趋于老龄化，在这种新形势下，政府应该适时根据主体功能区的功能制定新的人口发展规划，对以往的规划和计划进行一定的调整。

在志愿性政策工具中，企业（6%）的作用得到重视，而个人的占比只有1%。一方面，人口迁移需要城镇有接纳农业转移人口的能力，有足够的企业提供就业岗位。另一方面，也应当发挥个人的作用，采用多种政策工具，鼓励农业转移人口通过市场购买或租赁住房，鼓励农业转移人口提高自身素质，适应城镇发展需要。

7. 民族政策的政策工具分析

主体功能区配套民族政策工具的情况如图 4-13 所示。与其他配套政策不同，民族政策中规划纲要较多，实施办法和细则较少，这一点符合民族自治基本原则的要求。民族政策中混合型政策工具（48%）比强制性政策工具（31%）多，志愿性政策工具占比最少，只有 15%，也说明国家较多地依赖混合型政策工具来引导民族地区国土空间资源的开发和保护。

规划控制
行为管制
法律责任
直接提供
产权及交易
税费
补贴
公私伙伴
信息
个人
企业
社会组织

图 4-13　民族政策工具分布情况

在强制性政策工具中，行为管制的占比仍然是最高，达到 18%，不过政府的直接提供相对其他政策占比也较高，达到 13%。可见国家对民族地区多采用直接投资或政府购买方式，支持少数民族地区的发展。

混合型政策工具比例多于强制性政策工具，与中国民族平等、团结、共同繁荣的民族政策有关。依据主体功能区规划，大部分民族地区的发展受到很大的限制，如重大工业项目、资源开发项目等。规划要求配套政策对民族地区的"民族贸易、特需商品和传统手工业发展"执行优惠政策，以及加大对民族乡、民族村和城市民族社区的帮扶力度。混合型政策工具中，财政补贴依然是使用频数最高的市场型工具（21%），说明国家对民族地区的扶持力度很大。信息类工具占比 19%，体现国家重视加强民族地区农村劳动力转移就业服务和职业技能培训能力建设，加大对劳动力的培训力度，支持劳动力转移就业。

在志愿性政策工具中，企业和社会组织的作用得到政府部门的重视，占比达到 12%，如《"十三五"促进民族地区和人口较少民族发展规划》明确要求，社会各界参与支持民族地区的公益活动及慈善捐助，扶贫志愿者行动计划和社会工作专业人才服务贫困民主地区，公共服务志愿者队伍建设，民族院校和民族地区高校少数民族学生科普志愿者队伍建设。

总的来看，与主体功能区相关的民族政策不多。已有的民族政策中，财政补贴应用多，政府投资应用也较多，但是没有具体目标的要求。从各地实践来看，基本公共服务的投入与产出之间的效率关系没有明显差异。政府对民族地区基本公共服务供给整体上属于"投入型"而非"效率型"，各地区间基本公共服务差距表现为投入差距。

8. 环境政策的政策工具分析

主体功能区环境政策的各类型政策工具占比情况如图 4-14 所示。近几年国家发布的环境政策数量较多，但政策工具的组合没有改变，仍然以强制性政策工具为主，强制性政策工具的占比较大（61%），混合型政策工具（32%）次之，志愿性政策工具占比少（约为 8%）。

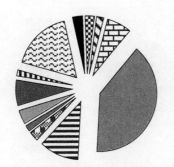

图例：
- 规划控制
- 行为管制
- 法律责任
- 直接提供
- 产权及交易
- 税费
- 补贴
- 公私伙伴
- 信息
- 个人
- 企业
- 社会组织

图 4-14　环境政策工具分布情况

在强制性政策工具中，行为管制使用率比较高（40%），说明目前的环境政策还是非常依赖各种强制性措施。这些环境管制都是以技术或者以企业的产出（排放）为基础进行管制，如排放许可中的浓度限制和总量要求，虽然在一定程度上减少了企业的污染数量，但是成本越来越高。如果能应用一些政策工具，要求企业在制定计划和规则时遵循一定的管制标准，通过加强企业管理促进政策目标，效果可能更好。

混合型政策工具中补贴所占比例较高，达到 11%。补贴的形式很多，《环境保护税法》中对于农业生产、机动车等流动污染源、废水废物处理设施，以及固体废物综合利用等免征税款，属于补贴的一种。其他还包括政府担保、贷款优惠、押金退款、补贴免除、排污费返还等，这些不仅适用范围广，而且可以给企业提供更多的自主性和灵活性。相比之下，产权类的政策工具占比非常少（2%）。排污权交易在控制排放总量的前提下通过市场来调节企业的排污行为，既解决了新老企业排污难题，保证了经济发展，又降低了减排成本，提高了管理效率。目前我国有很多地方开展排污权交易试点，但是效果不一。如何更好地发挥其作用，政策工具还有待完善。

在志愿性政策工具中，个人、企业和社会组织的占比大致相同，占比都较低，说明在环境政策中这一类政策工具还没有得到重视。环境政策工具的选择决定了在环境污染减排和生态环境修复中哪些主体可以参与，以及各自的角色和地位。环境问题复杂多变，单纯依靠政府的资源难以有效的解决，需要多元主体的共同参与。多元主体的参与可以是协商制定志愿协议和规则、签订志愿方案、制定志愿标准。只有应用这些政策工具，多元主体才能参与到环境治理之中。

9. 应对气候变化政策的政策工具分析

主体功能区应对气候变化政策的各类型政策工具占比情况如图 4-15 所示。应对气候变化政策工具以强制性和混合型为主，两类工具占比相差不大，分别为 51%、41%，志愿性政策工具占比最低，约为 8%。

具体地说，强制性政策工具中行为管制的占比为 35%，说明国家非常重视节能减排。由于我国国土面积大，不同地方地理位置、经济发展水平、产业结构、能源结构和碳排放等情况都不一样。为了避免"碳泄漏"和"搭便车"的现象，中央政府必须通过制定统一的政策和标准，加强管理，减少温室气体排放，减缓气候变化。

规划控制
行为管制
法律责任
直接提供
产权及交易
税费
补贴
公私伙伴
信息
个人
企业
社会组织

图 4-15　应对气候变化政策工具分布情况

市场型工具中，补贴的使用率仍然比较多（占比 9%），这主要体现在新能源开发方面。能源是生产和消费中不可缺少的要素，新能源产业发展是节能的重要举措，是今后需要重点发展的领域，也是经济的支撑点，应对气候变化政策比较重视新能源产业的发展及其在公共工程和公共交通方面的应用和推广，因此应用的频率较大。

在志愿性政策工具中，企业和社会的占比较高（8%），个人的比例较少（1%）。从已有政策文件的内容来看，政府的首要任务是产业减排。即便强调"倡导低碳消费，推广低碳生活方式"，其主要的方法仍然是创造低碳消费条件，推动公共型低碳消费，推行低碳商业模式，从而引导消费行为。因此从本质上说，政府仍然是以生产引导消费，着重对生产者的控制，并没有重视发挥个人的积极性和主动性。

从政策文献的梳理中可以看出，节能减排的政策工具应用比较多，适应性应对气候变化政策工具比较少。气候行动包括减缓行动和适应行动，虽然减缓行动和适应行动的界限不清晰，二者之间往往互补而非排斥，应当同时考虑。但是在适应行动方面，由于气候变化的影响对每个地方都有所不同，适应的收益由各个地方享用，国家缺乏有效的政策工具。

从以上对财政政策、投资政策、产业政策等九大类配套政策的分析来看，各类配套政策在政策工具的种类和使用率上趋于一致，虽然占比略有区别，但是排名前三的政策工具都是行为管制、信息和补贴，显示各类配套政策在政策工具使用方面差异不大，如图 4-16 所示。

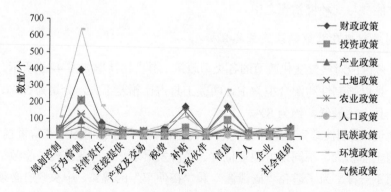

图 4-16　不同配套政策二级政策工具分布图

二、不同类型主体功能区的政策工具分析

（一）不同主体功能区配套政策工具的总体分布情况

以四类主体功能区划分，可以得到不同政策工具的分布情况（图 4-17）。四类主体功能区中强制性政策工具都是最多的，占比超过 50%。混合型政策工具次之，占比在 30%以上。志愿性政策工具最少，四类主体功能区中只有农产品主产区占比超过 10%。不同类型主体功能区的目标有很大差异，但是配套政策所使用的政策工具却基本一致，表明政府各部门所制定的配套政策与规划的差异化要求有一些距离。

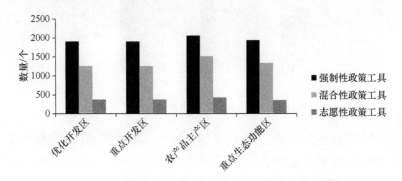

图 4-17　四类主体功能区中一级政策工具分布图

进一步分析可以看出，四类功能区运用的强制性政策工具比较相似，如图 4-18 所示。在四大主体功能区内，规划控制、行为管制、法律责任及直接提供四类政策工具的使用情况基本一致，只有农产品主产区中的行为管制有所加强，其他次级政策工具差别不大。在四类二级强制性政策工具里，行为管制类工具占据绝对优势，其他类工具与之相比存在较大差距。总体来看，尽管四类主体功能区在目标导向上存在差异，但是次一级强制性政策工具的选择上并没有显著差异。换言之，针对目标定位不同的四类主体功能区，配套政策中的强制性政策工具都基本一致，没有差异化。

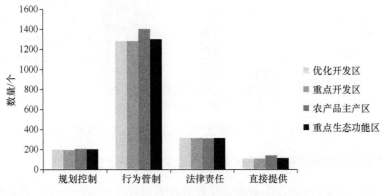

图 4-18　四类功能区中强制性政策工具分布图

不同主体功能区对于志愿性政策工具的选择基本一致，均强调发挥个人、企业和社会组织的作用，如图 4-19 所示。相对而言，农产品主产区对社会组织的重视程度稍高一些，对企业的关注比较少一点。总体来看，四类主体功能区应用的志愿性政策工具差异不明显，没有体现不同主体功能区的内在差异，不太符合主体功能区"制定差别化区域政策"的目标。

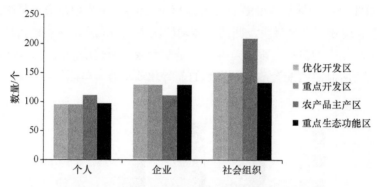

图 4-19　四类功能区中自愿性政策工具分布图

混合型政策工具包括产权及交易、税费、补贴、公私伙伴关系、信息和劝诫，如图 4-20 所示。不同主体功能区对于混合型政策工具的选择基本一致，都是注重利用市场化手段，引导个人或组织的自然资源开发利用行为，促进主体功能区建设。混合型政策工具中应用比较多的政策工具是信息、补贴，远远高于产权交易、税费和公私伙伴关系。需要注意的是，四大类功能区中农产品主产区在应用信息、补贴方面的频数略高于其他功能区，可以看出混合型政策工具在我国农业发展中影响更加明显。总的来看，与强制性政策工具的使用情况类似，四类主体功能区在混合型政策工具的使用上也呈现出一致性规律，尚未与各主体功能区的内在差异相契合，难以满足"制定差异化政策"的要求。

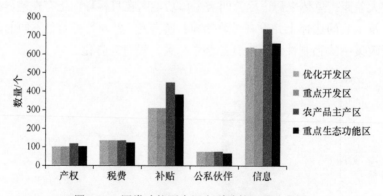

图 4-20　四类功能区中混合型政策工具分布图

（二）不同主体功能区各类配套政策的政策工具使用情况

针对四类主体功能区中，配套政策文献并没有做非常明确的区分。仔细阅读政策文献内容，并经过编码和统计分析，可以看到这些配套政策在优化开发区、重点开发区、农产品主产区、重点生态功能区只有一些细微的差别，如图 4-21 和图 4-22 所示。具体来说，每个配套政策表现各有不同。

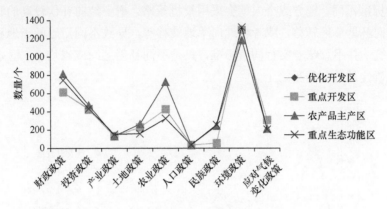

图 4-21　四类主体功能区不同配套政策工具的总体分布图

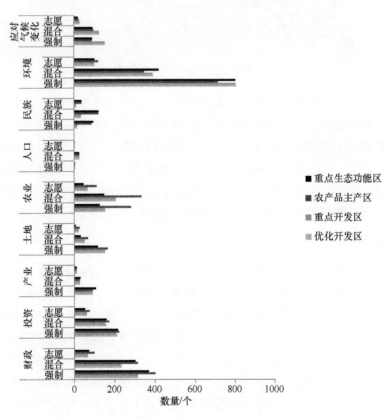

图 4-22　四类功能区中不同配套政策一级政策工具分布图

1. 财政政策

从财政政策工具的分布图 4-23 可以看到，农产品主产区和重点生态功能区的补贴没有差异。这符合主体功能区发展的要求。无论是农产品主产区，还是重点生态功能区的建设，都是为了维护国家安全，因此水流、湿地、森林、草地等和耕地一样应当同等保护，不同领域的政策应当全面推进，尤其是不同领域的补偿应当统一。如果耕地、森林、草地的补偿标准不同，地方或个人就会采用投机策略，把土地向补偿较高的利用类型转移，如农地向林地草地转移，或者林地向草地转移等，导致不同用途的土地利用比例失衡。当然，统一并不意味着实行同一标准，只是不同补偿之间应当均衡，区别待遇必须建立在清楚确定的外部结果之上。

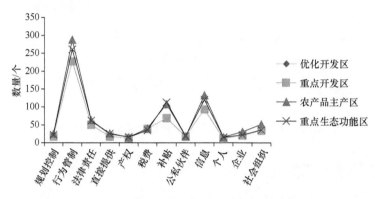

图 4-23　四类功能区财政政策工具分布图

不过，优化开发区和重点开发区与农产品主产区、重点生态功能区的频数差别并不明显，这不太符合主体功能区建设的要求。依据主体功能区规划，财政政策应加大对农产品主产区和重点生态功能区的支持力度，在国家财政收入还难以满足全国所有地区收支差额补助情况下，优先满足这两类地区的公共服务支出，使这两类地区能够享受到与优化开发地区、重点开发地区大致相同的公共服务。对这两类地区财政支出绩效的考察，也应放到基本公共服务均等化和生态环境建设上来。

2. 投资政策

不同的主体功能区，应当有不同的投资政策。优化开发区的重点是创新能力建设，因此重大科技基础设施建设类项目适宜采取税收优惠的方式，体现政府对科技进步和产业升级的推动作用；重点开发区的功能定位是提高产业集聚力，对于产业发展和产业集群项目，应采用税收优惠的投资方式，充分发挥市场配置资源的基础性作用；农产品主产区的重点是改善农业生产条件，提高农产品供给能力。农业综合生产能力提升类工程、农业环境保护类项目、农村基础设施和公共服务设施的建设项目宜采用相应投资补助和贷款贴息的方式予以扶植；重点生态功能区的重点是生态保护，环境污染治理、生态修复类项目正外部性较强，应采取补贴和税费优惠相结合的方式加以落实。基础设施和公共服务提升类项目，要充分体现对重点生态功能区的补偿原则，采取投资优惠和政府购买相结合的方式。

主体功能区要求投资政策差异化，即同类型的政策针对不同类型的主体功能区有不同的表现形式，应符合各主体功能区的定位和发展方向。然而从目前投资政策文献来看，各主体功能区投资政策工具差异性不显著。虽然主体功能区规划要求政府投资主要用于农产品主产区和重点功能区，《落实和完善主体功能区投资政策的实施意见》对四个功能区都规定了重点投资方向。但是从图 4-24 所示的政策工具统计数据来看，不同主体功能区所使用的投资政策工具差别不大，即便在基础设施建设和基本公共服务均等化方面，现有投资政策也没有差异性，不利于主体功能区建设的顺利推进。

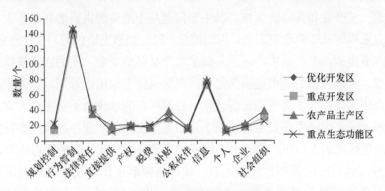

图 4-24　四类功能区投资政策工具分布图

3. 产业政策

针对不同主体功能区，产业发展的重点不同。优化开发区主要扶持战略产业和新兴产业的发展，增强国际竞争力。重点开发区，应当加强产业集聚和规模效应，提高规模效益。而农产品主产区和重点生态功能区，则需要弥补市场缺陷，实现资源的优化配置。不同主体功能区的产业重点不同，产业政策自然不一样。

根据主体功能区规划的要求，国务院及相关部门修订了《产业结构调整指导目录》、《外商投资产业指导目录》和《中西部地区外商投资优势产业目录》，虽然明确鼓励、限制和禁止的产业，但是并没有针对不同主体功能区，因此不同主体功能区中行为管制的频数差异不大。对于农产品主产区和重点生态功能区，产业退出是关键，但是从图 4-25 所示的政策工具统计数据来看，缺乏对企业的激励政策工具，不同主体功能区也没有差异。

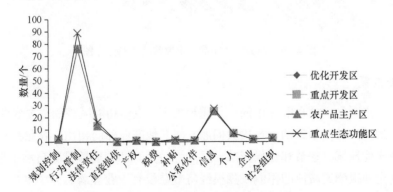

图 4-25　四类主体功能区产业政策工具分布图

4. 土地政策

土地是国土空间资源的根本。主体功能区规划中要求差别化的土地利用管理政策。优化开发区域的经济比较发达，人口比较密集，开发强度较高，资源环境承载力有超载现象。其土地利用问题是土地资源存量少、土地利用结构不合理、土地利用效益不高。因此，优化开发区的土地政策应以混合型政策工具为主，强制性政策工具为辅，盘活存量土地，提高土地的利用效率。重点开发区域是指有一定经济基础，资源环境承载能力有一定空间，可以继续集聚一些产业和人口的区域。其主要问题是土地资源供需潜在矛盾大。重点开发区土地政策应采用增减挂钩政策工具，控制增量，同时加强土地供应，引导产业集聚发展，培育和壮大产业集群。农产品主产区关系国家农产品供给安全，不适宜大规模工业化和城镇化开发利用。土地政策的重点是确保红线，严格执行土地用途管制，加强生态补偿和产权保护。重点生态功能区多为生态脆弱区域，资源环境的承载力不堪重负。重点生态功能区的土地政策，应在保障生态安全的前提下，适度发展旅游产业；加大生态补偿力度，促进重点生态功能区内的人口和产业退出，修复和恢复自然植被，保护生态环境。

不同功能区都有应用强制性政策工具，如严格控制优化开发区域建设用地增量、严格控制农产品主产区建设用地规模、严禁改变重点生态功能区生态用地用途、严禁自然文化资源保护区土地的开发建设、严禁改变基本农田的位置和用途。但是从图 4-26 所示的政策工具统计数据来看，不同功能区的强制性政策工具应用最多，而且彼此之间差别不大。姑且不论这些强制性政策的执行效果，只是控制增量并不能提高存量的土地利用效率，禁止改变用途也不能解决土地利用闲置和低效率的问题。

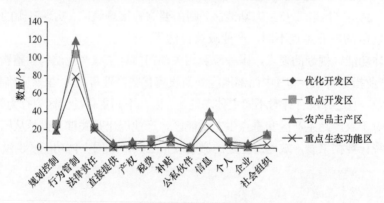

图 4-26　四类主体功能区土地政策工具分布图

5. 农业政策

农产品主产区是主体功能区中的一个重要类型，主体功能区规划需要农业政策解决因农业生产的正外部性导致的市场失灵问题。与其他产业部门相比，农业具有明显的弱势。农业生产受地域、季节和气候影响，风险性较大。即使能够排除自然条件的限制，农业还要受土地报酬递减律的限制，规模经济效益没有工业显著。为了维护农业安全，国家需要加大对农业支持的力度。

从图 4-27 所示的政策工具统计数据来看，行为管制、补贴、信息、企业和社会组织等方面国家农业政策给予重视。尤其是对农业生产过程包括农业生产投入、农产品运输和加工、农产品交换等环节给予了支持。但是目前在"支持农产品主产区依托本地资源优势发展农产品加工业""完善农产品市场调控"方面，部门没有出台相应的政策。

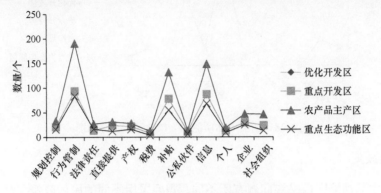

图 4-27　四类主体功能区农业政策工具分布图

6. 人口政策

引导人口在四种不同主体功能区的合理分布，逐步改变人口分布与经济、生态环境失衡的状态，需制定不同的人口政策，促进区域协调发展。优化开发区的人口政策是通过生产方式的转变和产业结构的升级，调整人口年龄结构、教育结构，全面提升人口质量，并对外来人口在城乡的空间分布和人口内部结构进行调整。重点开发区人口迁移政策是通过产业的集聚提升中西部和东北的城市吸纳流动人口的能力，促进流动人口在中西部的集聚，减轻东部沿海地区的人口和生态环境压力，保障农产品主产区、重点生态功能区的形成。农产品主产区的迁移政策是根据当地资源禀赋，依托当地中小城镇，发展特色经济和产业，提供就业机会，给予迁入中小城镇的居民在教育、医疗卫生、社会福利等方面的保障。鼓励迁移能力较高的年轻人到重点开发区、优化开发区寻找就业机会。重点生态功能区的人口迁移政策是采取宣传教育，在尊重群众意愿的基础上，鼓励生态移民，保护生态环境，促进人与自然的和谐发展。

本质上，优化开发区和重点开发区的人口政策应当是促进人口迁入，农产品主产区和重点生态功能区的人口政策应当是促进人口迁出。但是从政策文献来看，四大功能区在政策工具方面完全没有差异。一方面，人口迁入政策没有差异。规划明确要求优化开发区和重点开发区域要实施积极的人口迁入政策，加强人口集聚和吸纳能力建设，放宽户口迁移限制，但是并未对优化开发区和重点开发区做出区分，而且不同区域的优化开发或者重点开发在经济基础、区位优势、产业特点、资源禀赋等方面都有所不同，对流动人口的吸引力不一样，但是目前政策没有做出具体的规定。另一方面，人口迁出政策没有差异。规划要求在农产品主产区和重点生态功能区实行积极的人口退出政策，鼓励人口向优先和重点开发区迁移，向中小城市和中心镇集聚。但是从图 4-28 的政策工具统计数据来看，四种类型主体功能区没有区别。

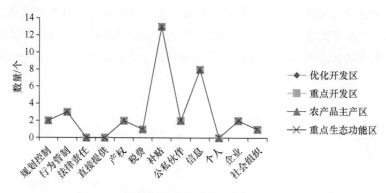

图 4-28　四类主体功能区人口政策工具分布图

7. 民族政策

不同的主体功能区内民族问题有所不同，需要采用不同的民族政策。对于优先开发区和重点开发区，主要采取帮扶的政策，加强特需产业和传统加工业的支持，通过税收优惠、补贴等措施发展一批具有带头作用的特色产业，让民族的特色工艺品走出去，从而实现产业扶贫。同时也需要加强能力建设，通过为其提供硬件设备、人才培训、对口支援等方面的支持来促进少数民族文化、教育等社会事业的发展。对于农产品主产区和重点生态功能区，应当采取扶贫的方式，结合我国民族地区各地实际人口规模、密度及服务的单位成本差异等因素，加强转移支付资金的分配。

从图 4-29 所示的政策工具统计数据来看，农产品主产区和重点生态功能区的支持政策与其他功能区之间有比较显著的差异，主要表现在行为管制、直接提供、补贴和信息方面。不过农产品主产区和重点生态功能区的扶贫政策还有待深化，如少数民族聚集地区，多是农产品主产区和重点生态功能区，人口承载压力大，需要增强这些地区的自然生态和自我恢复功能。其中，对农产品主产区，要加快剩余农业劳动力转移，让农村多余的劳动力向城镇集中，从事农产品相关的行业生产活动；对于重点生态功能区，原则上对长期住户实施生态移民，可以考虑将少部分不能转移的住户逐步转变为区域的管理人员。

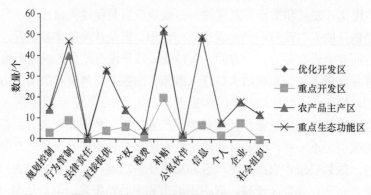

图 4-29　四类主体功能区民族政策工具分布图

8. 环境政策

针对各类主体功能区的环境状况和环境承载能力，环境政策的重点领域和政策工具应该有所差别。优化开发区以产业结构升级为重点，应加强区域范围内的产业结构调整与优化，促进经济发展与环境保护之间的关系协调。其环境政策的重点是在排污总量控制下，加强混合型政策工具和志愿性政策工具的应用，通过排污权交易、环境税、环境协议等，促使企业积极、主动减排，实现产业升级；重点开发区虽然具有环境容量方面的潜力，但是不等于说重点开发区是放松环境管制的区域。重点开发区的环境政策重点是将强制性政策工具和混合型政策工具结合，在严格执行环境影响评价制度和排污许可证制度的基础上，通过排污交易和环境税，提高资源节约型、环境友好型、附加价值较高的产业在整个经济中的比例；农产品主产区的环境政策重点是加强强制性政策工具，限制和关闭污染企业，同时通过农业生产的环境协议，促使农户减少化肥、农药的使用，适度开发利用水资源，切实维护农产品的安全生产环境；重点生态功能区环境政策的重点是利用强制性政策工具，限制企业进入开发区，同时对于不符合重点生态功能区要求的企业，采用混合型政策工具，鼓励其退出。

然而从目前图 4-30 所示的统计数据来看，这些差别并没有看到。在不同功能区，环境政策工具的频数基本一致，只在行为管制方面有少许差异。

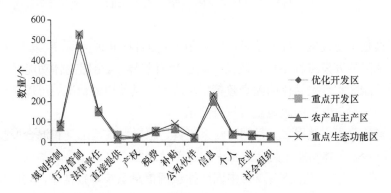

图 4-30　四类主体功能区环境政策工具分布图

9. 应对气候变化政策

如何以有限的资金实现最大的产出，是气候行动中首先需要考虑的问题。对于优化开发区和重点开发区，减排是关键。有效的气候政策，不仅需要控制点源的排放，还需要改变土地利用类型和土地利用行为。我国目前各领域采用的减排措施只是减排的必要条件，并非充分条件。交通领域减排，需要控制城市蔓延、提供基础设施（公共交通基础设施、自行车道）和公共交通，更需要控制交通里程总数，通过减少交通里程总数而减少排放。同样的道理。在低碳建筑方面，控制单个建筑的排放，不能解决因建筑总量增加而带来的排放总量增加的问题。对于农产品主产区和重点生态功能区，则需要适应气候变化政策。适应气候变化行动，不仅是指出现气候变化造成灾害之后采取应对和补救措施、减少损害，更要提前做好风险预防措施、主动消减风险，防止任何可能造成气候变化的决策和行动，防患于未然。

应对气候变化政策工具在不同主体功能区的分布情况如图 4-31 所示。从图中可以看到，不同主体功能区的应对气候变化政策工具相似，只在行为管制和信息的频数上有比较小的差别。

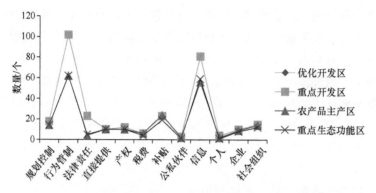

图 4-31　四类主体功能区应对气候变化政策工具分布图

第五节　本 章 小 结

政策工具是实现政策目标的手段，主体功能区的目标能否实现，政策工具非常关键。不同类型功能区的开发目标不同，政策工具应当有差异。《全国主体功能区规划》也要求在不同的功能区实行差异化的配套政策。从政策工具使用的情况，可以在一定程度上了解国务院相关部门制定的政策是否符合要求。

政策工具的分类方法很多，强制性政策工具、志愿性政策工具和混合型政策工具的三分法，可以涵盖主体功能区配套政策中的大部分政策工具类型。本章从国务院及部门的门户网站、北大法宝、北大法易网、中国法律法规信息系统等数据库，收集 2011～2018 年财政、发改、国土等九大部门发布的、与主体功能区有关的配套政策，经过仔细研读、分类和筛选，最终对选择出 214 项配套政策进行编码和统计分析。研究发现：整体来看，我国主体功能区建设中主要应用强制性政策工具，混合型政策工具次之，志愿性政策工具应用较少；各类配套政策在强制性政策工具、混合型政策工具和志愿性政策工具的使用率上趋于一致，差异不大。其中，排名前三的政策工具都是行为管制、信息和补贴。

在不同的主体功能区，强制性政策工具使用最多，混合型政策工具次之，志愿性政策工具较少。不同主体功能区中各类配套政策的差异性不大，其中财政政策、农业政策、环境政策有少许差异，而其他政策的差异不明显。不同的主体功能区使用同样的政策工具，实际上是没有考虑功能区之间差异性的做法，与主体功能区的建设初衷相冲突。

参 考 文 献

陈振明. 2009. 政府工具导论. 北京: 北京大学出版社: 40-62, 62-71.

登姆塞茨 H. 2002. 关于产权的理论. R. 科斯, A. 阿尔钦, D. 诺斯等. 财产权利与制度变迁——产权学派和新制度学派译文集. 上海: 三联书店: 96-97.

经济合作与发展组织. 环境管理中的经济手段. 1996. 张世秋等译. 北京: 中国环境科学出版社: 30-45.

欧文·休斯. 2001. 公共管理导论. 北京: 中国人民大学出版社: 99-100.

乔普·科彭扬, 马丁·德容, 陈铮, 等. 2016. 荷兰公私合作伙伴关系(PPP)的发展. 公共行政评论, 9(2): 25-43.

萨瓦斯 E. S. 2002. 民营化与公私部门的伙伴关系. 周志忍等译. 北京: 中国人民大学出版社: 74-135.

托马斯·恩德纳, 张蔚文, 黄祖辉. 2005. 环境与自然资源的政策工具. 上海: 三联出版社.

王满船. 2004. 公共政策制定: 择优过程与机制. 北京: 中国经济出版社.

张成福, 党秀云. 2001. 公共管理学. 北京: 中国人民大学出版社: 61-62.

朱春奎. 2011. 政策网络与政策工具: 理论基础与中国实践. 上海: 复旦大学出版社: 135-136.

Hollet M, Ramesh M. 2006. 公共政策研究: 政策循环与政策子系统. 庞诗等译. 上海: 三联书店: 141-174.

Amacher G S, Malik A. 1996. Bargaining in environmental regulation and the ideal regulator. Journal of Environmental Economic and Management , 30: 233-253.

Doern G B, Phidd R W. 1983. Canadian Public Policy: Ideas, Structure, Process. Toronto: Methuen: 54-68.

Etzioni A. 1991. The moral dimension in policy analysis. In: Coughlin. Morality, Rationality and Efficiency. New York: M. E. Sharpe: 375-386.

Hood C. 1983. The Tools of Government. London: Macmillan Publishers Limited: 280-285.

Michael H. 1991. Policy instruments, policy stytles, and policy impletation: National approaches to theories of instrument choice. Policy Studies Journal, 19(2): 1-21.

Michael H. 2009. Governance modes, policy regimes and operational plans: A multi-level nested model of policy instrument choice and policy design. Policy Science, 42: 73-89.

Salamon L M. 2001. The Tools of Government: A Guide to the New Governance. New York: Oxford University Press: 1-6.

Schneider A, Ingram H. 1990. Behavioral assumptions of policy tools. Journal of Publics, (2): 510-529.

Vedung E. 1998. Policy Instruments: Typologies and Theories. In: Bemelmans-Viedec M, Rist. C Ray, Vedung E. Carrots, Sticks and Sermons: Policy Instruments and Their Evaluation. London: Transaction Publishers: 21-58.

第五章
基于政策内容的主体功能区配套政策协同

主体功能区配套政策是保障主体功能区建设的重要抓手，意义重大。《全国主体功能区规划》出台之后，我国与主体功能区相关的配套政策逐渐增多，数量可观。这些配套政策之间相互影响、相互作用。这些配套政策的内容是否协同，是否能够发挥积极作用，推动不同类型主体功能区的全面建设，促进国土空间资源的开发利用和保护，是我们建立健全主体功能区配套政策需要明确的问题。目前学界对主体功能区配套政策协同的研究不多，而且普遍停留在定性分析基础上。本章应用政策文本分析方法，在对2011～2018年国家层面出台的主体功能区配套政策进行量化处理的基础上，探讨主体功能区不同配套政策内容本身的协同性。

第一节　基于政策内容的政策协同研究现状

政策内容的文本分析方法，是政策科学领域的一种比较新的研究方法，它从可以公开获取的政策文献入手，引入和借鉴统计学、政策计量学等学科的知识和方法，对政策文献内容和政策外部特征进行实证分析，以解释政策的内在逻辑和演变规律。相对于定性分析而言，政策内容的量化分析可以弥补定性研究的主观性、不确定性和模糊性，是对定性研究的补充、验证和完善（黄萃，2017）。

早在1978年，国外就出现从政策本身出发对政策进行量化的研究，如Libecap（1978）将涉及矿产权的各项法规进行分类，对法规内容进行打分，并利用量化处理结果对政策的作用效果进行统计分析。Cools等（2012）利用"hard"、"soft"、"push"和"pull"四个评价尺度来对能源税收、停车费用等交通政策的政策措施进行量化研究。

近十年来，国内政策协同的研究文献逐渐增多。政策协同的研究，多从公共政策的基本要素入手，应用文本分析、内容分析、政策计量等方法对政策主体、目标、手段、工具、措施、力度等进行协同性分析，进而提出政策建议。

最早尝试这种研究方法的是彭纪生等（2008）。他们从政策力度、政策措施与政策目标三个维度量化政策，描述政策协同演变的路径，以及政策协同与经济绩效的关系，或者测量政策之间的协同问题，政策协同和技术绩效之间的关系（仲为国等，2009）。

后期的研究学者们建立了不同的分析框架，如汪涛和谢宁宁（2013）构建政策层级、政策工具、政策主体三维政策分析框架，对《中长期科技发展规划（2006～2012年）》的政策文本进行量化分析，探讨政策群的协同性。杨晨和刘苗苗（2017）将专利政策协同解构为政策主体协同、政策目标协同和政策措施协同，并分析江苏专利政策的协同性。郭淑芬等（2017）通过收集山西省出台的省级层面的文化产业创新政策，从政策效力、政策措施、政策目标三个维度对山西省文化产业创新政策的协同演变进行了研究。毛子骏等（2018）将我国十二个省出台的与政府数据开放相关的政策内容分为"政策目标"与"政策措施"，从纵向政策协同、横向政策协同两个维度来分析我国政府数据开放政策间的差异。杨艳等（2018）对1995年以来上海市人才政策进行系统梳理，通过构建

"政策目标、政策工具和政策力度"三维分析框架，设计政策量化手册与政策协同度的度量模型，对政策进行测量和统计分析，考察政策的协同性问题。李雪伟等（2019）基于纵向维度和横向维度的政策协同分析框架，对北京、天津、河北三地的省级"十三五"规划进行了指标评分和数据分析，得出各地政策协同的状况。

随着近几年来国家对环境问题日益重视，接连出台环境政策，一些学者也采用类似的方法研究环境政策。张国兴等（2014）从政策力度、政策措施和政策目标三个维度对节能减排的政策进行量化，构建政策效力和政策协同度模型，对我国节能减排的政策协同演变进行分析，提出了相关政策建议。张国兴等（2015）在收集我国 1997～2011 年节能减排的政策基础上，仍然从政策力度、政策措施和政策目标三个维度对我国节能减排的政策进行量化，对政策措施协同和政策目标协同的有效性进行了研究。李良成和高畅（2016）以 2010～2015 年广东省政府相关部门发布的 51 份有关战略性新兴产业政策为样本，构建政策主体-政策目标-政策工具三维分析框架，分析了三维及政策群之间的协同状况。张国兴等（2017）基于我国 1997～2013 年颁布的 1052 条节能减排政策，从政策力度、政策措施和政策目标三个维度对我国节能减排的政策进行量化的数据，构建了针对不同措施与目标协同的计量模型，分析政策措施和政策目标协同对节能减排效果的影响。王洛忠和张艺君（2017）则从内容、结构和过程三个维度构建分析框架，探讨新能源汽车产业政策协同问题和优化路径。

从上面的文献梳理可以看出，目前应用政策文本分析方法，对政策进行编码和量化，研究政策协同的成果较多，这些成果主要集中于某类政策或某个领域的政策协同问题。涉及资源环境政策协同的研究，只有节能减排和新能源政策两个领域，目前有关主体功能区不同配套政策协同的研究成果比较欠缺。

第二节　分　析　框　架

主体功能区配套政策是由多种类型政策构成的政策体系。主体功能区配套政策协同，是指主体功能区配套政策体系中不同配套政策之间相互配合，产生政策合力。本章以政策协同理论为基础，基于政策文献的量化研究，构建"政策主体-政策目标-政策工具"分析框架。

一、单一构成要素内部协同

1. 政策主体

主体功能区配套政策的主体有国务院、国务院职能部门，包括国家发展和改革委员会、财政部、农业农村部、自然资源部、人力资源和社会保障部、生态环境部等。因主体功能区配套政策涉及的范围广，联合发文的机关比较多，而且一些国务院部门在

2011~2018 年进行了调整，原先独立的几个部门，现在合并组建了新的部门。为了统计便利，所以本章以单一主体和多元主体两个指标来统计政策的发文单位，从而分析政策主体之间的协同度。

2. 政策目标

政策目标是政策研究的重要内容。中共中央、国务院颁布的《全国主体功能区规划》明确"推进形成主体功能区的主要目标"是"空间开发格局清晰"、"空间结构优化"、"空间利用效率提高"、"区域发展协调性增强"和"可持续发展能力提升"；中共中央、国务院《关于完善主体功能区战略和制度的若干意见》中明确主要目标是建立健全空间规划体系，健全配套政策体系和绩效考核评价体系，"按照不同主体功能定位的差异化协同发展格局趋于完善，国土空间开发保护质量和效率全面提升"；中共中央、国务院《关于建立国土空间规划体系并监督实施的若干意见》也明确国土空间的开发保护要更高质量、更有效率、更加公平、更可持续，最终目标是形成生产空间集约高效、生活空间宜居、生态空间安全和谐，富有竞争力和可持续发展的国土空间格局。基于以上文件，结合本书的实际情况，本章将主体功能区配套政策的目标确立为"优化空间结构"、"提高（空间）资源利用效率"、"区域协调发展"和"提升可持续发展能力"四个方面。

"优化空间结构"的含义是控制城市和农村开发强度和开发面积，保证耕地（尤其是基本农田）的面积，保障农业安全；扩大绿色生态空间，增加林地、草地、河流、湖泊和湿地面积，保障生态安全。

"提高（空间）资源利用效率"的含义是指提高单位城市空间的生产总值，增加城市建成区人口密度，提高农业单产水平，增加单位面积绿色生态空间蓄积的林木数量、产草量和涵养的水量。

"区域协调发展"的含义是指减小不同区域之间城镇居民的人均可支配收入、农村居民的人均纯收入和生活条件的差距，实现人均财政支出大体平衡，促进基本公共服务均等化。

"提升可持续发展能力"的含义是指维护生态系统的稳定性，减少生态退化面积和主要污染物排放量，提高江河湖库水功能区水质达标率，改善环境质量。提高森林覆盖率、草原植被覆盖率，保护生物多样性，增强应对气候变化的能力。

3. 政策工具

政策工具分类中学者们普遍接受霍莱特和拉梅什的"强制-混合-志愿"三分法，"这种分类方式由于可以涵盖绝大多数的政府工具类型而被人们认为更具包容性"（陈振明等，2009）。本章也采用这种分类方法对政策工具进行测量。

强制性政策工具主要是指政府为了将自然资源开发利用控制在资源环境承载力范围之内，自己利用和管理自然资源，或者对市场主体开发利用自然资源行为进行干预的政策工具。包括规划控制、行为管制、法律责任和直接提供（直接投资或公共产权）。

志愿性政策工具，也有称"自愿性政策工具"，是指激发个人、企业和社会组织的积极性，促进个人、企业和社会组织自主管理自然资源的政策工具。把"志愿"途径作为一种"工具"，通常要假设自然资源开发利用水平，以及消除污染的水平，在这种水平之外自愿实现。

混合型政策工具是介于强制性政策工具和志愿性政策工具之间的一类政策工具。政府通过一些经济手段，引导自然资源的开发利用行为，控制自然资源的开发强度及其对环境造成的不利影响。这类经济手段包括产权拍卖、税费、补贴、公私伙伴关系，以及信息和劝诚等。

二、不同构成要素之间的协同

政策目标是政策主体期望达到的目的，政策工具是政策主体实现政策目标的手段和工具，三者之间相互影响、相互作用。由于主体功能区配套政策涉及的政策主体多、政策工具类型多样、政策目标多元，本章拟构建"政策主体-政策目标-政策工具"的政策协同性三维分析框架，深入剖析三者之间的协同状况（图5-1）。

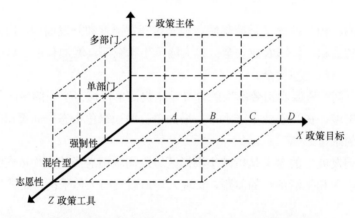

图 5-1 政策主体-政策目标-政策工具协同的分析框架

第三节 数据来源和指标测量

主体功能区配套政策，是与主体功能区国土空间资源开发利用和保护有关的，促进不同类型主体功能区域建设的政策。本章涉及的主体功能区配套政策，主要是 2011～2018 年与主体功能区建设有关的财政政策、投资政策、产业政策、土地政策、农业政策、人口政策、民族政策、环境政策和应对气候变化政策等。

一、数据来源

为了获取主体功能区配套政策文本，本章以中央政府网站、国家发展和改革委员会网站、财政部、自然资源部等中央政府及部门网站作为主体功能区配套政策样本的主要搜集来源，从中筛选整理了 2011~2018 年我国中央政府（全国人大、国务院）及各部委颁布的所有与主体功能区国土空间资源开发利用和保护相关的政策。为了保证数据的完整性，又使用万方数据库、北大法宝、中国法律法规信息系统等对上述政策进行补充。收集到的政策先依据主体功能区配套政策的定义进行略读，然后精读搜集的政策，从政策制定时间、政策类型、政策主体、政策工具及政策目标等方面进一步的筛选与核对，最终确定了包含全国人大、国务院、国家发展和改革委员会、环境保护部和财政部等多个部门独立或联合制定的 214 条主体功能区配套政策，形成配套政策数据库（图 5-2）。

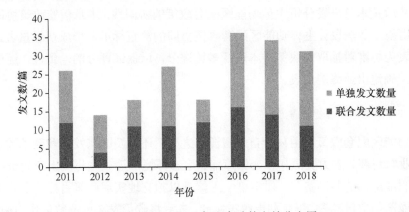

图 5-2　2011~2018 年配套政策文献分布图

从政策数量来看，在整理出的 214 份有效政策文献样本中，近一半的主体功能区配套政策文献集中在 2016 年之后，其中 2016 年发文数量最多。主要原因在于，2016 年国家强调加强主体功能区建设，使得各部门贯彻落实主体功能区规划的步伐加快。

从政策文献颁发的部门来看，214 份文件涉及 34 个部门。其中颁布政策文件最多的三个部门是国家发展和改革委员会、财政部和自然资源部。说明国家非常重视主体功能区建设，不仅从国家战略层面制定规划，而且在财政上也给予积极的支持。

从政策的效力等级上看，政策数量最多的是国务院部门的意见、通知和公告，其次是国务院各部门颁发的规定、办法、实施细则和规则，全国人大或人大常委会的法律最少（图 5-3）。

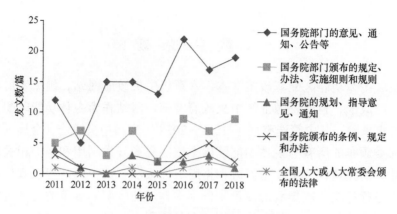

图 5-3 政策文献的法律效力分布情况

二、指标测量标准

为了从政策本身出发分析主体功能区配套政策的协同性，本章借鉴政策协同研究的成果，应用德尔菲法设计主体功能区配套政策协同的测量标准，形成初级量表。然后再以初级量表为标准对抽取的政策样本进行多轮评分，以保证评分的一致性。经过多次评分和调整，确定出最终的量表。

1. 政策主体的分类和测量标准

主体功能区配套政策的主体除自然资源部之外，还涉及国家发展和改革委员会、财政部、农业农村部、人力资源和社会保障部、生态环境部等一些与国土空间资源开发紧密联系的职能部门的共同参与。通常单一主体难以独立地实现政策目标，因此参与政策制定的职能部门数量越多，越有利于政策协同。本章将政策发文单位数量作为衡量标准，具体量化标准如表 5-1 所示。

表 5-1 政策主体（部门）量化标准

发文单位	赋值
多元主体	2
单一主体	1

2. 政策目标分类及测量标准

政策目标是政策主体制定政策所期望达到的目的。主体功能区的目标是促进"优化空间结构"、"提高（空间）资源利用效率"、"区域协调发展"和"提升可持续发展能力"。作为配套政策，其目标与主体功能区的目标应当一致。在量化的过程中，基于政策文献分析政策目标的内涵，并对不同政策文献的政策目标进行评分（表 5-2）。

表 5-2　政策目标量化标准

	得分	政策目标量化标准
优化空间结构	1	仅仅提出与优化空间结构有关的表述，没有具体措施；
	2	明确提出要优化空间结构，但是没有具体保障措施；
	3	明确提出要优化空间结构，适用的客体比较广泛，提出要通过管制等政策保护资源等，但是措施不够全面；
	4	涉及多个自然资源种类，明确提出优化空间结构，以及保护耕地和自然资源等的目标，并且明确规定税费和管制等保障措施，比较全面；
	5	涉及多种资源类型，明确提出优化空间结构，以及保护耕地和自然资源等的目标，并且明确规定利用税费、许可、监管等保障措施，内容全面具体
提高（空间）资源利用效率	1	仅仅涉及提高资源利用效率；
	2	明确提出提高资源利用效率，但未给出具体措施；
	3	明确提出提高资源利用效率，适用的客体比较广泛，有一些具体措施，但不全面；
	4	明确提出在各个自然资源领域提高资源利用效率，有措施，但不具体；或者只在少数自然资源领域提出提高自然资源利用效率，但措施非常全面；
	5	在各种自然资源领域提出提高资源利用效率的目标，并且提出通过税费、产权交易、许可管制等措施保障，措施非常全面
区域协调发展	1	仅仅提出与促进区域协调发展有关的表述，没有具体措施；
	2	明确提出要促进区域协调发展，但是没有具体保障措施；
	3	明确提出要促进区域协调发展，适用的客体比较广泛，提出要通过转移支付和投资等政策促进区域协调发展，但是措施不够全面；
	4	在多个自然资源种类中提出要促进区域协调发展，并且提出通过转移支付等措施来保障；或者明确提出促进区域协调发展，并且通过转移支付和投资等措施保障，措施非常全面；
	5	在多种自然资源种类中提出促进区域协调发展的目标，并且通过转移支付和投资等措施保障，措施非常全面
提升可持续发展能力	1	仅仅提出与促进提升可持续发展能力有关的表述，没有具体措施；
	2	明确提出要促进生态环境的保护，但是没有具体保障措施；
	3	明确提出要促进生态环境保护。适用的客体比较广泛，提出要通过财政补贴和税收优惠等政策促进生态环境保护，提升可持续发展能力，但是措施不够全面；
	4	在多个自然资源种类中提出促进生态环境的保护目标，并且提出通过补贴和税收优惠等措施来保障；或者明确提出促进生态环境保护，并且通过生态补偿、产业强制退出、人口迁出等保障，措施非常全面；
	5	在多种自然资源种类中提出促进生态环境保护的目标，并且通过生态补偿、产业强制退出、人口迁出等保障，措施非常全面

"优化空间结构"的含义是控制城市和农村开发强度和开发面积；保证耕地（尤其是基本农田）的面积，保障农业安全；扩大绿色生态空间，增加林地、草地、河流、湖泊和湿地面积，保障生态安全。我国国土空间资源开发利用中，耕地减少过快，绿色生态减少过多，工矿建设占用空间偏多。由于农产品和生态产品的价值不能在市场上全部展现出来，需要配套政策引导市场主体的行为，形成激励和约束机制，在国土资源开发和利用时兼顾城镇发展、农业安全和生态安全。因此量化中以是否明确优化空间结构目标，是否采取方案和保障措施，能够吸引市场主体保护农产品主产区和重点生态功能区作为衡量标准。

"提高（空间）资源利用效率"的含义是指提高单位城市空间的生产总值，增加城市建成区人口密度，提高农业单产水平，增加单位面积绿色生态空间蓄积的林木数量、产草量和涵养的水量。国土空间资源是生产和生活的基础，有限的国土空间资源无法满足人们不断增长的需要。在当前城镇建设空间利用效率不高的情况下，需要配套政策能激励市场主体提高利用效率，或者强制不符合要求的市场主体退出，使有限的国土空间资源产生更大的效益。因此，量化指标中以是否明确提高（空间）资源利用效率目标，是否有明确的方式方法，强化国土空间资源利用作为标准。

"区域协调发展"的含义是指减小不同区域之间城镇居民的人均可支配收入、农村居民的人均纯收入和生活条件的差距，实现人均财政支出大体平衡，促进基本公共服务均等化。我国的国土空间资源与人口、经济布局失衡，城乡之间、不同区域之间在生活水平和公共服务方面差距很大，尤其是一些农业主产区和生态功能区，人口密集，生活水平和基本公共服务很低。农业生产安全和生态安全要建立在满足人民基本生活需求的基础之上，因此主体功能区配套政策应有助于加强地方基本公共服务的能力，提供当地居民的生活水平，实现区域协调发展。因此，量化指标中以是否明确"区域协调发展"，是否规定具体方案和措施促进区域协调发展作为标准。

"提升可持续发展能力"的含义是指维持生态系统的稳定性，减少生态退化面积和主要污染物排放量，提高江河湖库水功能区水质达标率，改善环境质量。提高森林覆盖率、草原植被覆盖率，保护生物多样性，增强应对气候变化能力。我国生态系统的类型多样，森林、湿地、草原、荒漠、海洋等虽然在不同地域都有分布，但是半数以上属于中度以上生态脆弱区域，影响整个生态系统的稳定。主体功能区的建设不仅需要将这些生态系统保存下来，还需要增强生态系统的稳定性，促进国土空间资源的永续利用。因此，量化指标中以是否明确提升可持续发展能力的目标，是否有具体的方案和保障措施促进可持续发展作为标准。

3. 政策工具的分类及测量标准

政策工具是政策主体为实现既定政策目标而运用的手段和方式。主体功能区配套政策有九大类，每一种类型的配套政策都会应用不同的政策工具，影响国土空间资源开发利用的不同环节。政策工具之间协同，才能提升配套政策的整体效果。本章基于政府、市场和社会在国土空间资源开发利用和保护中的不同作用，将政策工具分为强制性政策工具、混合型政策工具和志愿性政策工具，具体量化标准见表5-3。

强制性政策工具主要是指政府为了将自然资源开发利用控制资源环境承载力范围之内，通过对市场主体开发利用行为进行干预，或者公共产品直接提供的政策工具，包括规划控制、行为管制、法律责任、直接提供。其中规划控制、行为管制和法律责任是对个人或组织的规制，通过对个人或组织开发利用国土空间资源行为的全过程管理，使个人或组织在提供产品的同时不会危及资源环境的承载力。直接提供则通过政府投资和政府购买的方式保证农产品和生态产品的供应，是政府对市场直接干预的手段。

混合型政策工具是政府通过建立市场和促进市场的手段和方式，引导市场主体开发利用国土空间资源的行为，避免对国土空间资源造成的不利影响所应用的一类政策工具。这类手段和方式包括产权出让或产权交易、税费、补贴、公私伙伴关系,以及信息和劝诫等。由于我国的自然资源属于国家所有,环境容量产权也需要法律规定,因此自然资源和环境产权出让是一种政府创建市场的手段,而税费、补贴、公私伙伴关系、信息和劝诫则是政府利用市场价格和市场信号调节个人或组织行为,促进资源优化配置的方式。

志愿性政策工具,也有称"自愿性政策工具",是指促进个人、企业和社会组织自主管理的政策工具。在市场和政府失灵无法有效解决资源环境问题时,需要激发个人、企业和社会组织的积极性和主动性,使得个人、企业和社会组织志愿参与一些保护国土空间资源,提供公共产品的行动之中。把"志愿"途径作为一种"工具",通常要确定国土资源环境的承载力范围,以及国家强制要求的资源环境开发利用和保护的标准,在这种水平之外志愿实现。

表 5-3　政策工具量化标准

	得分	政策工具量化标准
强制性政策工具	1	形式单一,仅提及强制性政策工具中某一种类型;
	2	多种形式,但没有具体内容;或单一形式有少量解释说明;
	3	形式多样,内容相对具体,但涉及资源领域种类单一;或形式单一,内容相对具体且适应资源领域广泛;
	4	形式多样,涉及的领域比较全面,内容比较具体,有具体的实施意见和指导性文件;
	5	形式多样,涉及的领域比较全面,内容非常具体,制定专门的管理办法
混合型政策工具	1	形式单一,仅提及混合型政策工具中某一种类型;
	2	多种形式,但没有具体内容;或单一形式有少量解释说明;
	3	形式多样,内容相对具体,但涉及资源领域种类单一;或形式单一,内容相对具体且适应资源领域广泛;
	4	形式多样,涉及的领域比较全面,内容比较具体,有具体的实施意见和指导性文件;
	5	形式多样,涉及的领域比较全面,内容非常具体,制定专门的管理办法
志愿性政策工具	1	形式单一,仅提及志愿性政策工具中某一种类型;
	2	多种形式,但没有具体内容;或单一形式有少量解释说明;
	3	形式多样,内容相对具体,但涉及资源领域种类单一;或形式相对具体且适应资源领域广泛;
	4	形式多样,涉及的领域比较全面,内容比较具体,有具体的实施意见和指导性文件;
	5	形式多样,涉及的领域比较全面,内容非常具体,制定专门的管理办法

强制性政策工具、混合型政策工具和志愿性政策工具都有进一步的细分,每一种次级政策工具也有一些量化标准。因量化标准类似,这里仅以补贴为例予以说明,见表5-4。

表 5-4　次级政策工具量化标准

得分	政策工具量化标准:补贴
1	形式单一,仅提及某一种类型;
2	多种形式,但没有具体内容;或单一形式有少量解释说明;
3	形式多样,内容相对具体,但涉及资源领域种类单一;或形式单一,内容相对具体且适应资源领域广泛;
4	形式多样,包括补助、奖励、税收优惠、贷款贴息担保等,涉及耕地、森林、草地、湿地等领域比较全面,适用范围、对象、条件、分配方法比较具体,有具体的实施意见和指导性文件;
5	形式多样,包括补助、奖励、税收优惠、贷款贴息担保等,涉及耕地、森林、草地、湿地等领域比较全面,适用范围、对象、条件、分配方法非常具体,制定专门的资金管理办法

4. 政策力度的量化标准

政策力度作为描述政策效力的重要指标,对政策的效果具有一定的影响。彭纪生等(2008)、仲为国等(2009)、张国兴等(2017)对政策力度的量化研究做了较为深入的探索。本书在借鉴前人已有研究成果的基础上稍加调整与改进,以形成主体功能区配套政策力度的测量标准,见表5-5。

表 5-5 政策力度的量化标准

得分	政策力度
1	国务院部门发布的方案、意见、规划、通知、公告、标准等
2	国务院部门颁布的规定、办法、实施细则和规则
3	国务院的规划、指导意见、通知
4	国务院颁布的条例、规定和办法
5	全国人大及其常务委员会颁布的法律

通常政策颁布单位的层级决定了政策力度的大小,较高层级的政策颁布单位所颁布的政策在力度方面也较强,反之层级越低的政策颁布机构所颁布的政策在力度方面则较弱。主体功能区配套政策中,政策力度的量化标准主要是基于颁布机构及其政策类型,分为全国人大及其常务委员会颁布的法律,国务院颁发的行政法规(条例、规定、办法),国务院发布的规划、指导意见、通知等,国务院部门颁布的规章(规定、办法、实施细则和规则),国务院部门发布的规范性文件(方案、意见、规划、通知、公告、标准等)五级。

5. 不同指标协同度的测量

经过对政策主体、政策工具、政策目标、政策力度进行评分,得到了初步数据。政策主体、政策工具或政策目标的协同是描述政策有多个主体、使用多个工具或实现多个目标的状况。一般而言,政策力度越大,政策主体越多,同一条政策使用的各个工具越具体或实现的各个目标越明确,政策工具协同或政策目标协同的协同状况应越好。本书主要参考彭纪生等(2008)科技政策协同度的度量模型,利用式(5-1)计算各年度主体功能区配套政策主体的协同度,利用式(5-2)计算各年度主体功能区配套政策目标的协同度,利用式(5-3)计算各年度主体功能区配套政策工具的协同度。

主体功能区配套政策主体的协同度:

$$\text{TPSZ}_i = \sum_{j=1}^{N} \text{PS}_j \times \text{PE}_j \quad i \in [2011, 2018] \tag{5-1}$$

主体功能区配套政策目标的协同度:

$$\text{TPGZ}_i = \sum_{j=1}^{N} \text{PG}_{jk} \times \text{PG}_{jl} \times \text{PE}_j \quad k \neq l, i \in [2011, 2018] \tag{5-2}$$

主体功能区配套政策工具的协同度：

$$TPTZ_i = \sum_{j=1}^{N} PT_{js} \times PT_{jt} \times PE_j \quad s \neq t, i \in [2011, 2018]$$
(5-3)

式中，$TPSZ_i$ 为第 i 年的主体功能区配套政策主体的协同度；PS_j 为第 j 条政策的政策主体得分；PE_j 为第 j 条政策的政策力度得分。

$TPGZ_i$ 为第 i 年的主体功能区配套政策目标的协同度；PG_{jk} 和 PG_{jl} 为第 j 条政策中第 k 和 l 项政策目标的得分，k 和 $l(k \neq l)$ 表示从优化空间结构、提高资源利用效率、提升可持续发展能力和区域发展协调性 4 项目标中选 2 项目标来考虑目标协同。

$TPTZ_i$ 为第 i 年的主体功能区配套政策工具的协同度；PT_{js} 和 PT_{jt} 分别为第 j 条政策中第 s 和 t 项政策工具的得分，s 和 $t(s \neq t)$ 表示从规划控制、行为管制、法律责任、直接提供、产权及交易、税费、补贴、公私伙伴关系、信息和劝诫、个人志愿性政策工具、企业志愿性政策工具、其他社会组织志愿性政策工具等多项工具中选 2 项工具来考虑工具协同。

三、政策测量程序

对政策文献的量化，通常采用专家打分的方法，专家人数一般不少于三人。另外在打分的过程中，抽取样本进行个人重测和多人重测，以保证信度和效度。在确定了量化标准以后，本章采用对打分人员培训、由不同人员对政策进行多轮打分的方法对政策进行量化。本章所采用的打分程序如下：

1. 制定量化标准

为了确保量化结果能够反映实际情况，我们在咨询相关政策研究专家之后，对 2011～2018 年主体功能区配套政策按照政策主体、政策工具和政策目标三个维度进行了分析，初步制定量化标准。

2. 成立评分小组

我们聘请了 5 位研究人员分别为政策打分，并由专业的老师做指导，从而保证评分结果的科学性。

3. 确定评分标准

对政策内容进行解读，确定量表评分标准，并确保评分人员理解并熟悉量表内容。为了让评分人员更好的理解量化标准，我们首先给各评分人员详细讲解每条政策的打分标准，并对其进行讨论，以找出各打分人员存在疑问的地方，然后再次讲解或修改，直到每位打分人员对量化标准完全理解。

4. 对政策进行试评分

在对打分人员进行培训后，开始组织他们从不同配套政策中抽取 30 份政策文件进行试评分，检查评分的一致性，并对政策量表进行补充完善，对有不同评分的地方进行沟通。第一轮预打分一致程度为 46%，结果不够理想。我们再次召集了打分人员进行讨论，分析产生分歧的原因，并进一步优化量化标准。第二轮打分阶段，对打分结果进行对比分析，我们发现打分结果为 65%。对量化标准的进一步优化之后，经过第三轮培训，预打分完全相同的政策占总政策的 92%，打分效果有了明显的提升。

5. 政策评分

在正式打分阶段，由每个评分人员独自完成评分情况。每个评分人员所评政策有一定重复率，从而保证每份政策文件有两人一起评分。每个评分人员的打分，最后由组长检查、审核和统计。

经以上方法统计，最后各成员的一致性程度约为 87%，表明该政策测评量表的信度水平比较高。另外，在协同分析时，每个指标的总数据是其所得分数的算术平均数，在一定程度上保证了数据的稳定性和严谨性。

第四节　数据处理和分析

主体功能区配套政策内容的协同是促进主体功能区建设的必然要求。基于政策主体、政策工具和政策目标的测量，可以分析单一构成要素内和不同构成要素之间的协同性。

一、政策主体的协同分析

政策主体的协同，指的是两个及以上的政府职能部门共同发布同一项政策的情况。从图 5-4 可以看出，主体功能区规划实施过程中，国务院部门联合发文的数量与其配套政策协同趋势一致，都呈现出上升的趋势。具体而言，主体功能区战略实施的初期，部门联合发文的数量多，部门之间协同程度相当高。2012 年政策数量和政策协同度急剧下降，之后稳步回升，到 2016 年达到最高峰，这时政策数量和政策主体的协同程度都处

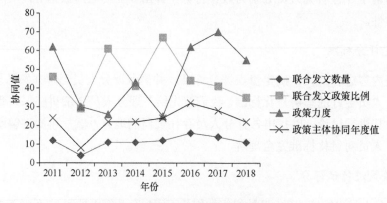

图 5-4　政策主体协同的年度值分布图

于最高水平。这说明了主体功能区建设中，国务院职能部门联合发文越来越多，主体功能区配套政策的主体协同情况正在不断改善。

进一步研究发现，政策主体联合发文的政策比例波动较大，联合颁布的配套政策文本比例的提升对主体功能区配套政策主体的协同程度没有直接影响，如 2013 年和 2015 年的联合发文的政策比例高，但是政策力度不大，因此协同程度并不突出。这也反映出部门之间虽然联合发布一些与主体功能区有关的政策，但是这些政策多为通知、意见等规范性文件，政策力度不大，在规范化、法制化方面有所欠缺，不利于联合颁布部门之间在国土空间资源开发利用和保护修复方面长期的合作。

二、政策工具的协同分析

1. 强制性政策工具内部协同度较高

强制性政策工具内部四项次级政策工具的协同度，如图 5-5 所示。在强制性政策工具中，规划控制、法律责任与行为管制的协同程度比较高，整体上呈上升趋势。虽然在 2015 年的协同程度下降，但是之后稳步上升。说明我国主体功能区建设中强制性政策工具之间的配合比较好，国家注重全过程的管理。

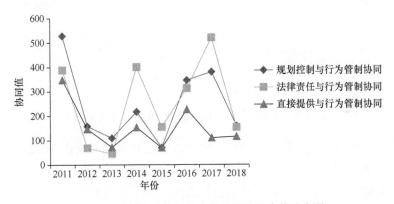

图 5-5　强制性政策工具内部协同的年度值分布图

不同阶段次级政策工具的协同度均存在各种程度的变动。从整体上来看，2011 年的协同度很高，虽然 2012 年有所下降，但自 2013 年以来呈现了逐步上升的发展态势，这表明主体功能区配套政策的次级强制性政策工具逐渐从单一应用过渡到组合应用的阶段。

具体而言，法律责任与行为管制的协同度最高，虽然在 2012 年有所下降，但是从 2013 年开始稳步提升，2014 年和 2016 年有两个小高峰，说明在中央和国务院的重视下，各部门更加注重通过行为管制和法律责任来落实分区和总量要求，推动主体功能区的建设。

规划控制与行为管制的协同度处于中间水平，起伏波动比较大。这个比较容易理解，因为 2014 年各部门开展基本农田划定、生态红线划定等试点工作，2016 年开始全面实行基本农田特殊保护、加强资源环境生态红线管控，而这些都需要行为管制予以落实。

因此这两年规划控制与行为管制的协同出现高峰。

直接提供与行为管制的协同性最低，自 2011 年之后一致处于较低水平，这说明各部门更加注重对个人和组织行为的规制，而较少采用直接投资或直接购买的方式干预市场。这与公共管理的发展趋势相一致。国土空间资源是一个复杂系统，基于协同治理的理论，政府治理中需广泛应用市场化和社会化手段，发挥市场和社会的积极作用。国务院各职能部门应当减少直接干预，加强主体功能区配套政策中混合型政策工具和志愿性政策工具的应用。

2. 志愿性政策工具协同度较低

志愿性政策工具内部协同程度整体偏低，如图 5-6 所示。对三项次级志愿性政策工具的协同度进行分析发现，三类政策工具的协同出现比较大的波动，2012 年和 2014 年是高点，均在 80 之上，而其他年份则很低，只有不到一半。

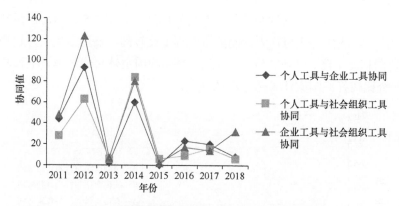

图 5-6　志愿性政策工具内部协同的年度值分布图

企业志愿性政策工具和社会组织的志愿性政策工具协同程度在 2012 年处于高峰，2014 年与个人和企业志愿性政策工具持平，之后在 2018 年再度领先。说明国务院各部门比较注意企业志愿性政策工具和社会组织志愿性政策工具的组合应用，尤其是在 2012 年表现格外突出。

个人和企业志愿性政策工具的协同表现出同样的趋势，但是协同程度较低。2012 年只是企业和社会组织协同的一半，之后不相上下。说明国务院各部门也重视发挥个人和企业积极性，加强了个人和企业志愿性政策工具的应用。

个人和社会组织志愿性政策工具的协同，在 2012 年、2014 年均有较大提升，显示国务院各部门也比较重视个人和社会组织协同对主体功能区建设的作用。但是随着主体功能区战略的推进，协同程度却逐步下降，说明各部门在社会组织和个人志愿性政策工具的组合应用方面还需加强。

3. 混合型政策工具协同度适中

混合型政策工具的协同程度如图 5-7 所示。其中，信息与补贴的协同度最高，除了

2015 年协同程度比较低之外，基本上呈上升趋势。这比较容易理解，补贴的资金量大，涉及面广人多，补贴公开和透明，才能使补贴发挥积极作用。

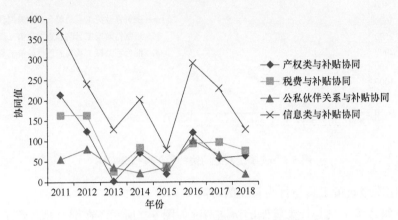

图 5-7　混合型政策工具内部协同的年度值分布图

产权、公私伙伴关系、税费与补贴的协同度接近，虽然不同年份的波动比较大，但是相对来说仍然处于上升趋势。这说明国家比较重视不同经济手段的组合应用，注重通过组合的激励政策工具来调节市场主体的行为。

产权和补贴的协同、税费和补贴的协同度几乎完全同步，二者都是在 2011 年和 2012 年处于高峰。主要原因在于，这两年国家财政部加大了退耕还林、退牧还草、草原生态保护补助的力度。

公私伙伴关系与补贴的协同度比较低，但基本保持比较平稳的状态，说明国家一直比较重视应用政府和社会资本合作的方式推进主体功能区的建设。随着 PPP 的快速发展，2018 年财政部出台文件，加强 PPP 示范项目规范化管理，PPP 从高速转向高质量发展，使得这一工具呈现下降的趋势。

4. 政策工具之间的协同度

1）整体情况

对主体功能区配套政策的三类政策工具之间的协同度（图 5-8）进行综合分析发现，强制性政策工具与混合型政策工具的协同度明显高于强制性政策工具与志愿性政策工具、混合型政策工具与志愿性政策工具的协同度。尤其是在 2011 年的协同度最高峰值时期，强制性政策工具与混合型政策工具的协同度量化得分均高于 4000，强制性政策工具与志愿性政策工具、混合型政策工具与志愿性政策工具之间的协同度的量化得分不足 1/2，这一现象反映各部门比较注重将激励和约束结合起来，利用行政手段和市场手段引导市场主体，推进有益于主体功能区建设的国土空间资源开发利用格局。强制性政策工具与志愿性政策工具的协同度，以及混合型政策工具与志愿性政策工具的协同度非常相近，都比较低，只在 2012 年有所差别。这说明政府各部门还没有重视志愿性政策工具的应用，尤其是没有将志愿性政策工具与强制性政策工具、混合型政策工具结合起来。

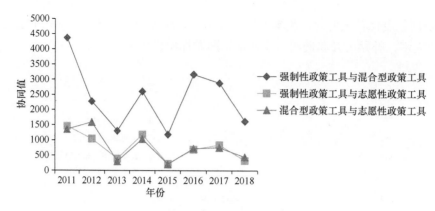

图 5-8　三类工具之间协同的年度值分布图

2）其他次级政策工具与行为管制的协同

不同次级政策工具与行为管制的协同情况如图 5-9 所示。在混合型政策工具中，信息类工具与行为管制工具有较高的协同度，尽管不同年度起伏波动较大，但是总体上呈上升趋势，显示出我国主体功能区配套政策越来越强调信息类工具的应用，通过信息类与行为管制的结合推动主体功能区建设，在 2014 年和 2016 年表现出较高的协同。其中的原因在于，自 2013 年 11 月《中共中央关于全面深化改革若干重大问题的决定》指出市场在资源配置中起决定作用之后，政府各部门非常重视解决市场中信息不对称的问题，如 2016 年环境保护部《生态环境大数据总体方案》加强了信息的公开、信息平台的建设，与之前的行为管制结合起来共同推进主体功能区建设。

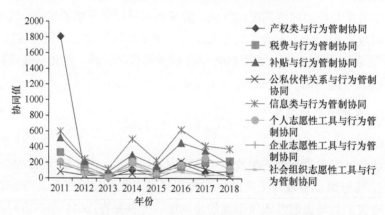

图 5-9　其他次级政策工具与行为管制协同的年度值分布图

补贴与行为管制的协同程度排在第二位，起伏变化大，说明协同程度并不稳定。2014年中央一号文件《关于全面深化农村改革推进农业现代化发展的若干意见》和 2016 年国务院《关于健全生态保护补偿机制的意见》出台之后，国家更加重视对农业支持和生态补偿，加强了财政补贴的应用，但是补贴和行为管制的协同没有连续性。产权与行为管制在 2011 年达到最高值，协同程度比较高，之后协同程度不高，而且起伏比较大。

税费在 2014 年之前与行为管制的协同程度逐步下降，2014 年之后逐步提高。可能的解释是，2014 年是贯彻落实十八届三中全会"生态文明建设"的精神，强调"实行资源有偿使用制度"的一年，因此税费与行为管制的协同程度开始提高。

在志愿性政策工具中，个人、企业和社会组织的志愿工具与行为管制协同程度偏低。相对来说，个人志愿性政策工具与行为管制的协同程度较高，尤其在 2014 年之后协同度逐步加强，体现国家在行为管制的基础上，给予个人一些选择的自由。

3）其他次级政策工具与补贴的协同

其他政策工具与补贴的协同有很大变化，如图 5-10 所示。其中，2011 年的协同度远远高于其他年份，说明《全国主体功能区规划》的颁布，对配套政策工具的应用有非常显著的推动作用。之后协同度起伏比较大，虽然 2014 年和 2016 年出现小高峰，但是也有较大回落，说明政策协同度并不稳定。总体来说，其他政策工具与补贴的协同程度比较高，协同程度要大于其他政策工具与行为管制的协同度。

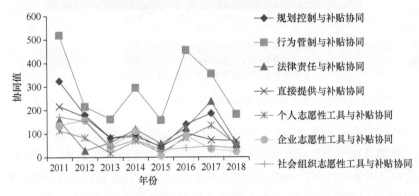

图 5-10 其他次级政策工具与补贴协同的年度值分布图

在强制性政策工具中，规划控制、行为管制和法律责任与补贴的协同程度比较高。其中行为管制与补贴的协同度最高，说明政府注重行政手段和经济手段相结合。法律责任和补贴之间的协同程度要低很多，显示奖惩机制并不完善。规划控制与补贴的协同程度最低，并且呈下降趋势。这在一定程度上说明政府在应用补贴时，没有将补贴和目标要求结合起来应用，不利于政策目标的实现。

志愿性政策工具普遍与补贴的协同程度比较低，说明我国虽然重视发挥社会力量作用，激发个人、企业和其他组织的主动性和积极性，但是在应用政策工具方面缺乏协同性。志愿性政策工具不能单独发挥作用，需要加强与补贴的配合。

三、政策目标的协同分析

在主体功能区建设中，市场在国土空间资源配置中起基础性作用，而政府推进主体功能区的主要目标是促进人口、经济、资源、环境的协调，因此本章主要探讨其他目标与区域协调发展、提升可持续发展能力之间的协同。

从图 5-11 可以看出，其他政策目标与提升可持续发展能力之间的协同程度并不均衡。区域协调发展与提升可持续发展能力的协同程度最高，而提高资源利用效率与提升可持续发展能力之间的协同程度最低，与主体功能区战略的要求相悖。国土空间资源有限，必须在国土空间资源的开发利用和保护之间保持平衡，单纯追求空间资源利用效率，或者单纯强调保护国土空间资源无视人们需求的做法，都不可取。在这一方面，目前政策在提高资源利用效率和提升可持续发展能力的目标协同方面没有良好的表现，只在2011 年和 2016 年比较突出。

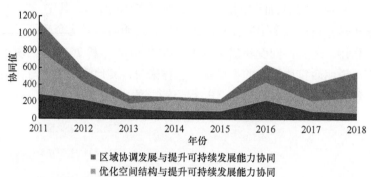

图 5-11　其他政策目标与提升可持续发展能力之间协同的年度值分布图

从不同时期来看，其他政策目标与提升可持续发展能力的协同不稳定，上下波动比较大。2011 年的其他政策目标与提升可持续发展能力的协同程度最高，说明主体功能区战略提出之后，国务院各部门高度重视，积极贯彻落实。之后协同程度下降，在 2013～2015 年协同程度保持低位状态，2016 年在十八届三中全会重申建设主体功能区之后协同程度又有所提高。具体来说，区域协同发展目标与提升可持续发展能力目标之间的协同程度最高。虽然 2013～2015 年协同程度比较低，但是 2016 年增长之后保持在一个较高的水平。优化空间结构目标和提升可持续发展能力的协同程度比较类似，但是 2016 年突然增加之后，又低于 2013 年之前的协同程度。提高资源利用效率与提升可持续发展能力的协同程度最低，除 2016 年有所增加之外，一直处于较低的水平。可见，在国土空间资源开发利用和保护中，资源利用和生态环境保护的矛盾比较突出。

提高资源利用效率、优化空间结构、提升可持续发展能力与区域协调发展的协同程度分布也不均衡（图 5-12）。提升可持续发展能力与区域协调发展的协同程度较高，提高资源利用效率与区域协调发展的协同程度最低，说明在主体功能区建设中，不同类型的主体功能区，以及主体功能与其他功能的关系还没有得到很好地解决。对农产品主产区和重点生态功能区国土空间资源开发利用的限制，应当建立在缩小城乡和区域之间的差距，以及基本公共服务均等化的基础之上。现有政策在提高资源利用效率和区域协调发展目标协同方面还比较欠缺。

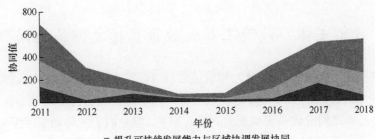

图 5-12 其他政策目标与区域协调发展之间协同的年度值分布图

从不同年份来看，2014 年之前，其他目标与区域协同发展的协同程度呈下降趋势，2014 年和 2015 年的协同程度非常低，2016 年之后协同程度有所提高。具体来说，区域协同发展目标和提升可持续发展能力目标协同程度最高，2015 年之后逐步呈上升趋势。优化空间结构目标和区域协同发展目标之间协同程度次之，2016 年、2017 年提升之后，又有所回落。提高资源利用效率目标和区域协同发展目标之间协同程度最低，而且出现"增加—减少—增加—减少"的状况，说明政策在这两个目标之间的协同程度非常不稳定。

同样道理，分析优化空间结构、区域协调发展、提升可持续发展能力与提高资源利用效率之间的协同程度，可以发现提升可持续发展能力与提高资源利用效率的协同度比较高，区域协同发展与提高资源利用效率的协同度次之，优化空间结构与提高资源利用效率的协同度最低。分析提高资源利用效率、区域协调发展、提升可持续发展能力与优化空间结构的协同程度，可以发现提升可持续发展能力与优化空间结构的协同度比较高，区域协同发展与优化空间结构的协同度次之，提高资源利用效率与优化空间结构的协同度最低。

主体功能区建设的目的是划分不同类型的主体功能区，明确不同的开发方向，规范开发的秩序。无论优化开发区和重点开发区以提高空间资源利用效率为主，还是农产品主产区和重点生态功能区以农产品和生态产品的提供为主，都应当在国土空间资源的开发利用和保护修复之间保持平衡。主体功能区规划的实施需要配套政策在不同目标之间协同。现有的政策表明，我国主体功能区配套政策目标之间协同的情况并不均衡，而且协同状况并不稳定。相对而言，提升可持续发展能力，区域协同发展目标之间的协同程度比较高，说明各部门的配套政策目标基本一致，都比较重视生态环境保护和区域协调发展问题。相对而言，提高资源利用效率与优化空间结构目标之间、提高资源利用效率与提升可持续能力之间、提高资源利用效率与优化空间结构之间的协同程度比较低，说明各部门的配套政策并没有将提高已有空间资源的利用效率，与保护耕地、保存自然资源的关系处理好。只有将三者的关系处理好，使三者之间保持平衡，才能更好地实现政策目标之间的协同，才能促进主体功能区的建设。

四、政策主体、政策工具、政策目标之间的协同分析

政策主体（S）、政策工具（M）与政策目标（G）是政策的主要构成要素，彼此之间相互作用、相互影响。政策目标是政策主体所期望达到的目的，政策工具是实现政策目标的手段，三者之间应该是密切配合，紧密相关。但是由于主体功能区配套政策很多，各种政策的主体、目标和工具会有所不同，因此许许多多的政策组合在一起之后就可能存在协同的问题。从现有的政策文献统计来看，政策主体与政策工具之间、政策主体与政策目标之间、政策工具与政策目标之间的协同度均低于 0.5，说明主体功能区配套政策在政策主体、政策工具、政策目标之间的协同程度都不高，如图 5-13 所示。

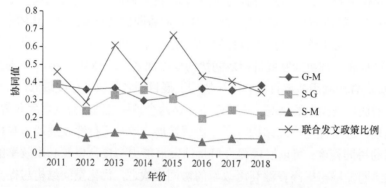

图 5-13　政策主体、政策目标、政策工具协同的年度值比例分布图

相对而言，政策目标与政策工具（G-M）之间的协同度较高。其中 2014 年之前有所起伏，2014 年协同度达到最低，只有 0.3；之后的协同程度虽然逐步提高，但是都没有超过 0.4。总体来看，政策目标和政策工具之间的协同度不高，而且比较稳定。说明国务院各部门虽然制定了比较多的配套政策，应用了相当多的政策工具，但是并不足以实现政策目标，推进形成四类主体功能区。

政策主体和政策工具（S-M）之间的协同度最低。2011～2018 年，协同程度虽有所波动，但除 2011 年其他年份都没有超过 0.1，没有大起大落的情况发生。说明在主体功能区建设过程中，国务院各部门虽然联合出台了一些配套政策，但是应用政策工具时协同程度还不够。

政策主体与政策目标（S-G）之间的协同度居于中间状态。2014 年之前总体呈上升趋势，2014 年之后则有波动，不太稳定。其中 2015 年的协同度最高，超过 0.3，2012 年的协同度最低，刚超过 0.2；总的来看，政策主体和政策目标之间的协同程度也不高，说明主体功能区建设中政策主体之间在政策目标方面仍然存在分歧，在制定政策实现政策目标时协同程度并不高。

对照联合发文政策比例的趋势来看，只有政策主体和政策目标的协同程度与之比较相似，如 2012 年发文比较最低，协同程度也低，但是下降幅度低于联合发文政策比例，

说明虽然联合发文政策比例下降比较大，但是政策力度有所提升，因而降低了政策主体与政策目标协同的程度。同样的道理，2013年和2015年虽然联合发文的政策比例很高，但是政策力度不大，所以降低了政策主体与政策目标的协同度。政策效力低，导致规范性不足，使得政策主体之间的协同受到影响，容易出现比较大的波动，出现不稳定的情况。

第五节　本　章　小　结

政策本身是决定政策效果的关键因素，科学合理并且内容具体的政策，有助于政策执行，并达到预期的目的。在政策数量很多的情况下，利用政策文本分析方法，借鉴统计学和政策计量学的方法，对政策文献内容进行量化分析，可以全面、客观地解释政策的内在逻辑和变化规律。

利用政策文本分析法研究政策协同的成果比较多，主要集中在某类政策或某个领域的政策，对主体功能区配套政策协同的研究非常少。本章从政策主体、政策措施和政策目标三个维度对收集的政策进行量化，并根据量化数据对我国主体功能区配套政策的协同进行分析，主要结论如下：

（1）政策主体的协同加强。主体功能区建设中，国务院相关职能部门联合发文越来越多，配套政策的主体协同情况正在不断改善。

（2）政策工具的协同程度不一。在三类政策工具内部，强制性政策工具内部协同程度较高，混合型政策工具内部协同程度适中，志愿性政策工具的协同程度较低。在三类政策工具之间，强制性政策工具与混合型政策工具的协同度明显高于强制性政策工具与志愿性政策工具、混合型政策工具与志愿性政策工具的协同度。其他二级政策工具与补贴的协同程度比较高，大于其他二级政策工具与行为管制的协同度，其中补贴与行为管制的协同程度最高。

（3）政策目标之间的协同有差异。区域协调发展与提升可持续发展能力的协同程度最高，而提高资源利用效率与提升可持续发展能力之间的协同程度最低，与主体功能区战略的要求相悖。提高资源利用效率与区域协调发展的协同程度最低，主体功能与其他功能的关系还没有得到很好地解决；政策主体、政策工具和政策目标之间的协同度都不高。相对而言，政策目标与政策工具之间的协同度较高，政策主体和政策工具之间的协同度最低，说明国务院各部门虽然制定了比较多的配套政策，应用了相当多的政策工具，但是并不足以实现政策目标，推进形成四类主体功能区。

参　考　文　献

陈振明, 等. 2009. 政府工具导论. 北京: 北京大学出版社: 40-41.
郭淑芬, 赵晓丽, 郭金花. 2017. 文化产业创新政策协同研究——以山西为例. 经济问题, (4): 76-81.
黄萃. 2017. 政策文献量化研究. 北京: 科学出版社: 3-8.

李良成, 高畅. 2016. 基于内容分析法的广东省战略性新兴产业政策协同性研究. 科技管理研究, 36(14): 24-30.

李雪伟, 唐杰, 杨胜慧. 2019. 京津冀协同发展背景下的政策协同评估研究——基于省级"十三五"专项规划文本的分析. 北京行政学院学报, (3): 53-59.

毛子骏, 郑方, 黄膺旭. 2018. 政策协同视阈下的政府数据开放研究. 电子政务, (9): 14-23.

彭纪生, 仲为国, 孙文祥. 2008. 政策测量、政策协同演变与经济绩效: 基于创新政策的实证研究. 管理世界, (9): 25-36.

汪涛, 谢宁宁. 2013. 基于内容分析法的科技创新政策协同研究. 技术经济, 32(9): 22-28.

王洛忠, 张艺君. 2017. 我国新能源汽车产业政策协同问题研究——基于结构、过程与内容的三维框架. 中国行政管理, (3): 101-107.

杨晨, 刘苗苗. 2017. 区域专利政策协同及其实证研究. 科技管理研究, 37(10): 196-205.

杨艳, 郭俊华, 余晓燕. 2018. 政策工具视角下的上海市人才政策协同研究. 中国科技论坛, (4): 148-156.

张国兴, 高秀林, 汪应洛, 等. 2014. 中国节能减排政策的测量、协同与演变——基于1978~2013年政策数据的研究. 中国人口·资源与环境, 24(12): 62-73.

张国兴, 高秀林, 汪应洛, 等. 2015. 我国节能减排政策协同的有效性研究: 1997~2011. 管理评论, 27(12): 3-17.

张国兴, 张振华, 管欣, 等. 2017. 我国节能减排政策的措施与目标协同有效吗?——基于1052条节能减排政策的研究. 管理科学学报, 20(3): 162-182.

仲为国, 彭纪生, 孙文祥. 2009. 政策测量、政策协同与技术绩效: 基于中国创新政策的实证研究 (1978~2006). 科学学与科学技术管理, 30(3): 54-60, 95.

Cools M, Brijs K, Tormans H, et al. 2012. Optimizing the implementation of policy measures through social acceptance segmentation. Transport Policy, 22: 80-87.

Libecap G D. 1978. Economic variables and the development of the law: The case of western mineral rights. The Journal of Economic History, 38(2): 338-362.

第六章
基于政策结果的主体功能区配套政策协同

农业是国民经济发展的基础，建立农产品主产区，保证农产品生产安全是主体功能区建设的重要内容。我国一直以来非常重视农业生产和粮食安全，尤其是在《全国主体功能区规划》之后，国家有关农产品生产的政策很多，支持力度也很大。本章以农产品主产区为例，基于中央对地方专项转移支付的统计数据，从农产品主产区的开发原则出发，分析财政政策和农业政策的协同与协同效应；基于中国统计年鉴的统计数据，从农业生产的土地、资本、技术和劳动力四个要素，分析财政政策与农业政策，以及财政政策与投资政策、土地政策、人口政策、环境政策之间的协同与协同效应。

第一节　主体功能区财政政策、农业政策的协同

农产品主产区是具备较好农业生产条件，以提供农产品为主体功能的区域。其开发的主要原则是加强土地整治；加强水利设施建设，加强农产品加工、流通、储运设施建设，引导农产品加工、流通、储运企业向主产区聚集；在保护生态前提下，开发资源有优势、增产有潜力的粮食生产后备区；控制农产品主产区开发强度，发展循环农业，促进农业资源的永续利用；加强农业基础设施建设，改善农业生产条件；积极推进农业的规模化、产业化等[①]。因此，与农产品主产区相关的补贴有农田水利和水土保持补贴、农业支持保护补贴、农业综合开发转移支付、现代农业生产发展资金、农业资源和生态保护补助。这些补贴的作用如何，哪些补贴促进农业产出，如何将有限的财政资金配置于农业主产区的生产过程，进而提升农业转移支付的绩效，最大限度地促进农业发展，是研究财政政策和农业政策协同需要解决的问题。

一、主体功能区财政政策、农业政策的协同研究回顾

关于农业补贴对农业产出或粮食产量影响，西方学者存在一定分歧。少部分学者认为，农业补贴会降低农业竞争力，推高粮食价格，最终对粮食产量并无太大影响或者有一定程度的负面作用（Happe and Balmann，2003）。大部分学者认同农业补贴能提高农业产出这一观点，如 Goodwin 和 Mishra（2003）利用实地调研的数据证实，农业补贴之所以能促进农业生产在于其能够提高农民对农业的投入意愿和投入水平 Vercammen（2003）研究认为补贴政策增加了农民种粮收入，降低了农民种植风险，刺激了农业生产积极性，从而提高了农产品产量；Gohin 和 Laturuffe（2006）通过研究认为，农业补贴对粮食增产具有显著效应。如果缺少农业补贴，粮食产量将会下降4.39%。国内学界对农业补贴的研究主要集中在两个方面。

（一）农业补贴与粮食生产、粮食安全和农民增收

有关农业补贴与粮食生产、粮食安全和农民增收的研究文献重点关注政策效率和效

[①]《全国主体功能区规划》第三篇第七章。

果，以及影响效率和效果的因素。

1. 农业补贴与粮食生产、粮食安全

关于农业补贴对粮食安全的影响，研究文献不多。李慧燕和张淑荣（2012）通过主成分分析法确定粮食安全的指标体系，计算粮食安全系数与农业补贴总量的比值，认为农业补贴对粮食安全的贡献率呈波动增长且随着时间衰减。

较多的文献关注农业补贴对粮食生产的影响。张宇青和周应恒（2015）基于非参数Kolmogorov-Smirnov 分布检验的"基准模型变量移除法"，结合 DEA Malmquist 指数方法构建评价体系，对 2004～2012 年 13 个粮食主产区的粮食补贴政策效率进行评价，结果显示主产区补贴政策效率有一定程度提升，且存在时间维度上的异质性与空间维度上的同质性；农业经济比例、补贴发放方式、农业收入依赖性、补贴力度对粮食政策效率有明显促进作用，工业化水平、人均粮食播种面积对补贴效率的影响分别表现为不显著和显著为负。

辛翔飞等（2016）利用我国 2001～2013 年 2000 多个县的面板数据，从县域粮食生产和农民两个角度分析我国粮食补贴政策的执行效果，肯定了粮食补贴政策对我国粮食产量和农民收入的积极促进作用，认为粮食补贴政策使产粮大县粮食产量提高了 6.81%，使非产粮大县粮食产量提高了 3.40%。

张慧琴等（2016）构建了双对数生产函数模型，分析粮食补贴政策对粮食生产的影响机理，显示粮食补贴提升了农户种粮的积极性，但产出效果不明显。

2. 农业补贴与农民增收

关于农业补贴与农民增收的关系，学者们的研究结果完全不同。一种观点认为，农业补贴可以明显提高农民收入，如霍增辉等（2015）分析粮食补贴政策的影响机制，并利用 2006～2010 年湖北农户面板数据实证检验粮食补贴政策效果。结果表明，补贴政策具有显著的增收效应。粮食补贴显著增加粮食生产的土地与流动资金投入，而对固定资产投资、农业劳动时间投入的影响不显著或较弱。

另一种观点认为，农业补贴在提高农民收入方面没有效率，如李金珊和徐越（2015）选取与水稻紧密相关的政策性补贴，通过数据包络分析方法从政府和农户两个角度计算补贴资金在提高农民收入方面的效率。结果显示扶持水稻生产补贴资金的效率随着投入的增加而降低，农户以亩均收入为产出的"投入-产出"模型的技术效率并没有因补贴的发放而发生显著差异。

还有学者分析惠农政策对贫困地区农村居民收入流动的影响，如张玉梅和陈志钢（2015）对贵州省 3 个行政村的农户跟踪调查，研究结果表明贫困地区农村居民的收入流动性比较强。目前惠农政策对收入流动的影响主要表现为直接增加农村居民的转移性收入，帮助低收入的居民向上流动。

3. 农业补贴与粮食产量、农民增收

关于农业补贴对粮食产量和农民增收的影响，学者们的研究结论比较一致。王欧和

杨进（2014）借助 DEA、计量经济学等工具着重分析农业补贴对农民收入和粮食产量的影响及其影响路径，得出的结论是农业补贴不仅能够促进农民收入增加也能够促进粮食增产，农业补贴增加了农民收入，从而提高了农民的投资能力和技术水平，刺激了农业生产，进而提高了产量。

王亚芬等（2017）分析农业补贴政策对粮食产量和农民收入增长的影响机制，并将我国 18 个省份（12 个粮食主产区、6 个非粮食主产区）分成三个地区组，建立六个动态面板数据模型，研究农业补贴对粮食生产和农民收入的影响效应。研究表明农业补贴通过促进农业技术进步、减少生产成本、提高种粮积极性等途径提高了粮食产量。在粮食主产区和非粮食主产区，农业补贴对粮食产量的提高均有显著的促进作用，非粮食主产区的边际效应略强。

易福金等（2018）基于农业农村部农村固定观察点 19 个省份的面板数据，分析粮食补贴对农户收入及粮食生产的影响，结果表明粮食补贴对农户收入具有显著的乘数效应；粮食补贴还通过缓解农户面临的流动性约束改变了农户生产决策，提高了农户的粮食播种面积及单位面积要素投入水平，进而促进了粮食生产。

李俊高等（2019）从理论层面探讨农业补贴与粮食安全、农民增收三者的互动关系，并运用 DEA 方法分析全国 30 个省份农业补贴绩效。研究发现从区域差异来看，西部地区农业补贴规模绩效偏低，东部地区农业补贴纯技术效率偏低；从地形差异来看，较高海拔地区农业补贴绩效远远小于较低海拔的农业补贴绩效；从经济发展差异来看，经济发达地区比经济欠发达地区农业补贴绩效高。

（二）补贴类型和农业生产

农业补贴的类型很多，也有许多的学者对某一种，或者某几种补贴对农业生产的影响展开研究。这些补贴主要有粮食综合补贴、良种补贴、农机购置补贴、农资综合补贴、农业合作经营补贴、农业保险等，补贴类型不同，影响效应不一样。

张晶晶（2014）选取粮食综合补贴、良种补贴和农机购置补贴三项投入指标和粮食产量、农民收入两项产出指标，运用 DEA 模型进行农业补贴效率评价。结果表明大部分粮食主产区的综合效率为有效，而大部分主销区和产销平衡区则为无效状态。康涌泉（2015）从理论分析和实证研究两个层面探讨了农业补贴政策的绩效。研究结果显示不同农业补贴政策的增产效应存在比较明显的差异，收入性补贴的效应明显高于生产专项性补贴；而在收入性补贴中，粮食直接补贴的效应要好于农资综合补贴。

李江一（2016）利用 2011 年与 2013 年中国家庭金融调查面板数据，从农业生产和消费两个角度对农业补贴政策效应进行了评估。研究发现当前农业补贴已演变成对农户的一项收入补贴，且通过影响农业投入显著提高农业产出。农业补贴增加了农业机械的使用，特别是影响了化肥、种子、农药等要素的投入。实施农业补贴的同时促进农业规模化经营或降低务农机会成本或将补贴向粮食主产区倾斜可提高其政策效果。李乾（2017）基于中国省际面板数据的研究表明，良种补贴政策是农业稳粮增收的重要保障，也是农业提质增效的重要支撑。粮食作物良种补贴政策对我国粮食增产的贡献率为23.70%，而且粮食非主产区的粮食作物良种补贴政策效果远优于粮食主产区。

吴怀军等（2017）在江苏财政支农政策的基础上，对江苏财政支农支出的结构和区域差异进行对比分析。研究发现财政支农支出对农业生产有着非常显著的正向影响，其中农业补贴和农业合作经营支出的效果最优。周坚等（2018）梳理中国粮食主产区农业保险补贴政策之后发现，当前政策性农业保险的保费补贴比例虽然较高，但保障水平整体偏低。农业保险对粮食产出增长的激励效应受到严重制约。

周振和孔祥智（2019）基于 2003～2008 年中国全部县级层面的面板数据，运用双重差分模型估计方法，评估农业机械化对粮食产出的作用效果。结果表明，农业机械化对粮食产出起到了显著的促进作用。黄少安等（2019）基于实地考察和理论分析，对中国的种粮直接补贴政策的效应进行了评估。评估结果表明政策初期，补贴刺激农民扩大种粮面积从而增加粮食产量，但是这一作用很快递减甚至消失。种粮直接补贴政策对增加小规模种粮农民的收入基本没有作用；种粮大户种粮的利润本来就多，在没有种粮直接补贴的情况下，他们的种粮积极性仍然很高。

卢成（2019）利用 2009～2015 年全国农村固定观察点数据，以三大主粮品种为例，分析了财政支农政策对农业生产的影响。结果表明，以普惠的方式实行的直接补贴对粮食产量和播种面积均有负向影响，不利于保障粮食生产的长期稳定。价格支持政策对粮食生产有重要意义，未来可以不断完善并继续实施。其他涉农财政投入虽对农民的种粮积极性没有显著影响，但有助于显著提高劳动生产率。

李守伟等（2019）将农业补贴政策划分为产量补贴政策与绿色补贴政策，构建了农民专业合作社的古诺竞争博弈模型，分析两种不同补贴的环境重要性、污染排放率、农业补贴率、排污税率等因素对补贴效应和社会福利的影响，认为采取低于阈值的产量补贴率和高于阈值的绿色补贴率的补贴政策组合策略，可以在保证农产品产量的同时促进绿色农业的发展。

周静等（2019）通过构建新古典经济学理论模型，分析价格补贴、直接补贴和农机购置补贴对农户生产行为及农业产量的影响。研究发现，提高三类农业补贴力度，可以直接或间接的方式刺激农户增加农机购置，激发农户从事农业专业化生产的积极性，促进农业生产发展，但三类农业补贴率均有门槛限制，故补贴力度需要适度调整；三类农业补贴政策对农业产量的增量效应排序是价格补贴最优、农机购置补贴次之、农户收入直接补贴效果最低。

总的来说，目前学术界应用不同的方法对很多类型的补贴进行了研究，取得了丰富的成果。不过，无论是关于整体农业补贴的研究，还是关于单项农业补贴的研究，都是针对粮食生产而言，专门研究农产品（主产区）产出的成果很少。已有的研究侧重于单项政策或政策工具的"净效应"，缺乏对现有政策协同效应的分析，难以在复杂的农业生产实践过程中识别出相对重要的政策及其影响路径。因此，本章将基于政策协同的视角，聚焦主体功能区农业专项转移支付政策的结果，从影响农业总产值的因素入手，运用定性方法进行跨案例比较研究，挖掘影响农业总产值的多重因素，并对现有农业专项转移支付中不同项目的组合效应进行分析。

二、主体功能区财政政策、农业政策的协同分析模型构建

政策协同是政策系统中各子系统之间的相互协调配合。农业生产是指种植农作物的生产活动，包括粮、棉、油、麻、丝、茶、糖、菜、烟、果、药，以及其他经济作物、绿肥作物、饲养作物和其他农作物等农作物的生产。由于农业生产容易受到自然因素和市场因素的影响，各国政府采取了一系列保护措施来促进农业发展，其中补贴是最重要的形式。我国财政部门通过专项转移支付对农业实施的补贴，有农业保险费补贴、目标价格补贴、农业综合开发财政补助资金、农业综合改革转移支付、农村土地承包经营权登记办证补助资金、农业生产发展资金、农业支持保护补贴资金、农机购置补贴资金、农业资源及生态保护补助资金、农业技术推广与服务补助资金、动物防疫等补助资金、农田水利设施建设和水土保持补助资金、农业生产救灾资金等，种类繁多，涉及农业生产活动的不同环节。如何使有限的资金发挥最大的效用，需要农业政策和财政政策紧密配合，将财政补助资金优化配置于农业生产中的一些重要环节。

与一般转移支付不同，专项转移支付是服务于中央特定目标的转移支付，需要专款专用。目前，与农产品主产区有关的农业专项转移支付有农业资源及生态保护补助资金、农田水利设施建设和水土保持补助资金、农业支持保护补贴资金、农业综合开发财政补助资金、农业生产发展资金等在内的多项资金补助，如表 6-1 所示。

表 6-1　部分农业专项转移支付项目

专项转移支付项目	颁布年份	政策主体	项目来源	资金支出范围
农田水利设施建设和水土保持补助资金	2015 年	财政部、水利部	《农田水利设施建设和水土保持补助资金使用管理办法》（财农[2015]226 号）	农田水利工程设施建设、水土保持工程建设、水利工程维修养护
农业支持保护补贴资金	2016 年	财政部、农业部	《农业支持保护补贴资金管理办法》（财农[2016]74 号）	耕地地力保护、粮食适度规模经营
农业综合开发财政补助资金	2016 年	财政部	《国家农业综合开发资金和项目管理办法》（财政部令第 60 号）	土地治理项目、产业化经营项目
农业生产发展资金	2017 年	财政部、农业部	《农业生产发展资金管理办法》（财农[2017]41 号）	耕地地力保护、适度规模经营、农机购置补贴、优势特色主导产业发展、绿色高效技术推广、职业农民培育等
农业资源及生态保护补助资金	2014 年（2017 年修订）	财政部、农业部	《农业资源及生态保护补助资金管理办法》（财农[2017]42 号）	耕地质量提升、草原禁牧补助与草畜平衡补助、草原生态修复治理、渔业资源保护

从上面的列举可以看出，这些农业转移支付资金都有部门规章和规范性文件作为依据，支出的范围遍及职业农民的培育、技术推广、机器设备购置、土地的数量和质量、

水利设施和农业环境保护等各个生产要素。鉴于农业生产是多个生产要素和环节共同作用的结果，现有专项转移支付资金配置是否合理，哪些资金对于提高农业主产区生产能力起着决定性作用，能否让现有专项转移支付资金发挥更大的效果，是研究主体功能区配套政策协同时必须探讨的问题。

基于此，本章将探讨农业生产发展资金、农业资源及生态保护补助资金、农业综合开发财政补助资金、农田水利设施建设和水土保持补助资金与农业生产绩效之间的关系，并试图回答以下问题：这些资金是否都有助于提升农业生产绩效？如果这些资金的作用有所不同，哪些资金组合可以提升农业生产绩效，哪些组合更为高效？哪些因素是核心影响要素？影响机制的分析如图6-1所示。

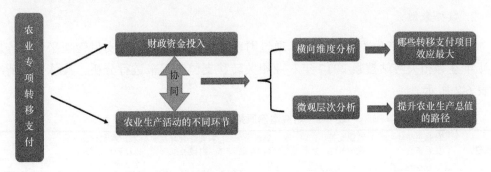

图6-1　影响农业生产总值的机制模型

三、主体功能区财政政策、农业政策的协同研究设计

1. 研究方法

定性比较分析方法（QCA）是一种分析小样本和中等样本案例的研究方法。该方法最初源于密尔（J.S.Mill）的"一致性方法"和"差异化方法"（里豪克斯和拉金，2017）。前者指如果被研究事项的两个或多个实例只有一个共同的情况，那么这个使所有实例都表现出一致的情况，就是这些现象的原因。后者是指即便在其他所有情况先被研究的现象均相同，是否还缺少某一个原因或效果使这些现象表现出差异。20世纪80年代末这一方法广泛应用于社会科学之中，从整体和多元的角度，对复杂的案例进行系统化比较，以确认实现预期结果的必要条件或充分条件。

定性比较分析方法将一些复杂的案例分解成一些条件变量和结果变量，以把握案例的特征，同时将每个案例看成一系列变量的组合（包含多个变量的组合），探讨跨案例的"多重并发因果关系"（里豪克斯和拉金，2017）。因此QCA是一种将定性"案例导向"和定量"变量导向"方法整合起来的研究方法，既可以描述一些现象的类别差异，即案例间质的差异，而且也可以描述现象间的程度差异，即案例间的数量差异。更重要的是，定性比较分析方法更能反映客观世界的真实面貌。传统的定量研究方法在分析的过程中将条件变量视为相互独立的个体，关注的焦点是单个条件变量的"净效应"。

QCA 认为复杂的现实世界中影响结果的条件变量往往并不是单独发挥作用的，条件变量的相互作用、互相交织才导致结果的发生（杜运周和贾良定，2017）。具体来说，QCA 就是在理论指导下选取条件变量，经过变量校准，将条件与结果变量转化为集合关系，并通过必要性、组态及反事实分析，来揭示条件变量组合与结果间的复杂关系。

本章以农业生产发展资金（PF）、农业支持保护补贴、农业资源及生态保护补助资金（RF）、农业综合开发财政补助资金（DF）、农田水利设施建设和水土保持补助资金（CF）作为条件变量，分析这 5 个条件变量组成的不同组态与农业生产总值之间的关系，并试图回答以下问题：提升农业生产总值存在哪些路径？哪条路径更为高效？哪些因素是其中的核心影响要素？

2. 数据来源

本章以 31 个省份为研究样本，通过财政部中央对地方转移支付管理平台、各地统计年鉴等相关网站搜索 2017 年农业相关转移支付数据来进行分析。具体数据情况如表 6-2 所示。

表 6-2　研究案例原始数据（2017 年）

省份	农业生产发展资金/万元	农业支持保护补贴/万元	农业资源及生态保护补助/万元	农业综合开发财政补助/万元	农田水利设施建设和水土保持补助资金/万元	农业生产总值/亿元
北京	47100	19936	777	800	9415	129.8
天津	55102	36215	1411	3898	8900	183.2
河北	1171447	784193	41372	24786	588751	2890.6
山西	461736	338976	15006	17565	166515	861.9
内蒙古	943353	651117	531628	30548	150688	1434.7
辽宁	652257	469559	37853	29622	77104	1620.5
吉林	1089991	859727	67200	24920	73391	895.8
黑龙江	1881388	1431666	117918	2925	117318	3471.3
上海	30934	21897	1797	3681	2500	146.4
江苏	967488	698310	21648	21100	99400	3764.7
浙江	247283	152195	3487	8989	54200	1494.5
安徽	1094087	863419	21817	26829	129865	2241.4
福建	210152	141927	3696	12482	75421	1527.0
江西	673316	504961	5586	25610	133512	1489.3
山东	1287695	898583	30044	35561	190173	4403.2
河南	1560145	1250244	9954	28244	200151	4552.7
湖北	778357	572457	6691	28583	133998	2962.5
湖南	995680	676544	6217	25106	140060	2597.6
广东	374949	292875	4754	6292	57900	2890.0

省份	农业生产发展资金/万元	农业支持保护补贴/万元	农业资源及生态保护补助/万元	农业综合开发财政补助/万元	农田水利设施建设和水土保持补助资金/万元	农业生产总值/亿元
广西	479928	369910	3654	15826	145188	2538.9
海南	81952	54031	1958	4674	47371	707.4
重庆	321818	260983	2828	16839	101520	1165.7
四川	927803	792721	128653	29214	170417	4004.2
贵州	420390	335459	2986	16194	128223	2077.0
云南	588429	484552	90868	20143	185045	1982.5
西藏	40604	18214	327606	5467	69364	78.4
陕西	494551	348249	40006	30735	153865	2095.3
甘肃	478324	295046	140202	21594	170079	1068.6
青海	80679	28534	271814	8658	53975	162.4
宁夏	161048	91660	29023	10109	79766	309.0
新疆	458399	286030	290399	20982	196364	2313.2

注：天津、上海缺乏 2017 年农业综合开发财政补助数据，用 2016 年数据代替。2017 年农田水利设施建设和水土保持补助数据欠缺，用 2016 年数据代替。

3. 变量校准

由于案例原始数据中各条件变量并不具有统一的标准，因此在对案例原始数据进行梳理之后，对所选变量进行校准。校准即是对案例赋予集合隶属的过程（程建青等，2019），具体来说，就是依据理论指导或实践知识设定 3 个临界值：完全隶属、完全不隶属及交叉点，使得转变后的案例数据集合隶属为 0~1。本书根据已有成果（Fiss，2011），将 6 个条件变量和结果变量的 3 个临界值设定为案例原始数据的上四分位数，下四分位数及上、下四分位数的均值。各变量临界值如表 6-3 所示。

表 6-3　各变量校准后集合隶属

	研究变量	目标集合	临界值		
			完全隶属	交叉点	完全不隶属
条件变量	农业生产发展资金（PF）	农业生产发展资金	955420.5	592069	228717.5
	农业支持保护补贴资金（SF）	农业支持保护补贴	687427	417244	147061
	农业资源及生态保护补助资金（RF）	农业资源及生态保护补助	79034	41354.5	3675
	农业综合开发财政补助资金（DF）	农业综合开发财政补助	26219.5	17521.5	8823.5
	农田水利设施建设和水土保持补助资金（CF）	农田水利设施建设和水土保持补助资金	160190	115783.75	71377.5
结果变量	农业生产总值（AP）	高农业产值	2743.8	1811.325	878.85
		低农业产值	878.85	1811.325	2743.8

四、主体功能区财政政策、农业政策的协同实证分析

本章使用 fsQCA3.0 软件分析 31 个省份的农业生产总值的数据，探求决定"高农业产值"的影响因素。参考拉金（2019）及杜运周和贾良定（2017）的研究成果，一致性阈值设定为 0.8，案例阈值设定为 1。

1. 必要性分析

在构建模糊集真值表进行分析之前，首先应对条件变量进行必要性检测。检测结果如表 6-4 所示。根据检测结果，各单项条件变量对高农业产值必要性均未超过 0.9，不构成必要条件，表明各单项条件变量对于高农业产值的解释力度较弱。故可将这 5 个单项条件变量纳入组态分析，探寻条件变量对于结果变量的组合效应。

表 6-4　高农业产值的必要性分析

条件变量		结果变量	
		高农业产值	低农业产值
农业生产发展资金	PF	0.747	0.334
	~PF	0.402	0.809
农业支持保护补贴资金	SF	0.775	0.347
	~SF	0.380	0.802
农业资源及生态保护补助资金	RF	0.423	0.441
	~RF	0.670	0.648
农业综合开发财政补助资金	DF	0.765	0.426
	~DF	0.343	0.678
农田水利设施建设和水土保持补助资金	CF	0.776	0.352
	~CF	0.322	0.742

2. 组态分析

对案例进行定性比较分析会得出简单解、中间解和复杂解三类。一般情况下，中间解优于简单解和复杂解。此外，还可根据前因条件是否同时出现在中间解和简单解之中来区分出核心条件变量与边缘条件变量。若一个前因条件同时出现在中间解和简单解之中，即可将该条件变量划分为核心条件变量，用●表示，若只出现在中间解之中，则记为边缘条件变量，用●表示，⊗表示该条件变量不存在，空格则表示该条件变量在该组态中无关紧要。在反事实检验部分，本书认为，农业生产发展资金、农业支持保护补贴资金、农业资源及生态保护补助资金、农业综合开发财政补助资金、农田水利设施建设和水土保持补助资金等农业专项转移支付项目均会对"高农业产值"产生正向影响，因此对每个变量均选择"出现"（present）。反之，在进行"低农业产值"的组态分析时，则对每个变量均选择"缺失"（absent），即认为每个变量的缺失会对"低农业产值"造

成正向影响。

由表 6-5 组态分析结果可知，针对产生"高农业产值"的前因条件路径共有 2 种。模型总体一致性为 0.845，覆盖度为 0.649，表明此两种路径对结果的总体解释力度较强，解释效果理想。针对产生"低农业产值"的前因条件路径只有 1 种，模型总体一致性为 0.831，覆盖度为 0.793，表明此种路径解释力度较强，解释效果理性，符合研究要求。

表 6-5   产生高、低农业生产总值的组态

条件变量	产生高农业产值		产生低农业产值
	路径 1	路径 2	路径 1
农业生产发展资金（PF）		●	⊗
农业支持保护补贴（SF）	●	●	
农业资源及生态保护补助（RF）	●	●	
农业综合开发财政补助（DF）	●		⊗
农田水利设施建设和水土保持补助（CF）	●	●	⊗
一致性	0.817	0.835	0.880
覆盖度	0.279	0.300	0.597
唯一覆盖度	0.013	0.034	0.391
解得一致性		0.845	0.831
解得覆盖度		0.649	0.793

1）"高农业产值"的路径

"高农业产值"的路径有两条：①SF×RF×DF×CF。其中核心条件为 SF 与 CF。此路径表明，中央财政加强农业支持保护补贴资金、农业资源及生态保护补助资金、农业综合开发财政补助资金、农田水利设施建设和水土保持补助资金时，可对农业生产总值产生积极影响。②PF×SF×RF×CF。其中核心条件为 SF 与 CF。此路径表明，中央财政加强农业生产发展资金、农业支持保护补贴资金、农业资源及生态保护补助资金、农田水利设施建设和水土保持补助资金时，可对农业生产总值产生积极影响。

值得注意的是，通过对两种途径进行对比，可以发现农业支持保护补贴资金、农田水利设施建设和水土保持补助资金均为核心条件，表明此两项条件变量组合对"高农业生产总值"的影响最为显著。对比两种途径的一致性和覆盖度，可以发现路径 2 在一致性（0.835＞0.817）与覆盖度（0.300＞0.279）上均大于路径 1，表明路径 2 更有可能提升"高农业产值"，并且大多数省份的实践数据支持了这点。

2）"低农业生产总值"的路径

产生"低农业生产总值"的路径仅有一条，即~PF×~DF×~CF。此路径表明，不论农业支持保护补贴资金与农业资源及生态保护补助资金如何提升，当农业生产发展资金、农业综合开发财政补助资金、农田水利设施建设和水土保持补助资金水平较低的情况下，会对农业生产总值产生十分明显的抑制作用，最终可能导致"低农业生产总值"。通过分析此路径的一致性（0.880）和覆盖度（0.597），表明此路径的解释力度较强并且

解释效果较好。

通过比较影响农业生产总值的 3 条路径，可以发现影响农业生产总值的影响因素具有十分明显的非对称性。但这 3 条路径又存在一定的共同逻辑，即农田水利设施建设和水土保持补助资金对于农业生产总值的影响十分显著，是影响农业生产总值的核心要素。

第二节 主体功能区不同配套政策的协同

在农产品主产区，除了财政政策对农业生产的影响比较大之外，投资政策、土地政策、环境政策等配套政策也不同程度地有所影响。这些配套政策之间是否协同，协同的效果如何，哪些政策执行之后发挥了作用，哪些政策执行之后没有发挥作用或者作用不明显，都是建设农产品主产区中必须研究的问题。基于数据可得性，本章选取财政政策、人口政策、投资政策、环境政策及土地政策为条件变量，农业生产总值作为结果变量进行分析。

一、主体功能区不同配套政策协同研究回顾

1. 农业生产要素与配套政策研究

农业生产需要土地、资本、技术和劳动等生产要素。关于这些生产要素和农业产出的关系，学者们有比较多的研究。

1) 土地和农业产出

有关土地和农业产出的研究，目前大多数学者局限于土地和粮食生产的关系。肖丽群等（2012）采用定量分析和对比分析的方法，研究长江三角洲地区耕地变化对区域粮食产能的影响。研究结果表明，与低等级耕地相比，高等级耕地数量变化对粮食产能影响更大；耕地占优补劣使耕地质量下降，导致补充耕地的粮食产能大大降低。

土地整治是推进耕地保护和节约集约用地，保障国家粮食安全的重要途径。张俊峰和张安录（2014）以 1999~2010 年中国土地整治与农业经济增长相关数据为分析样本，探究土地整治与农业经济增长之间的关系。研究结果显示：土地整治对农业经济增长效应显著，土地整治通过整治面积、新增耕地面积、投入额、投资强度对农业经济增长的促进效应分别为 0.961、0.541、0.901、0.742；土地整治过程中，应加大土地整治面积和投入资金，合理确定投资强度和标准，避免盲目追求新增耕地数量指标。

郑亚楠等（2019）基于 1985~2015 年中国 31 个省份的统计数据，采用比较分析法和 GIS 空间分析法，对中国粮食生产时空演变及其影响因素进行规律性探究。研究结果表明，1985~2015 年中国粮食生产的影响因素呈现阶段性和区域性规律。东北区、西北区粮食生产主要受粮食单产、耕地面积等影响；黄淮海区、内蒙古高原和黄土高原区、云贵高原和横断山区主要受粮食单产影响。

王风等（2018）基于 2000～2014 年中国县域粮食产量和社会经济指标数据，综合运用标准差椭圆、空间自相关分析和地理探测器等方法，分析了近 15 年来不同区域粮食产量变化特征及其影响作用机制。研究结果显示，不同因素对粮食产量空间分布的作用机制存在差异，影响全国范围内粮食产量分布的主要因素从人口和第一产业增加值，转变为耕地面积和农业机械总动力。

谭言飞等（2019）以江苏省 55 个县域为研究单元，结合数理统计和 GIS 空间分析，研究 2000～2015 年江苏省耕地与粮食生产的时空演变及粮食生产对耕地资源变化的敏感程度，提出随着农业技术的发展，区域粮食生产对耕地面积的依赖程度逐渐降低，保护耕地与保障粮食安全亟须因地制宜，针对不同敏感性地区合理布局粮食生产。

这些研究表明，虽然我国不同区域的情况有所区别，耕地面积仍然是影响粮食生产和粮食安全的重要因素。土地用于农业生产的比较效益低，为了农业生产安全，必须加强土地的总量控制，严守耕地红线，促进农业生产，保证农产品供给。永久基本农田划定、耕地占补平衡、增减挂钩、增存挂钩等政策措施都服务于这一政策目标。虽然仅有这些政策措施不一定能实现这一政策目标，但是这些政策措施是保证农业生产的必要条件。

2）财政、投资与农业产出

有关财政、投资与农业产出的关系，研究成果并不多。陈红红等（2017）选取 1978～2013 年新疆统计数据，采用了协整分析、误差修正模型等方法对财政支农、农业贷款、农民自主投资与新疆农民人均纯收入进行了实证探究。结果显示，新疆地区财政支农、农业信贷、农民自主投资与农民人均纯收入之间存在长期均衡关系；而短期内的财政支农、农业信贷及农户自主投资的促进效应不如长期明显，其中农业贷款的收入效应远低于财政支农和农民自主投资收入。

赵勇智等（2019）基于中国 31 个省份 2006～2016 年的面板数据，利用工具变量法和系统广义矩估计发现，农业综合开发投资能够显著提高农民收入，而且会持续带动农民增收；农业综合开发投资从不同的路径影响了农民收入水平。其中，土地治理项目能够提高农业生产能力，促进粮食增产，进而实现农民经营性收入增长；产业化经营项目能为农民提供更多的就业岗位，拓宽农民增收渠道，实现非农就业收入增长。

王健和胡美玲（2019）研究农业生产率、农业投资和非农投资对农民收入的影响，构建农业生产率和农村人均投资对农民收入影响的模型。分析表明，对于农民收入水平的提高，农业生产率和农业投资主要通过提高农民经营性收入来实现，非农投资则通过提高农民的经营性收入和工资性收入来实现；对于不同省份地域来说，农业生产率和农业投资对农业大省和非农业大省农民收入均有影响，非农投资主要对农业大省农民收入有所影响。

田勇等（2019）认为，面向农户的公共转移支付能够显著促进农业产出的增加，公共转移支付数额每增加 1%，农业产出将增加 0.19%。

这些研究主要探讨了不同农业资金投入对农民收入的影响程度，尤其是转移支付和农民自主投资的效应，说明不同的资金投入对农民收入的提高可以产生不同的效果，可以给政府优化调整农业资金利用的研究提供参考。

3）人口与农业产出

有关人口与农业产出关系的研究很多，一般认为农业生产效率是衡量农村人口转移效应的重要标准，如 Lewis（1954）的二元结构理论提出，发展中国家经济结构的二元性决定农业劳动力供给无限，农业劳动力向非农产业转移不会造成农业生产停滞。Rains 和 Fei（1961）修正的二元经济发展三阶段模型则指出，不同阶段农村劳动力转移对农业影响是不同的，农业剩余劳动力转移必须以农业生产效率提高为前提，否则极易导致农业总产出和农业总剩余减少。

目前国内有关农村人口与农业产出的关系，有四种不同的观点："积极作用论"、"负面效应论"、"中性论"和"差异论"（杜辉，2017）。

一种是积极作用论，认为农业人口转移对农业生产具有积极作用。农村人口转移有利于促进耕地流转、推动农业规模经营、提升粮食生产效率，进而增加粮食产量（黄祖辉等，2014）。张冲和王磊（2018）基于 2003～2016 年中国农村省级面板数据，运用混合模型、固定效应和随机效应模型，比较分析全国和区域数据之后认为，中国的粮食生产正在向现代农业转变，农村人口的减少反而有利于粮食产量增加，农村人口的减少和老龄化不会影响粮食安全。

一种是负面效应论，认为农村劳动力，尤其是农村青壮年劳动力大规模外出，严重威胁农业产出，如盖庆恩等（2014）基于 2004～2010 年山西、河南、山东、江苏和浙江的面板数据，研究了劳动力转移对中国农业生产的影响，发现各类型劳动力在农业生产中的效率存在显著差异。男性和壮年女性的转移不仅会提高农户退出农业的概率，增大农户家庭耕地流出率，而且会降低农业产出增长率。

还有一种是中性论。刘洪银（2011）采用主成分分析法，应用回归模型进行拟合和预测，认为农村劳动力非农就业没有对农业产出造成不良影响。我国农村劳动力非农就业不仅使农村劳动力配置日趋合理化，而且还产生了可观的经济增长效应。农村劳动力非农就业对经济增长的效应符合递减规律。

差异影响论，即农村人口转移对农业生产的影响存在局部差异，如范东君（2013）利用面板数据模型，从省级层面分析了我国农村劳动力流出对不同空间区域粮食生产影响。研究结果表明，我国东部和中部农业人力资本与粮食产量呈正相关，这两个地区农村劳动力流出不利于其粮食生产的长期发展；西部农业人力资本与粮食产量呈负相关，西部农村劳动力流出有利于其粮食生产的发展；对全国而言，农业人力资本与粮食产量呈正相关，农村劳动力大规模流出不利于粮食的可持续发展。程名望等（2015）将我国主要的 11 个粮食主产区分为经济较发达主产区和经济欠发达主产区，采用扩展的柯布-道格拉斯生产函数分析农村劳动力外流对粮食生产的影响及其区域差异。研究发现，在全国粮食经济较发达主产区，农村劳动力外流对粮食生产没有显著影响；在经济欠发达主产区，该效应显著为负。

从以上的列举可以看出，关于人口与农业产出之间的关系，学者们分歧比较大。人口迁移是多种因素综合作用的结果，人口迁移政策是一个重要的影响因素。

4）环境政策和农业产出

农业面源污染是乡村环境污染的主要形式，而这其中又以化肥的过度使用为首要因素。在农业化肥减量政策与绿色农业发展研究方面，相关研究取得了一定进展。

金书秦等（2015）认为无论从控制面源污染保护环境，还是降低生产成本提高农业竞争力的角度来看，我国农业化肥减量都势在必行。实现农业化肥减量目标，既要调整优化已有政策，又要加强对新型环保肥料、有机肥的支持力度，形成完善的农业化肥减量政策体系。

汪发元（2016）利用多元回归方法，基于湖北省 1995～2013 年的数据，分析农田水利灌溉、肥料施用、农药施用、农膜的使用等对粮食产量的影响。结果表明，农田水利灌溉面积、氮肥施用量对粮食产量产生了显著的正向影响，钾肥施用量对粮食产量有显著的负影响，而磷肥施用量、农药施用量、农膜使用量和除涝面积对粮食产量不产生影响。

李建平（2018）依据 1991～2015 年河南省的统计年鉴相关数据，运用了协整模型研究小麦产量与化肥、农药施用量之间是否存在长期均衡关系，并通过冲击响应分析单位化肥、农药施用量的变化对粮食产量的影响，以及化肥与农药彼此之间的关系，提出小麦的产量与化肥、农药施用量存在长期依赖关系，在短期内化肥单位施用量的变化会对粮食的产量产生正向冲击，对农药施用量也产生正向冲击。

孙若梅（2019）在概述政策措施、分析化肥统计数据、剖析调查案例的基础上，认为在政策推动下，2016 年以来我国化肥呈现出总用量减少和总产量下降的态势。应探索建立起有机肥的政策体系，对畜禽有机肥和商品有机肥实行差异化管理。

刘浩然等（2019）运用灰色系统理论，通过主成分分析法、因子分析法，对影响该省粮食生产的影响因素进行关联动态分析，结果表明，化肥施用量仍是近阶段粮食增产的主要推力，但过度使用化肥易造成难以挽回的生境影响，建议科学合理施肥。

赵雪雁等（2019）以中国 336 个地级行政区为研究单元，分析 2005～2015 年中国粮食产量与化肥施用量的时空格局变化特征、时空耦合关系及其动态变化过程。研究发现：①2005～2015 年中国化肥施用量与粮食产量均呈上升趋势，化肥施用量的区内差异呈"粮食主产区—产销平衡区—粮食主销区"递减态势，粮食产量的区域差异总体趋于增大，且呈"粮食主产区—产销平衡区—粮食主销区"递增态势；②化肥施用量增幅呈"东—中—西"阶梯式递增的趋势，而粮食产量增幅呈明显的南北分异特征。

以上研究探讨了不同类型的化肥对粮食产量、化肥使用量对不同的地区粮食产量的影响，认为化肥施用量的增加都可以提高粮食产量，但是过度的使用化肥会对生态环境造成严重的影响，应当实行化肥减量化政策。不过，化肥减量政策的结果与粮食产量或农业生产的关系，研究成果比较少。

2. 农业产出影响因素研究

张炜和张军（2020）分析农业产出的影响因素，发现我国农业产出增长与化肥施用量、农业机械总动力、农业从业人员增长之间存在长期稳定的均衡关系，化肥（生物技术）、农业机械、农业富余人员的转移促进农业产出的长期增长。

吴玉鸣（2010）基于扩展的新古典增长模型，运用空间计量经济学模型分析了我国省域农业生产的空间分布模式和空间依赖性，认为我国省域农业产出存在明显的空间依赖性，其中农业生产要素投入处于规模报酬递减阶段，劳动和资本是最为主要的决定因素，而土地的贡献不显著。

刘守义（2014）深入分析我国粮食产量波动及增长的影响因素，研究结果显示，播种面积、化肥投入、有效灌溉面积对粮食主产区粮食产量的提高具有积极影响，农业机械总动力和劳动力投入对粮食生产的影响并不显著。

柳芬等（2017）应用灰色关联分析方法，从农业土地利用水平、农业现代化水平、农业生产成本、自然灾害 4 个方面选取 10 个指标，研究各指标与四川省粮食产量关联度大小，认为粮食播种面积、化肥施用量、农村用电量对四川省粮食产量影响不断增强，耕地面积、有效灌溉面积对四川省粮食产量影响呈现减弱趋势，农业生产资料价格指数与四川省粮食产量关联度在 2011 年之后突降。

叶妍君等（2018）以黑龙江垦区内 113 个农场为研究对象，选取 23 个与农业生产关系最密切的影响因子，利用地理探测器方法分析不同因子对农场粮食产量影响的差异。结果显示，除了播种面积和耕地面积外，农业机械化水平是最显著的影响因子，尤其大型农机对农场粮食产量影响较大。

吴九兴和黄贤金（2019）分析农业要素投入变化、农业产出变化和农民收入变化的趋势与特征，发现我国农业总产值、农业总产量、主要农产品单产，以及农民人均收入实现了增长，但表现出不同的阶段性特征，应严格耕地资源保护、减量农业要素投入和发展先进农业技术。

土地、资本、技术、劳动等生产要素是影响农业产出的重要因素，这些因素相互作用，相互影响，彼此之间不能分开。总的来看，我国目前有关财政、投资、土地、人口、环境等与农业产出的研究比较多，主要是就每一个因素与农业产出的关系进行探讨，当然也有一些学者研究专项转移支付与农业人口市民化的问题（张致宁和桂爱勤，2018；张硕，2016；孙红玲和谭军良，2014）和农业人口转移与环境问题（牛亮云，2014），但是将多个因素结合起来，研究这些因素与农业产出关系的成果还不多。

二、主体功能区不同配套政策协同分析框架

1）农业产出

从文献来看，农业产出一般有几个指标：农产品总产量、农产品单产量、农业总产值、农民人均收入。相对于农业总产值而言，农产品总产量、农产品单产量比较稳定，如吴九兴和黄贤金（2019）提出，考虑到国家或区域的生态安全需求，以及退耕还林、还草、还湖等政策的实施，甚至包括耕地轮作休耕政策的影响，以及气候因素的影响，

未来中国的农产品总产量、单位面积农业产出水平比较稳定。鉴于《全国主体功能区规划》明确我国农产品主产区包括粮食、棉花、油料作物、糖料作物和畜水产品主产区,农产品主产区的生产不仅限于粮食生产,本章以农业生产总值(农业产值)来测量农业产出。

2)财政政策

财政政策是政府支持农业生产的重要政策。我国农村税费改革后,中央政府的财政转移支付成为农业生产中一项重要的资金来源。目前与主体功能区建设相关的中央政府财政转移支付主要有农业生产发展资金、农业资源及生态保护补助资金、农业综合开发财政补助资金、农田水利设施建设和水土保持补助资金等多项资金补助。因此本章以五项农业专项转移支付项目总额(简称农业专项转移支付)视为财政政策的结果,作为分析的条件变量之一,见表6-2。

3)投资政策

《全国主体功能区规划》要求鼓励和引导民间资本按照不同区域的主体功能定位进行投资。农村住户固定资产投资作为农产品主产区民间投资的重要形式,对于扩大农业再生产、促进农业多样化发展起到了十分积极的作用。在农村住户固定资产投资中,农业投资所占比重的大小决定了农业生产资料持续发展的程度,因此,本章选取 2017 年农村住户固定资产投资中农业投资所占比例(简称农业投资占比)作为本项分析的条件变量之一,见表6-6。

表6-6   2017 年各地区农村住户固定资产投资投向情况   (单位:亿元)

省份	农村住户固定资产投资总额	农业投资额	省份	农村住户固定资产投资总额	农业投资额
北京	63.1	2.5	湖北	409.8	47.5
天津	14.2	2.3	湖南	631.1	83.3
河北	394.6	77.0	广东	357.8	50.6
山西	318.4	71.1	广西	590.8	125.7
内蒙古	185.3	78.9	海南	119.0	7.4
辽宁	232.0	105.9	重庆	96.5	18.0
吉林	153.0	102.4	四川	666.2	141.1
黑龙江	212.3	166.8	贵州	215.8	31.7
上海	5.7	0.5	云南	461.1	59.0
江苏	276.8	75.8	西藏	—	—
浙江	570.0	15.0	陕西	351.2	54.2
安徽	458.7	119.1	甘肃	131.4	24.5
福建	305.9	32.9	青海	63.7	4.0
江西	314.9	55.6	宁夏	88.3	13.2
山东	966.7	315.4	新疆	293.5	86.6
河南	606.6	101.8			

数据来源:《2018 年中国农村统计年鉴》。

4）土地政策

土地是国土空间资源的基础，土地政策决定不同主体功能区的战略布局，明确了国土空间资源的开发方向和开发规模，直接关系主体功能区战略和规划实施的成效，是建设主体功能区的重要保障。不同类型的主体功能区，应当有差异化的土地政策。对于农产品主产区来说，农产品生产安全，尤其是粮食安全摆在第一位。然而由于建设占用、自然灾害、生态退耕及农业结构调整等多种原因，导致耕地面积快速减少。因此，从中央到地方都明确强调通过耕地占补平衡、增减挂钩、增存挂钩、人地挂钩等多重手段，确保耕地数量和质量。通过分析年度耕地面积净增值可以较为清晰的识别出各地区对于土地政策的执行情况，因此本书选取 2017 年各地区年度耕地面积净增值（简称耕地年增加值）作为本项研究的条件变量之一，见表 6-7。

表 6-7　2017 年各地区耕地变动情况　　　　　　　　（单位：hm²）

省份	本年减少耕地面积	本年增加耕地面积	省份	本年减少耕地面积	本年增加耕地面积
北京	3008	393	湖北	14972	5616
天津	1722	1553	湖南	8443	10694
河北	16893	15300	广东	8129	200
山西	5609	5150	广西	8696	1038
内蒙古	5708	18527	海南	1276	944
辽宁	4510	1545	重庆	21195	8544
吉林	7256	616	四川	18142	10363
黑龙江	5349	1002	贵州	16224	4809
上海	1357	2201	云南	10507	16009
江苏	22903	25085	西藏	891	279
浙江	10727	13013	陕西	9656	3054
安徽	16470	15716	甘肃	5362	9936
福建	4776	5378	青海	1043	1758
江西	8317	12099	宁夏	2241	3399
山东	28988	11815	新疆	7807	30964
河南	27946	29195			

数据来源：根据《2018 年中国环境统计年鉴》整理。

5）人口政策

促进人口有序流动和形成合理的人口布局既是主体功能区战略和规划的目标要求，也是实施主体功能区战略和目标的保障。农产品主产区由于其所担负的农业生产责任，需要促进农业生产的规模经营，实现农业现代化，提高农业生产的效率。农产品主产区应实施积极的人口退出政策，鼓励乡村人口到重点开发和优化开发区就业并定居，既为农业规模化、机械化发展奠定基础，又可以促进乡村人口收入及生活水平的提高。通过对乡村人口占总人口的比例进行对比分析，可以明晰各农产品主产区人口退出政策实施的具体情况。因此，选取 2017 年各地区乡村人口占总人口比例（简称乡村人口比例）作为本书的条件变量之一，见表 6-8。

表 6-8　2017 年各地区乡村人口统计情况

省份	乡村人口数/万人	占总人口比例/%	省份	乡村人口数/万人	占总人口比例/%
北京	293	13.5	湖北	2402	40.7
天津	266	17.1	湖南	3113	45.4
河北	3383	45.0	广东	3367	30.2
山西	1579	42.7	广西	2481	50.8
内蒙古	961	38.0	海南	389	42.0
辽宁	1420	32.5	重庆	1105	35.9
吉林	1178	43.4	四川	4085	49.2
黑龙江	1538	40.6	贵州	1932	54.0
上海	297	12.3	云南	2559	53.3
江苏	2508	31.2	西藏	233	69.1
浙江	1810	32.0	陕西	1657	43.2
安徽	2909	46.5	甘肃	1408	53.6
福建	1377	35.2	青海	281	46.9
江西	2098	45.4	宁夏	287	42.0
山东	3944	39.4	新疆	1238	50.6
河南	4764	49.8			

数据来源：根据《2018 年中国农村统计年鉴》整理。

6）环境政策

农业污染是中国当前重要的环境问题之一，已经威胁到国家生态安全、农产品质量和人民的身体健康。农业污染主要表现为化肥、农药和地膜污染。虽然化肥、农药和地膜的使用是农业技术进步的结果，对粮食增产增收乃至农业发展有着重要的作用，但化肥、农药和地膜会造成严重的土壤污染和水源污染，危及农业可持续发展。基于此，国家出台了一系列政策，旨在控制化肥、农药和地膜的使用，保障农业健康发展和生态安全。在三类污染物中，无论是使用的绝对数量，还是平均数值，化肥的使用量比农药和地膜都要多一个数量级。对于化肥施用面广量大造成的农业面源污染和地力下降问题，国家一直以来非常重视，"十二五"规划将防治农业面源污染列为"十二五"重点工作，2010 年、2013 年、2014 年和 2015 年的中央 1 号文件都明确提到了农业化肥污染治理问题，2015 年，农业部发布《到 2020 年化肥使用量零增长行动方案》，明确了中国化肥减量的法律法规与政策的具体目标及实施计划。因此，本章选取 2017 年各地区每千公顷化肥减少值（简称化肥施用量减少值）代表环境政策结果，作为条件变量之一，见表 6-9。

表 6-9　2016 年、2017 年各地区化肥施用量统计

省份	2016 年化肥用量/万 t	2017 年化肥用量/万 t	2016 年农用地面积/万 hm²	2017 年农用地面积/万 hm²
北京	9.7	8.5	1.1456	1.1467
天津	21.4	18	0.6943	0.6921
河北	331.8	322	13.0692	13.0644
山西	117.1	112	10.0270	10.0262
内蒙古	234.6	235	82.8824	82.8806
辽宁	148.1	145.5	11.5315	11.5331
吉林	233.6	231	16.5998	16.5926
黑龙江	252.8	251.2	39.9172	39.9127
上海	9.2	8.9	0.3140	0.3134
江苏	312.5	303.9	6.4821	6.4704
浙江	84.5	82.6	8.5988	8.5889
安徽	327	318.7	11.1374	11.1219
福建	123.8	116.3	10.8701	10.8624
江西	142	135	14.4229	14.4115
山东	456.5	440	11.5143	11.4861
河南	715	706.7	12.6673	12.6557
湖北	328	317.9	15.7475	15.7296
湖南	246.4	245.3	18.1792	18.1666
广东	261	258.3	14.9458	14.9165
广西	262.1	263.8	19.5427	19.5268
海南	50.6	51.4	2.9711	2.9674
重庆	96.2	95.5	7.0652	7.0568
四川	249	242	42.1606	42.1332
贵州	103.7	95.7	14.7430	14.7259
云南	235.6	231.9	32.9324	32.9279
西藏	5.9	5.5	87.2340	87.2302
陕西	233.1	232.1	18.5768	18.5626
甘肃	93.4	84.5	18.5458	18.5479
青海	8.8	8.7	45.0918	45.0880
宁夏	40.7	40.8	3.8072	3.8069
新疆	250.2	250.7	51.7094	51.7187

数据来源：《2018 年中国农村统计年鉴》和自然资源部数据。

三、主体功能区不同配套政策协同数据收集和分析

1. 数据来源

本章的数据主要来源于《中国统计年鉴》（1998～2017 年）。对《中国统计年鉴》中的原始数据经过整理、换算后得到本书中所呈现的图表。部分数据来源于《中国农村统

计年鉴》（1998～2017 年）和《中国环境统计年鉴》（1998～2017 年）。少数不能从统计年鉴中查到的数据，采取引证文献的方法处理。对所选取条件变量及结果变量进行数据整理，整理结果如表 6-10 所示。

表 6-10 研究案例原始数据表（2017 年）

省份	农业专项转移支付（TP）/亿元	农业投资占比（AI）/%	耕地年增加值（CA）/hm²	乡村人口比例（RP）/%	化肥施用量减少值（FP）/万 t	农业生产总值（AP）/亿元
北京	7.80	3.96	−2615	13.50	50.70	129.8
天津	10.55	16.20	−169	17.10	77.73	183.2
河北	261.05	19.51	−1593	45.00	14.91	2890.6
山西	99.98	22.33	−459	42.70	12.54	861.9
内蒙古	230.73	42.58	12819	38.00	−0.08	1434.7
辽宁	126.64	45.65	−2965	32.50	5.06	1620.5
吉林	211.52	66.93	−6640	43.40	3.40	895.8
黑龙江	355.12	78.57	−4347	40.60	0.97	3471.3
上海	6.08	8.77	844	12.30	17.67	146.4
江苏	180.79	27.38	2182	31.30	19.13	3764.7
浙江	46.62	2.63	2286	32.00	10.13	1494.5
安徽	213.60	25.96	−754	46.50	14.08	2241.4
福建	44.37	10.76	602	35.20	56.52	1527.0
江西	134.30	17.66	3782	45.40	23.25	1489.3
山东	244.21	32.63	−17173	39.40	20.38	4403.2
河南	304.87	16.78	1249	49.80	10.37	4552.7
湖北	152.01	11.59	−9356	40.70	18.17	2962.5
湖南	184.36	13.20	2251	45.40	2.96	2597.6
广东	73.68	14.14	−7929	30.20	7.34	2890.0
广西	101.45	21.28	−7658	50.80	−4.91	2538.9
海南	19.00	6.22	−332	42.00	−11.36	707.4
重庆	70.40	18.65	−12651	35.90	0.79	1165.7
四川	204.88	21.18	−7779	49.20	9.98	4004.2
贵州	90.33	14.69	−11415	54.00	17.13	2077.0
云南	136.90	12.80	5502	53.30	6.29	1982.5
西藏	46.13	21.90	−612	69.10	8.83	78.4
陕西	106.74	15.43	−6602	43.20	1.54	2095.3
甘肃	110.52	18.65	4574	53.60	16.70	1068.6
青海	44.37	6.28	715	46.90	1.87	162.4
宁夏	37.16	14.95	−1902	42.00	−0.51	309.0
新疆	125.22	29.51	23157	50.60	1.16	2313.2

与前一节的分析一致，选取各个变量的上四分位数，下四分位数及上、下四分位数的均值作为 3 个临界值对 5 个条件变量和结果变量进行数据校准。各变量临界值如表 6-11 所示。

表 6-11　各变量校准后集合隶属

研究变量		目标集合	临界值		
			完全隶属	交叉点	完全不隶属
条件变量	农业专项转移支付（TP）	多转移支付	194.62	120.50	46.37
	农业投资占比（AI）	多投资比例	24.15	18.57	13.00
	耕地年增加值（CA）	多增加值	1715.50	−2452.75	−6621.00
	化肥施用量减少值（FP）	多减少值	17.40	9.55	1.71
	乡村人口比例（RP）	多占比	48.05	41.80	35.55
结果变量	农业生产总值（AP）	高农业产值	2743.8	1811.325	878.85
		低农业产值	878.85	1811.325	2743.8

2. 必要性分析

对条件变量进行必要性检测，根据检测结果，各单项条件变量对高农业产值必要性均未超过 0.9，不构成必要条件。表明各单项条件变量对农业生产总值的解释力度较弱。故可将这 5 个单项条件变量纳入组态分析，探寻条件变量对结果变量的组合效应，见表 6-12。

表 6-12　农业生产总值的必要性分析

条件变量		结果变量	
		高农业产值	低农业产值
农业专项转移支付（TP）	TP	0.780	0.786
	~TP	0.369	0.352
农业投资占比（AI）	AI	0.577	0.606
	~AI	0.494	0.453
耕地年增加值（CA）	CA	0.505	0.424
	~CA	0.562	0.659
化肥施用量减少值（FP）	FP	0.550	0.541
	~FP	0.535	0.522
乡村人口比例（RP）	RP	0.651	0.598
	~RP	0.420	0.440

3. 组态分析

在组态分析部分，依据《全国主体功能区规划》制定的配套政策，本章认为在理想状态下，高农业专项转移支付、高农业投资占比、高耕地年增加值、高化肥施用量减少值及低乡村人口比例的协同配合会对高农业生产总值产生正向影响。因此在反事实检验部分，除乡村人口占比选择"absent"外，其余 4 个条件变量均选择"present"。反之，在低农业生产总值的组态分析时，除乡村人口占比选择"present"外，其余 4 个条件变量均选择"absent"，即认为低农业专项转移支付、低农业投资占比、低耕地年增加值、低化肥施用量减少值及高乡村人口比例的协同配合会对低农业生产总值产生正向影响。组态分析结果如表 6-13 所示。

表 6-13　产生高、低农业生产总值的组态

条件变量	产生高农业政策绩效（高农业产值）			产生低农业政策绩效（低农业产值）		
	路径 1	路径 2	路径 3	路径 1	路径 2	路径 3
农业专项转移支付（TP）	●	●	●	⊗		⊗
农业投资占比（AI）						●
耕地年增加值（CA）	⊗		●	●	●	
化肥施用量减少值（FP）	●	●	⊗		⊗	⊗
乡村人口比例（RP）		⊗	●		⊗	⊗
一致性	0.928	0.906	0.911	0.924	0.864	0.933
覆盖度	0.253	0.229	0.223	0.605	0.208	0.105
唯一覆盖度	0.090	0.069	0.177	0.454	0.056	0.042
解得一致性		0.944			0.893	
解得覆盖度		0.504			0.704	

注：● 表示核心条件变量；⊗ 表示该条件变量不存在。

根据组态分析结果，高农业生产总值的前因条件路径共有 3 种。模型总体一致性为 0.944，覆盖度为 0.504，意即在符合此 3 种路径的案例中，有 94.4%的案例都是高农业生产总值，并且在所有高农业生产总值的案例中，有 50.4%的案例都是符合此 3 种路径。因此，此 3 种路径对结果的总体解释力度较强，解释效果理想。低农业生产总值的路径也有 3 种，模型总体一致性为 0.893，覆盖度为 0.704，意即在符合此 3 种路径的案例中，有 89.3%的案例都是低农业生产总值，并且在所有低农业生产总值的案例中，有 70.4%的案例都是符合此 3 种路径，表明此种路径解释力度较强，解释效果理性，符合研究要求。

具体来看，高农业生产总值的路径：①TP×~CA×FP。此路径表明，高农业专项转移支付、低耕地年增加值、高化肥施用量减少值等政策协同配合时，可对农业生产总值产生积极影响。②TP×~RP×FP。此路径表明，高农业专项转移支付、高化肥施用量减少值、高耕地年增加值、低乡村人口比例等政策协同配合时，可对农业生产总值产生积极影响。③TP×CA×RP×~FP。此路径表明，高农业专项转移支付总额、高耕地年增加值、高乡村人口比重及低化肥施用量减少值等政策协同配合时，可对农业生产总值产生积极影响。

在以上三条路径中，都有一个共同的变量——高农业专项转移支付总额，可见这一变量是核心条件变量，对于高农业生产总值的影响最为显著。比较三种路径，路径 1 的一致性（0.928）和覆盖度（0.253）均大于路径 2 和路径 3，表明路径 1 更有可能提升农业生产总值。不过，此三种产生高农业生产总值的路径与理想状态下的政策协同相一致。路径 1 虽然解释力比较强，但是缺少农业投资、人口这一类政策。路径 2 不仅缺乏农业投资、土地这一类政策，人口退出起到了相反的作用。路径 3 缺少投资类政策，化肥减

少的政策作用相反。这些表明农产品主产区中五种政策没有发挥协同作用。

低农业生产总值的路径也有 3 条，即①~TP×CA，②CA×~RP×~FP，③~TP×CA×~RP×~FP。其中第一种路径的一致性（0.924）与覆盖度（0.605）较高，解释力度较强并且解释效果较好。通过对三种导致低农业生产总值的路径进行比较，可以看见低农业专项转移支付总额、低化肥减少值、低乡村人口比例在其中两种路径中均作为条件变量出现，表明低农业专项转移支付、低化肥施用量减少值、低乡村人口比例对于低农业生产总值具有重要影响；高耕地年增加值在两条路径中出现，说明高耕地年度增加值对于低农业生产总值有比较重要的影响。

综合比较高农业产值和低农业产值的六条路径，不同条件变量与结果变量的相关性有很大不同。农业转移支付与农业生产总值正相关，体现财政转移支付在农业生产中的作用显著。耕地面积年度增加值与农业生产总值在多数情况下呈现负相关，与预期相反，说明耕地面积增减与农业生产总值并没有直接关系，或者粮食生产以外的产业对农业总产值贡献大，或者存在耕地占优补劣的情况，导致农业总产值减少。农业投资、花费使用量、人口等与农业生产总值的正相关和负相关性的覆盖率大致相当，说明这些政策的效果不确定。不同条件变量的作用不同，甚至出现相反的结果，说明配套政策之间的协同问题比较突出。

第三节　本　章　小　结

主体功能区配套政策很多，这些配套政策是否都有效果，哪些配套政策有效果，有效的配套政策在哪些环节作用明显，都需要进一步确认。通过确认这些问题，才能更好地优化配套政策，促进主体功能区建设。

农产品主产区是国土开发格局中的重要组成部分，是保障农产品安全的重要区域。本章通过收集 31 个省份的农业专项转移支付及农业生产总值等数据，基于财政资金与农业生产活动互动的视角，借助定性比较研究方法，分析影响农业生产总值的组合因素问题。研究发现：农业支持保护补贴、农田水利设施建设和水土保持补助对于农业生产总值提升的作用最为显著。其中，农田水利设施和水土保持补助是影响农业生产总值的核心要素。

基于《全国主体功能区规划》对配套政策的要求，选取 31 个省份的财政政策、投资政策、人口政策、环境政策及土地政策实施后的结果数据，借助定性比较研究方法，可以探究农产品主产区配套政策间的协同问题，得出的主要结论是，农业专项转移支付是影响农业生产总值的核心要素，而其他的变量与农业生产总值没有相关性，有的甚至出现相反的结果，因此在农产品主产区中财政政策、土地政策、投资政策、人口政策、环境政策协同效应有待加强。

参 考 文 献

陈红红, 夏咏, 辛冲冲. 2017. 新疆农业资金投入与农民收入效应关系的实证研究. 中国农业资源与区划, 38(2): 124-132, 158.

程建青, 罗瑾琏, 杜运周, 等. 2019. 制度环境与心理认知何时激活创业——一个基于 QCA 方法的研究. 科学学与科学技术管理, 40(2): 114-131.

程名望, 刘雅娟, 黄甜甜. 2015. 我国粮食主产区农村劳动力外流对粮食供给安全的影响. 商业研究, (10): 162-167.

杜辉. 2017. 农村人口转移是否改变中国农业产出. 江西社会科学, 37(9): 84-92.

杜运周, 贾良定. 2017. 组态视角与定性比较分析(QCA)s: 管理学研究的一条新道路. 管理世界, (6): 155-167.

范东君. 2013. 农村劳动力流出空间差异性对粮食生产影响研究——基于省际面板数据的分析. 财经论丛, (6): 3-8.

盖庆恩, 朱喜, 史清华. 2014. 劳动力转移对中国农业生产的影响. 经济学, 13(3): 1147-1170.

黄少安, 郭冬梅, 吴江. 2019. 种粮直接补贴政策效应评估. 中国农村经济, (1): 17-31.

黄祖辉, 王建英, 陈志钢. 2014. 非农就业、土地流转与土地细碎化对稻农技术效率的影响. 中国农村经济, (11): 4-16.

霍增辉, 吴海涛, 丁士军. 2015. 中部地区粮食补贴政策效应及其机制研究——来自湖北农户面板数据的经验证据. 农业经济问题, 36(6): 20-29, 110.

金书秦, 周芳, 沈贵银. 2015. 农业发展与面源污染治理双重目标下的化肥减量路径探析. 环境保护, 43(8): 50-53.

康涌泉. 2015. 农业补贴政策的绩效考量及优化重构研究. 经济经纬, 32(3): 35-40.

拉金. 2019. 重新设计社会科学研究. 杜运周等译. 北京: 机械工业出版社: 29-30.

李慧燕, 张淑荣. 2012. 基于粮食安全背景下的我国农业补贴绩效评价研究. 改革与战略, 28(02): 89-91, 158.

李建平. 2018. 粮食主产区土地确权背景下化肥、农药与粮食产量均衡关系研究——以河南为例. 中国农业资源与区划, 39(09): 54-61, 112.

李江一. 2016. 农业补贴政策效应评估: 激励效应与财富效应. 中国农村经济, (12): 17-32.

李金珊, 徐越. 2015. 从农民增收视角探究农业补贴政策的效率损失. 统计研究, 32(7): 57-63.

李俊高, 李俊松, 任华. 2019. 农业补贴对粮食安全与农民增收的影响——基于马克思再生产理论的分析测度. 经济与管理, 33(5): 20-26.

李乾. 2017. 粮食作物良种补贴政策的产量效应分析——基于省际面板数据的研究. 农林经济管理学报, 16(3): 269-276.

李守伟, 李光超, 李备友. 2019. 农业污染背景下农业补贴政策的作用机理与效应分析. 中国人口•资源与环境, 29(2): 97-105.

里豪克斯, 拉金. 2017. QCA 设计原理和应用: 超越定性和定量研究的新方法. 北京: 机械工业出版社: 1-2, 4-8.

刘浩然, 吴克宁, 宋文, 等. 2019. 黑龙江粮食产能及其影响因素研究. 中国农业资源与区划, 40(7): 164-170.

刘洪银. 2011. 我国农村劳动力非农就业的经济增长效应. 人口与经济, (2): 23-27, 51.

刘守义. 2014. 我国粮食主产区粮食产量波动及增长影响因素分析. 江西社会科学, 34(8): 96-100.

柳芬, 谢世友, 冯欢, 等. 2017. 四川省粮食产量影响因素的动态关联分析. 江苏农业科学, 45(10):

320-324.

卢成. 2019. 财政支农政策对农业生产影响的再研究——基于 2009～2015 年全国农村固定观察点数据. 农村经济, (2): 88-94.

牛亮云. 2014. 农业化石能源投入与农业劳动力转移关系研究. 经济经纬, 31(5): 38-42.

孙红玲, 谭军良. 2014. 构建财政转移支付同农业转移人口市民化挂钩机制的思考. 财政研究, (8): 60-63.

孙若梅. 2019. 绿色农业生产: 化肥减量与有机肥替代进展评价. 重庆社会科学, (6): 33-43.

谭言飞, 濮励杰, 解雪峰, 等. 2019. 基于敏感度分析的江苏省粮食生产与耕地数量变化动态响应研究. 长江流域资源与环境, 28(5): 1102-1110.

田勇, 殷俊, 薛惠元. 2019. "输血"还是"造血"?面向农户的公共转移支付的减贫效应评估——基于农业产出的视角. 经济问题, (3): 78-86.

汪发元. 2016. 主要农业生产要素对粮食产量的影响——基于湖北省 19 年统计数据的分析. 江苏农业科学, 44(12): 636-640.

王凤, 刘艳芳, 孔雪松, 等. 2018. 中国县域粮食产量时空演变及影响因素变化. 经济地理, 38(5): 142-151.

王健, 胡美玲. 2019. 农村投资、农业生产率对农民收入影响的实证检验. 统计与决策, 35(17): 100-104.

王欧, 杨进. 2014. 农业补贴对中国农户粮食生产的影响. 中国农村经济, (5): 20-28.

王亚芬, 周诗星, 高铁梅. 2017. 我国农业补贴政策的影响效应分析与实证检验. 吉林大学社会科学学报, 57(1): 41-51, 203.

吴怀军, 周曙东, 刘吉双. 2017. 财政支农支出对农业生产的影响研究: 江苏证据. 财经问题研究, (7): 65-72.

吴九兴, 黄贤金. 2019. 农业减量投入、产出水平与农民收入变化. 世界农业, (9): 30-37.

吴玉鸣. 2010. 中国区域农业生产要素的投入产出弹性测算——基于空间计量经济模型的实证. 中国农村经济, (6): 25-37, 48.

肖丽群, 陈伟, 吴群, 等. 2012. 未来 10 年长江三角洲地区耕地数量变化对区域粮食产能的影响——基于耕地质量等别的视角. 自然资源学报, 27(4): 565-576.

辛翔飞, 张怡, 王济民.2016.我国粮食补贴政策效果评价——基于粮食生产和农民收入的视角.经济问题, (2): 92-96.

叶妍君, 齐清文, 姜莉莉, 等. 2018. 基于地理探测器的黑龙江垦区农场粮食产量影响因素分析. 地理研究, 37(1): 171-182.

易福金, 周询, 陆五一. 2018. 流动性约束视角下的粮食补贴政策效应评估. 湖南农业大学学报(社会科学版), 19(1): 1-9.

张冲, 王磊. 2018. 中国农村人口变动对粮食生产的影响研究. 农村经济, (6): 123-128.

张慧琴, 韩晓燕, 吕杰.2016.粮食补贴政策的影响机理与投入产出效应.华南农业大学学报(社会科学版), 15(5): 20-27.

张晶晶. 2014. 基于 DEA 模型的我国农业补贴政策的效率评价. 统计与决策, (17): 65-67.

张俊峰, 张安录. 2014. 土地整治对中国农业经济增长的效应分析——基于通径分析法. 东北农业大学学报(社会科学版), 12(2): 1-6.

张硕. 2016. 财政转移支付同农业转移人口市民化挂钩机制研究. 经济研究参考, (64): 4-13.

张炜, 张军. 2020. 农业产出增长及其变化因素的实证研究. 宏观经济研究, (7): 59-63.

张宇青, 周应恒. 2016. 中国粮食补贴政策效率评价与影响因素分析——基于 2004~2012 年主产区的省际面板数据.财贸研究, 26(6): 30-38.

张玉梅, 陈志钢. 2015. 惠农政策对贫困地区农村居民收入流动的影响——基于贵州 3 个行政村农户的追踪调查分析. 中国农村经济, (7): 70-81.

张致宁, 桂爱勤. 2018. 财政转移支付支持农业转移人口市民化问题研究. 湖北社会科学, (1): 117-120.

赵雪雁, 刘江华, 王蓉, 等. 2019. 基于市域尺度的中国化肥施用与粮食产量的时空耦合关系. 自然资源学报, 34(7): 1471-1482.

赵勇智, 罗尔呷, 李建平. 2019. 农业综合开发投资对农民收入的影响分析——基于中国省级面板数据. 中国农村经济, (5): 22-37.

郑亚楠, 张凤荣, 谢臻, 等. 2019. 中国粮食生产时空演变规律与耕地可持续利用研究. 世界地理研究, 28(06): 120-131.

周坚, 张伟, 陈宇靖. 2018. 粮食主产区农业保险补贴效应评价与政策优化——基于粮食安全的视角. 农村经济, (8): 69-75.

周静, 曾福生, 张明霞. 2019. 农业补贴类型、农业生产及农户行为的理论分析. 农业技术经济, (5): 75-84.

周振, 孔祥智. 2019. 农业机械化对我国粮食产出的效果评价与政策方向. 中国软科学, (4): 20-32.

Fiss P C. 2011. Building better causal theories: A fuzzy set approach to typologies in organization research. Academy of Management Journal, (54): 393-420.

Gohin A, Laturuffe L. 2006. The luxembourg common agricultural policy reform and the European food Industries: What's at stake.Canadian Journal of Agricultural Economics, (54): 175-194.

Goodwin B K, Mishra A K. 2003. Acreage effects of decoupled programs at the extensive margin. Montreal, (7): 27-30.

Happe K, Balmann A. 2003. Structural, Efficiency and Income Effects of Direct Payments -an Agent-Based Analysis of Alternative Payment Schemes for the German Region Hohenlohe. In: 2003 Annual Meeting, August 16-22, Durban, South Africa. International Association of Agricultural Economists.

Lewis W A. 1954. Economic development with unlimited supplies of labor. Manchester School, 22(2): 139-191.

Ranis G, Fei J C. 1961. A theory of economic development. American Economic Review, 51(4): 533-565.

Vercammen J. 2003. A stochastic dynamic programming model of direct subsidy payments and agricultural investment. Montreal, (7): 27-30.

第七章

政策网络视角下的主体功能区配套政策协同

《全国主体功能区规划》明确要求各部门、各地方政府全面做好规划实施工作，各部门、各地方政府也制定出台了一些政策措施，开展了一些试点项目，取得了比较显著的成效，但是仍然面临许多问题。一方面，配套政策数量多但效果不显著。各部门虽然按照任务分工制定了相当数量的财政、投资、产业、土地、人才等政策，但是多数地方政府仍然感到配套政策不全、力度不够，没有针对不同主体功能区精准施策；另一方面，地方政府动力不足。主体功能区规划对地方开发利用自然资源的权利有了不同程度的限制，部分地方政府积极性不高，在执行政策的过程中选择执行或消极执行的情况时有发生。主体功能区建设中面临的这些问题如何解决，如何建立健全主体功能区的配套政策，促进不同层面、不同领域间的政策协同，充分发挥各部门、各地方政府，以及其他主体参与主体功能区建设的积极性和主动性，是当前建立健全主体功能区配套政策需要考虑的重要问题。政策网络理论是公共政策研究的一种重要范式（Howlett，2002）。政策网络理论有助于分析解释行动者、行动者的行为与政策结果之间的关系，发现政策制定或政府治理中的问题，为我们研究主体功能区配套政策提供一个新的分析视角。

第一节　政策网络的研究现状

政策网络理论是理论界和实务界提出的一种描述和解释公共政策过程，回应复杂公共政策问题的理论。20 世纪中期之后，资源短缺、环境污染和气候变化问题日趋严峻，不仅涉及多元的利益诉求和价值观念冲突，还跨越时空，需要在更长时间、更大地域范围内，利用多学科的知识从整个生态系统的角度来解决，而这些仅仅依靠政府自身的资源和能力无法完成。面对这些新问题所带来的困惑，"网络"一词提供了富于包容性、具备丰富信息量，是一种可以跳出科层体系桎梏的新型结构，这种结构允许公共部门在解决公共问题时可以"撬动"其所支配范围之外的智力和资源（Isett et al.，2011）。很多学者尝试应用政策网络理论来描述现实的特征，对政策问题做出有说服力的解释并提出可行的政策方案。

一、政策网络的概念

"政策网络"概念的提出，有一个发展的过程。最初是 Bentle（1967）在探讨政府过程中，将"网络"与"政府"一词相对接，认为政府就是"庞大的活动网络"。之后"政策网络"与"次级系统"和"议题网络"联系起来。前者是指在公共政策特定领域中决策的参与者或行动者间的互动方式（Jondan，1990），后者是指包含政府官僚、国会议员、商人、说客、学者，甚至是专家和大众传媒等与政策有利害关系的团体或个人的一种沟通网络（Heclo，1978）。

目前关于政策网络的定义比较多。有的学者将政策网络视为一种集体行动，是有关参与制定规则行动的具体安排（Carlsson，2000），有的学者认为政策网络是参与某一政策问题的相关行为者的集合（包括管理者和目标群体）（布鲁金和坦霍伊维尔霍夫，2003），还有一种观点认为，政策网络是政策系统或决策过程中，行为者围绕特定的议题形成的一种资源交换和合作的互动模式（Henry，2011）。最有代表性，也最广为接受的，应当是 Benson（1982）的定义，即政策网络是"由于资源相互依赖而联系在一起的一群组织或者若干群组织的联合体"。

二、政策网络的理论基础

政策网络没有统一的定义，原因在于政策网络有着不同的理论渊源（毛寿龙和郑鑫，2018）。在组织科学领域，政策网络的研究受到组织理论的影响，尤其是资源依赖理论。在资源依赖情景下，一个组织所面临的环境是由其他一系列组织共同构成的，每一组织控制着诸如资金、人员、知识等资源。由于一个组织无法独自生产全部资源，因此每一组织都需要与其他组织进行互动，进而获取达成目标和生存所需的资源（Kicker et al.，1997）；在政策科学领域，政策网络被看作是政策过程的"语境化"。政策过程体现为多元行动者复杂互动，其中与决策相关的公共问题、行动者、价值与认知、决策方案等并非偶然形成，而是与政策过程中行动者间的网络关系紧密相关，政策制定与政策执行过程是带有各自私利、目标与战略的多元行动者间相互作用的结果（李文钊，2017）。此外，受到政治学中的多元主义、法团主义、次级政府理论的影响，部分学者应用政策网络，解释国家与社会、政府与利益集团或社会组织间的关系。

也有一些学者从网络连结关系来解释政策网络。由于不同网络有不同的连结关系，对政策网络连结属性的认识有三种观点（范世炜，2013）：第一种以"资源依赖理论"为基础，认为政策网络形成的基础是政策过程中不同行为主体之间的资源依赖。"任何一个组织都会依赖其他组织所具备的资源""为了达到他们的目标，组织之间需要进行资源的交换"，政策过程是一种在既定的博弈规则之下借助某种策略去管理资源交换的过程。第二种以萨巴蒂尔（Sabatier）的"倡议联盟框架"为代表，认为共同的价值信仰是维系网络联盟的根本。该模型认为，政策子系统中包含着数量众多的行为者，组成"共享着一系列规范与因果价值，并产生一致性行为"的联盟，政策的产生或变迁是政策子系统中不同联盟竞争的结果。具备相同或相似价值体系（或信念体系）的行为者，往往会用相同或相似的方式解读与政策有关的信息并构建一致的政策问题，因为他们对信息有类似的筛选过滤模式，他们彼此之间更容易建立起一种信任感，进而有助于实施集体行动。因此，政策网络结构的决定因素就是与政策有关的共享的价值体系。第三种是哈杰尔倡导的"话语"分析，强调对政策问题共同的理解是网络联盟存在的条件。政策过程被建构为"行为者努力获得话语霸权，并以此来保护其对现实的特定界定"的过程。由于话语包含了规则，而规则通过促使或限制社会行动来结构化行为，政策行为者会尽力施加并扩大他们在制度设计和演进中的影响，以期政策问题和解决方案是通过他们所认同的方式建构起来的。话语制度化"可能通过借助资源，如知识（如关于气候变化的证据）、合法（如公众的支持）、权力（如有影响力的行为者的联合）和实际收益的证明"。

政策网络研究的理论各有千秋，在解释政策变迁方面优势和不足并存。从哪个学科领域研究，从哪种连接关系研究公共政策问题，取决于这一学科或者这一连接关系是否可以更好地解释政策变迁。

三、政策网络的研究路径和研究方法

如何研究政策网络，涉及政策网络研究的路径。比较有影响力的政策网络研究可以分为微观层次、中观层次和宏观层次（Rhodes，1990）。微观层次的研究从政策网络内行动者互动的视角进行分析，如美国学者赫克洛（Heclo）从微观层次出发，把财政部比作一个"乡村社群"，认为机构内的个人之间的关系时而冲突，时而达成一致，但总是在共同的网络内产生接触，决策就是由社群内频繁互动并分享共同价值观的有限数量的成员做出；中观层次的研究以英国学者为主，从政策网络的组织结构视角展开研究，如 Rhodes（1981）在分析英国中央与地方政府之间的关系中应用了政策网络概念，他将英国中央与地方政府关系看作是一场博弈，中央与地方通过配置它们所掌握的法律、组织、财政、政治和信息资源以获取利益并使自身对结果的影响最大化；宏观层次的研究以德国、荷兰学者为主，他们将政策网络视为在科层制、市场之间的第三种治理模式，是一种建立在科层制之外合作与协调基础上的结构关系。在此类划分的基础上，Tanya 和 Borzel（1998）将政策网络理论的微观视角与中观视角归为利益调节学派，将宏观视角归为治理学派。

Marsh 和 Smith（2002）归纳总结出政策网络的四种分析方法：Dowding 理性选择路径、McPherson 和 Raab 的个人相互作用路径、Laumann 和 Knoke 的正式网络分析路径、Marsh 和 Rhodes 的结构路径。他们认为，四种分析方法或关注网络成员或关注网络结构，网络与结果之间并不是简单的线性关系，应构建一种成员与结构相结合的辩证模型，即涉及三个辩证方面：网络结构与结构内成员之间的关系，网络与网络所处环境之间的关系，以及网络与政策结果之间的关系。

Rhodes（2006）则将政策网络研究概括为三种方式：描述性的、理论性的和规范性的，其中描述性的政策网络涵盖利益调停、组织间关系及治理三方面；理论性的政策网络涉及权力依赖与理性选择理论；规范性的政策网络是将其看作公共管理部门改革的现实问题。在此基础上国内学者基于政策网络的功能差异性，从三种视角理解政策网络，具体包括以描述性功能为主的"隐喻"视角、以解释性功能为主的"分析工具"视角和以规范性功能为主的"治理范式"视角（毛寿龙和郑鑫，2018）。描述性的政策网络认为，公共政策的制定过程体现了行动者之间因利益调节的需要而互相影响的过程，其目的在于确保政策结果符合行动者自身的利益；作为一种分析工具的政策网络关注政策过程中行动者间的结构关系、相互依赖、动态变化；作为治理范式的政策网络，被解读为一种特定的治理形式，即在资源广泛分布在公共部门和私营部门间的情景下，通过相对稳定、持续的关系网络调动和集中资源，达成协调一致行动以解决某一社会问题、实现政策目标。不同视角下的研究内容各有侧重，三者呈递进关系。作为"隐喻"的政策网络致力于描述政策网络类型；作为分析工具的政策网络，注重解释影响政策过程的因素；作为治理范式的政策网络，关注改进治理过程的制度机制。

四、政策网络与政策工具

在政策工具选择的研究中，有传统工具途径、修正工具途径、制度主义途径、公共选择途径和政策网络途径五种比较典型的研究途径（丁煌和杨代福，2009）。虽然不同途径对政策工具选择变量的理解存在一定的差异，但越来越多的学者认为政策网络对政策工具选择有重大影响，如布鲁金和坦霍伊维尔霍夫（2007）认为，不同层面的治理会选择不同的政策工具，政策网络为政策制定提供了机会，政策工具的应用又可以改变网络特征。布雷塞尔斯（2007）认为，政策网络在政策工具选择过程中起关键作用，不同的政策网络选择不同的政策工具（表 7-1）。

表 7-1　政策网络与政策工具选择的模型

政策网络特征	政策工具特征
强连贯性、强相互关联性	对于目标群体没有规范诉求，除非出现损害作为整体的目标群体的行为； 在目标群体行为与相关政府回应之间有较好的比例关系； 向目标群体提供额外的资源； 目标群体有支持或反对政策工具应用的自由； 双边的或多边的安排； 由政策制定者自己或下属组织进行的政策实施
强连贯性、弱相互关联性	对目标群体没有规范的诉求，除非出现损害作为整体的目标群体的行为； 在目标群体的行为与相关政府回应之间有较好的比例关系； 向目标群体提供额外的资源； 目标群体有支持或反对政策工具应用的高度自由； 缺乏双边安排； 由政策制定者自己或中介组织进行的政策实施
弱连贯性、弱关联性	对目标群体有规范诉求； 在目标群体的行为与相关政府回应之间不存在比例关系； 从目标群体那里抽取资源； 目标群体支持或反对政策工具应用的自由度低； 缺乏双边安排； 政策制定者以外方面的政策实施
弱连贯性、强相互关联性	对目标群体有规范诉求； 在目标群体的行为与相关政府回应之间不存在比例关系； 从目标群体那里有限地抽走资源； 目标群体在支持或反对政策工具应用的方面没有自由； 许多双边的或多边的安排； 由政策制定者自己或下属组织进行的政策实施

第二节 分 析 框 架

　　主体功能区配套政策的制定涉及不同层次、不同领域的众多行动者，这些行动者之间的关系如何，这些关系如何影响政策过程和政策结果，是我们建立健全配套政策需要研究的问题。政策网络理论可以为主体功能区配套政策的制定提供一个有效的分析工具。用政策网络模型分析主体功能区配套政策案例，可以充分透视政策形成的过程和规律，探索有效治理的出路。

　　首先，主体功能区配套政策涉及的主体数量众多。主体功能区配套政策是涉及多部门、多层次的、跨区域的政策，涉及范围广，影响深。在这一政策制定与实施的过程中，不同层级的政府及职能部门、自然资源的开发者、利用者、保护和修复者、消费者等众多主体都参与进来，成为积极的政策行动主体。虽然国务院与各省（区、市）政府之间是领导和被领导的关系，但国务院职能部门与省级政府之间在职级上是平级的，国务院职能部门与省政府职能部门之间是业务指导关系，相互之间不存在任何隶属关系，这种结构为国务院职能部门与省级政府及职能部门的合作提供了一个基点。

　　其次，主体功能区配套政策需要解决的政策问题复杂。在主体功能区建设中，自然资源国家所有和地方占有使用、自然资源政府管理与市场调节、自然资源开发利用和保护之间等存在各种矛盾、冲突。国务院和省级政府、省政府和市县政府之间是领导和被领导的关系，但是由于主体功能区规划比较宏观，而且没有法律约束力，因此省直辖市政府、市县政府可能根据自己的发展需求，选择执行政策。

　　最后，主体功能区多元主体的关系影响着主体功能区配套政策的制定和执行。在主体功能区建设中，为了追求各自的利益目标，多元的行动主体占据着不同的资源（自然资源产权、政治权威和行政权力、资金、信息、人员、技术和装备等），衍生出了错综复杂的网络关系。基于资源依赖理论不仅可以解释多元主体之间互动的动力，而且可以揭示多元主体采用各种策略来改变自己、选择环境和适应环境的能力，充分肯定其能动性。

　　因此，分析政策网络中不同行动者的互动可以帮助我们理解和优化主体功能区配套政策。通过政策网络理论，我们还可以对政策的实施效果加以预测与分析，推进后期政策的完善。本章的核心问题在于探讨主体功能区的政策网络特征如何影响政策工具的选择。不同的政策网络会选择不同的政策工具，政策工具选择的基本假设是：一种政策工具的特征越是有助于维持现有的政策网络特征，这种政策工具被选择的概率越高。

　　一般而言，政策网络包含两个要素：一是行动者或节点，即网络中的人、事、物；二是关系，即行动者或节点间产生的连结性质。网络行动者有数量上的差异和类型上的差异，网络关系则既表现为关系形式，如行动者间连结的密度、强度、频率，也表现为关系内涵，意指行动者间相互赞同彼此目标的程度。因此本章从三个层面分析个案中的政策网络。

一、政策网络的行动者

Rhodes 认为政策网络具有五种基本类型：政策社群、府际网络、专业网络、生产者网络与议题网络。其后，Marsh 和 Rhodes 对该分类进行了修正，认为政策网络是通称，政策网络的类型依据关系的紧密性形成一个谱系，关系紧密的政策社群与关系松散议题网络分别处于谱系的两端，两者之间存在众多其他的政策网络类型（Marsh and Rhodes, 1992）。主体功能区建设中涉及不同类型的主体，彼此之间形成不同的网络类型。本章为了描述方便，借助 Rhodes 的政策网络分类方法，具体如下：

1. 政策社群

政策社群是指影响政策制定的核心群体。主体功能区的政策社群主要由中共中央 国务院和国务院的职能部门组成。在主体功能区配套政策形成过程中，中共中央和国务院制定全国主体功能区规划，就主体功能区配套政策的制定提出总体要求。国务院职能部门依据规划要求和职责范围，出台相应的具体实施意见。这些行动者处于权力结构的顶端，享有高度决策权威，能够在主体功能区配套政策网络中发挥主导性作用。它们形成的是一种高度稳定的网络，其成员有限，相互依赖是建立在政治权威和行政权力的基础上，并与其他网络隔离。

2. 府际网络

府际网络主要指各级地方政府及部门，包括省（直辖市）政府及职能部门、县（市）级政府及职能部门。其中，省政府及职能部门既贯彻落实国家的政策，又根据地方的实际情况制定具体实施方案。府际网络作为政策社群的代理机构，负责将主体功能区配套政策的利益分配方案贯彻落实，并与生产者网络紧密联系，对其实施监管。但在现实中，具有"经济人"理性的地方政府不可避免地代表着本地区、本部门甚至是执行者自身利益诉求。相比中央政府，地方政府更易于从地方利益出发，决定行动策略，因此不同层级的地方政府在配套政策具体实施上会有不一致的行为选择并影响着最终的政策结果。

3. 专业网络

专业网络的主体是一些具有一定知识和技能的个体和组织，包括资源环境科学、经济学、政策科学等领域的研究者、智库团队、专业咨询公司等，他们为政策制定提供数据信息和咨询意见。专业网络具有实质性的垂直依赖关系，并与其他的网络有所隔离。

4. 生产者网络

生产者网络主要包括从事自然资源开发、利用、保护和修复的个人和企业。生产者网络内成员利益冲突显著，流动性强，但是他们与政府之间又存在相互依赖。生产者网络中开发利用者可以促进经济和社会发展，但是开发利用的负外部性造成自然资源市场配置的扭曲，保护和修复者则要求政府限制自然资源的开发，要求加强对开发利用者的监督管理。

5. 议题网络

成员复杂的议题网络主要包括自然资源的消费者、非营利组织、普通民众、新闻及网络媒体等多个行动主体。配套政策中的议题网络成员规模庞大，他们所占的社会资源不同，价值取向也存在分歧。包括重点生态功能区建设中经济、社会和环境利益的平衡问题，使得主体功能区配套政策制定和主体功能区建设面临困境。

二、政策网络的互动关系

政策网络治理发生作用的机理在于内部的行动者在频繁的互动中建立起基本的信任并达成共识，从而影响政策结果。在主体功能区建设中，我们借鉴布雷塞尔斯模型分析目前政策网络的特征。

1. 相互关联性

在政策网络中"相互关联性"是指行为者（个体、群体和组织）之间的互动的频率和紧密程度等。这种互动不仅是在相关政策形成过程中的接触，还指这些行动者在实际政策过程之外的关系，如正式的咨询机构或委员会，或中介群体和组织等，提供信息渠道，可以增进政策网络中的接触。

主体功能区建设中，不同网络之间的相互关联性不同。在相互关联性比较好的情况下，政策制定者和目标群体的互动越多，越可能选择具有较高回应性的政策工具。相互关联性不足的情况下，政策制定者就会选择一些不需要太多接触的政策工具，如价格补贴、命令禁止等工具。

2. 连贯性

连贯性是指个体、群体及组织对于各自目标相互同情的程度。具有较强连贯性的政策网络，政策制定者就会支持目标群体去实现目标，选择提供资源的手段，而较少采用"处罚"类强制的政策工具。

主体功能区配套政策是促进主体功能区建设的保障。在主体功能区建设中，连贯性表现为省级政府对国家主体功能区规划目标的认可，市（县）政府对省政府主体功能区规划目标的认可，还包括不同省和市（县）相互之间对各自目标的认可。行动者的目标认同涉及目标分配公平问题。虽然同一主体功能区的目标一致，但是不同省、不同市（县）在主体功能区的类型和数量不一致，因此在国土空间开发方面受到的限制不一样。地方目标得到上级认同，中央政府就会利用资源更多地支持地方目标；地方目标的相互认同，才能激发地方建设主体功能区的积极性和主动性。

3. 资源分配

资源是政策网络连接的基础，资源分配平等是促进关联性和连贯性的必要条件。主体功能区的划分本质上是国家作为所有者对地方开发利用自然资源权利的分配，而主体功能区配套政策则是国家利用其行政权力对个人或地方自然资源开发权利的调整。由于财政、投资、产业、土地、农业、人口、民族、环境、应对气候变化等政策对自然资源开发利用权利在不同程度上予以限制或补偿，因此主体功能区配套政策网络中不同行动者在行政权力、资金、信息等方面存在差异。

政策网络中行动者享有不同的权力资源。权力集中在一部分行动者手中，网络内部的部分行动者就会主导政策过程。权力平衡，缺少稳定的权力中心，网络内部就会采用市场、家庭或者志愿组织等志愿性政策工具进行自我管理。我国主体功能区建设中地方利益应当服从国家整体利益要求。《全国主体功能区规划》明确要求各地贯彻落实规划，优化国土空间资源，不仅确立了中央政府主导地位，而且明确地方政府只能根据地方的资源环境特点，在国家划定的主体功能区范围和配套政策范围内做出具体规定。

政策网络中行动者掌握不同的资金资源。国土空间资源的开发利用需要资金，国土空间资源的保护更需要资金。由于农业主产区和重点生态功能区受到的限制比较多，中央政府的转移支付可以保障这些功能区地方政府基本公共服务能力，促进重点生态功能区建设。另外，生产者网络和议题网络的社会资本，也可以参与国土空间资源的保护和修复，在公共设施的建设、市场补偿方面发挥积极作用。

政策网络中行动者有着不同的信息资源。国土空间资源优化配置，需要市场提供免费的、充分的信息。由于外部性问题，国土空间资源的开发利用者不会主动地提供信息，不同层次的公共资源管理者也存在道德风险和逆向选择问题，使得信息不对称问题比较突出。相对来说，各级政府及部门掌握着市场宏观运行状态，具有明显的信息优势；专家学者、研究机构及专业非营利组织则具备较强的数据收集和调查能力，对政策制定具有较强影响力；而普通消费者的信息资源少，他们虽然能从自身体验出发感知市场状况，或通过媒体的相关报道得知市场动向，但具有滞后性，难以对政策过程产生有效影响。

三、政策网络下的政策工具选择

政策结果是政策网络不同行动者应用自身资源影响政策过程的结果。从行动者的互动关系来看，政策网络具有四个主要特征：互动的强度、目标之间的连贯性、信息的分配和权力的分配等（布雷塞尔斯，2007）。在这四个特征中，虽然互动强度、连贯性、权力分配和信息分配都很重要，但是彼此之间还是有所区别。互动强度和关联性是网络的外在特征，而信息分配和权力分配可以视作影响互动和连贯性的内在因素。相互关联性和连贯性之间可能出现不同的组合，形成四种政策网络类型，而在每一种网络类型下，又有不同的资源（权力、信息等）选择。

一是强关联性和强连贯性，即行动者之间的互动较多，行动者之间对各自的目标认同。在强关联性的情形下，权威机关和目标群体之间有频繁的互动，权威机关可以了解目标群体的需求，并对目标群体的需求做出及时有效的回应。在强连贯性的情形下，权威机关会利用自身资源支持目标群体实现自己的目标，较少使用政治权威。这种情形下，政策制定者选择的政策工具就是提供资源，支持目标群体实现自己的目标，目标群体也有支持或反对政策的自由。这时形成的政策工具就会较多地运用志愿性政策工具，而很少采用管制型的政策工具。

二是弱关联性和强连贯性，即行动者之间的互动较少，但是彼此之间在目标上能够认同。在这种情形下形成的政策虽然不对目标群体提出义务要求，但是中央政府需要借助其他组织推动政策实施，因此选择的政策工具是混合型政策工具。

三是强关联性和弱连贯性，即行动者之间有较多的互动，但是彼此对各自的目标并不完全认同。这种情形下形成的政策往往要求目标群体履行义务，通过协议或者其他方式强化目标群体的责任，确保目标群体合作。

四是弱关联性和弱连贯性，即行动者之间的互动较少，彼此对目标也缺乏认同。政策制定者为了实现自身的政策目标，就会采用抽取资源的方式，选择的政策工具将是以管制为主。

第三节　研　究　设　计

一、研究目的和研究方法

本章研究的目的在于从政策网络的视角分析不同行动者之间的关系，以及这些关系对政策工具选择的影响。由于主体功能区配套政策的网络特征无法依赖已有的文献和实证结果来解释和说明，因此，利用案例来研究行动者对政策形成的作用机理非常有必要。

案例研究是众多社会科学研究方法中的一种，适用于分析当前现实生活背景下的实际问题，对既有现象进行描述、解释或探索，回答"怎么样"和"为什么"的问题。多案例研究更适合进行理论建构，并通过对政策网络案例的逐项复制和差别复制，将理论假设与实际问题连接起来，保证研究的效度。

二、案　例　选　择

由于案例研究法是通过对某个（或某几个）案例的研究来达到对某一类现象的认识，而不是对样本所在总体的认识，因此选择的案例要具有"典型性"。在选择"典型性"案例的过程中，单案例虽然能用来说明某方面的问题，但是对于理论的形成是远远不够的，因此在实践过程中，研究者往往利用多案例研究法，通过对各个案例得到的研究结论进行比较、归纳和总结，从而提炼出更加全面和更有说服力的结论。

本章选择 5 个典型性案例开展研究。案例选择的标准如下：一是在主体功能区中具有代表性，涵盖不同的主体功能区类型。二是在不同地区具有代表性。东部地区经济发展水平比较高，受到的限制比较少。中部主要是农产品主产区，经济发展水平因粮食安全保障受到一定的影响。西部省份生态环境比较脆弱，重点生态功能区比较多，经济水平相对落后。三是可以进行多重验证。多案例研究需要遵守逐项复制和差别复制的原则，基于政策网络案例中的行动者、行动者的互动关系、政策输出等进行案例内分析和案例比较研究，透视政策过程。根据以上标准，本书选定的案例为：陕西省、贵州省、青海省、安徽省和浙江省。

三、数 据 来 源

数据的获取可以通过文件法规、档案记录、访谈、直接观察、参与性观察和实物证据等（罗伯特，2016）。本章主要通过访谈和直接观察、政策文件、政府报告获取案例的有关数据。

访谈是最重要的一种直接接触研究对象，获取第一手资料的手段。访谈均采用正式的半结构化访谈与非正式访谈相结合，每次面对面的正式访谈时间平均为 2～4 小时，且至少有 10 人参与访谈过程，访谈以交互问答的形式进行，以访谈提纲为主线，但不严格按照访谈提纲的结构顺序进行提问，并根据受访者的回答进行相关的细节延伸。这种方法能够通过与有关人员的交流保证资料的真实性和丰富性，还能够通过与有关人员的双向沟通把模糊的问题辨识清楚[①]。

二手资料来源于政策文件、政府汇报材料、报刊和网络媒体报道、中国知网，信息相对客观翔实，可以规避收集数据时受访者主观因素的影响，或者访谈者对受访者言语的片面理解，减少访谈者或受访者所带来的偏差，提高效度。其中，省级主体功能区规划是各省贯彻落实《全国主体功能区规划》的政策文本，内容全面，可以反映主体功能区配套政策的基本概貌。

本书建立了案例研究资料库，实时更新相关信息，同时案例的数据收集遵循多种数据的"三角验证"规则，将矛盾与模糊的信息予以剔除，以避免失效信息带来偏差，从而保证数据的效度和信度。开展资料收集工作时，研究组成员首先研究政策网络理论明确所需收集的资料，制定访谈要点及应急处理问题，在此基础上对选定案例对象进行深度访谈。案例收集过程中，研究组成员根据访谈要点对涉及的部门和地方人员作现场访谈或电话访谈。访谈方式为半结构化方式，并尽可能获得书面资料。获取的资料以录音、文字记录等形式保存备用。访谈结束后，研究组成员对数据进行整理，形成案例报告，为研究工作提供可供追溯的证据链条，并可以利用不同来源的数据进行相互印证。本书共收集政府发文、政府汇报、政府信息公开、媒体新闻等约 10 万字的文字资料、相关人士采访资料等作为案例分析的基础资料。

---

① 本章未说明来源的数据均来自作者所作的访谈资料。

第四节 案例内分析

政策是网络中行动者之间互动的结果。主体功能区配套政策形成中的网络结构及行动者间关系，是决定其政策轨迹的核心要素。在地方制定和执行主体功能区配套政策的过程中，不同行动者形成相对独立的政策网络。考虑不同主体功能区的类型，以及所在的不同区域，选择东中西部有代表性的省份予以介绍。

一、陕西省主体功能区建设中的配套政策网络分析

1. 案例基本情况[①]

陕西省位于中国西北部，横跨黄河和长江两大流域，是连接中西部地区的重要枢纽。全省总面积 20.58 万 km^2，下辖 1 个副省级城市、9 个地级市。陕西省从北到南依次为陕北高原、关中平原和秦巴山地，高原和山地居多，平原较少。其国土空间资源开发面临的主要问题是可利用的土地资源少、水资源分布不平衡、生态环境脆弱，以及经济发展水平空间差异大。

《陕西省主体功能区规划》是《全国主体功能区规划》的组成部分。依据陕西省规划，陕西省的主体功能区划分为重点开发区域、限制开发区域和禁止开发区域三类，见表 7-2。重点开发区有国家重点开发区和省重点开发区，其中国家重点开发区包括关中地区和榆林北部地区，总面积 $33836km^2$，占全省的 12.6%。省重点开发区包括延安市、汉中市和安康市的三个区块 4 个县（区），总面积 $7634km^2$，占全省面积的 3.7%；限制开发区有农产品主产区和重点生态功能区。农产品主产区主要包括渭河平原小麦主产区、渭北东部的粮果区、渭北西部农牧区、洛南特色农业区，总面积 $31269km^2$，占全省面积的 15.2%。重点生态功能区（国家级和省级）占地 64.6%。其中省国家重点生态功能区包括西安、宝鸡、延安等 7 市 33 县，总面积 $81202km^2$，占全省面积的 39.4%。省重点生态功能分布在陕北黄土高原南部和秦岭山地东部，包括铜川市宜君县、延安市延长县、延川县等 10 县，以及其他一些生态功能比较重要的地区，总面积 $51859km^2$，占全省面积的 25.2%；陕西省境内共有国家层面禁止开发区域 64 处，面积约 $9435km^2$，占全省面积的 4.6%。省级禁止开发区域 343 处，面积约 $15200km^2$，占全省面积的 7.4%。扣除相互重叠的面积，全省各类禁止开发区域实际面积 $22949km^2$，占全省面积的 11.1%。

表 7-2 陕西省主体功能区划分情况

类型	重点开发区		限制开发区				禁止开发区	
			农产品主产区		重点生态功能区			
级别	国家级	省级	国家级	省级	国家级	省级	国家级	省级
面积/km^2	33836	7634	31269		81202	51859	9435	15200
占比/%	12.6	3.7	15.2		39.4	25.2	4.6	7.4

① 数据来源于《陕西省主体功能区规划》。

从陕西省规划可以看到，陕西省近85%的国土空间区域属于限制开发区和禁止开发区，超过75%的国土空间区域是重点生态功能区和禁止开发区。在这种资源环境状况下，要满足人口增长、经济发展和城镇化发展需要，需要主体功能区配套政策在高效利用国土空间资源，保护农业空间和生态空间方面发挥更大的作用。

2. 配套政策网络及其互动关系

在陕西省主体功能区建设中，配套政策网络是伴随着陕西省规划的编制而逐步形成的。2007年国务院印发《关于编制全国主体功能区规划的意见》后，陕西省专门下发《陕西省关于编制全省主体功能区规划的实施意见》，安排各市（县）和省级政府部门参与陕西省主体功能区规划编制工作，并于2008年年底编制形成了《陕西省主体功能区规划》（草案）。国务院通过《全国主体功能区规划》（2010年）之后，陕西省政府修改和审议通过《陕西省主体功能区规划》草案，并于2011年6月、2012年6月、2012年11月根据国家发展和改革委员会的意见，对照《全国主体功能区规划》作了三次修改和细化，最终形成《陕西省主体功能区规划》，于2013年3月正式印发。由此可见，在陕西省规划编制过程中，国家发展和改革委员会、陕西省政府及职能部门形成了一个政策网络。

省级规划出台之后，陕西省政府和市（县）政府及部门之间也有协调和沟通，如2018年11月，陕西省城固县就县发展和改革委员会编制形成的《城固县主体功能区规划（征求意见稿）》，组织召开规划征询意见会。参会的17个镇（办）和有关部门分管负责人就规划内容讨论和提出了修改意见，然后县发展和改革委员会在根据意见建议修改完善后，报请省政府进行审定[①]。可见，县级政府在省级规划出台之后才开始编制规划，落实国家和陕西省主体功能区规划布局要求。

从陕西省制定和执行规划及配套政策的情况来看，中央政府及职能部门、地方政府及其职能部门构成相对封闭政策社群，处于整个网络的中心，掌握着政策制定的主导权。研究机构、专家学者位居核心网络的边缘，拥有一定的通过地方政府及职能部门表达利益的机会，能对配套政策产生一定的影响，而自然资源的开发者、利用者、自然资源的保护与修复者、普通民众位居整个网络之边缘，拥有最小的表达利益的机会，仅能对配套政策产生微弱的影响。

1）相互关联性

相互关联性是指不同行动者之间的互动频率、强度，目的是使政策制定者对目标群体的需求做出回应。陕西省生态环境脆弱，从2008年起就获得中央政府对重点生态功能区的转移支付资金。最初补助范围是省南水北调中线水源地——汉中、安康、商洛3市的28个县（区），2016年随着重点生态功能区（县）的增加，补助范围扩大到黄土高原丘陵沟壑水土保持生态功能区和秦岭北麓相关县（区）。

绩效考核也是不同行动者之间互动的一种方式。全国规划出台之后，2014年陕西省制定省级主体功能区规划时，除了文字上增加"调整完善现行目标责任考核制度"之外，与全国规划并无区别。2012~2018年财政部和农业农村部（含原农业部）、林业局、

① 发改局组织召开我县《主体功能区规划》意见征询会. 2018-11-29. http://www.chenggu.gov.cn/ news/bmdt/82142. htm. 2019-06-10.

水利部等先后联合下发有关农业补助、草原补助、林业补助、水利发展资金、重点生态功能区转移支付的管理办法，要求加强资金管理，对资金使用情况进行绩效考核。陕西省 2018 年在《陕西省完善主体功能区战略和制度的实施方案》之中，才对差异化绩效考核政策进行了明确。

应该说，在配套政策形成的过程中，中央和省级政府、省级政府与市（县）政府的互动有所体现，但是这种互动强度和互动效果都有待加强。陕西省全省生态功能极重要区面积 80632.97km^2，生态极敏感区面积 22766.63km^2，二者叠加（扣除重叠面积）总面积 95842.12km^2，占全省面积的 46.61%[①]。目前各方对转移支付能否补偿陕西省限制自然资源开发造成的损失意见不一。尽管国家每年对重点生态功能区的转移支付是 26 亿元左右，但是陕西省仍然觉得不足，建议"国家加大转移支付力度"[②]。另外，针对一些具体的问题，政策主体缺乏回应，如生态红线保护的原则是强化用途管制、严禁任意改变用途，而限制开发区中的重点生态功能区可以是点状开发、面上保护的空间格局，生态红线保护与主体功能区规划的规定不一致。陕西省红线范围内大多是生态环境极为重要和敏感的地区，红线范围内是否容许点状开发，已有的开发项目，如国防和风、电等基础设施项目、非生态用地如何处理等，都急需政策明确。

2）连贯性

在规划编制过程中，国家发展和改革委员会与陕西省政府及职能部门在确定规划目标的过程中有协商和讨论，主要涉及[②]：一是核实了耕地保有量、基本农田、林地面积和森林覆盖率等规划指标；二是在规划原则中强化了对生态保护、耕地保护、节约用水等的要求；三是规范并完善了禁止开发区域相关内容，增补了国家湿地公园和水产种质资源保护区两个类别禁止开发区域并明确了管制原则。2016 年陕西的重点生态功能区进行了调整，国务院同意将宜川县、黄龙县和洛南县纳入新增的重点生态功能区名单。

应当说，在主体功能区目标确立的过程中，政策社群和府际网络在部分目标上实现了相互认同。不过，陕西省矿产资源比较丰富，而全国规划对此少有提及。生态红线范围内是否可以开展勘查，生态工程能否勘查和勘查到什么程度，产业准入负面清单是否应当考虑产业开发规模，资源安全和生态安全的矛盾如何协调，规划和生态红线划定之后，原有企业如何处理都是政策中必须明确的问题。由于政策不明确，违法违规问题比较突出，重点生态区域环境破坏较为严重。其中陕西秦岭区域 270 多处矿山开采点中，60%以上存在违法违规问题，生态破坏面积多达 3500hm^2。目前秦岭地区违法违规采矿采石行为虽然依法强制停止，但资源整合、有序退出、生态恢复等任务仍然艰巨[③]。

3）资源分配

资源分配是指不同行动者之间在权力、资金和信息方面的权利分配。从陕西省的情

---

① 《陕西省生态红线划定方案》（征求意见稿）. 2018-07-19. http://huanbao.bjx.com.cn/news/20180719/ 914367-4.shtml. 2019-9-10.
② 陕西省主体功能区战略和制度实施情况的汇报和访谈，2018 年 12 月。
③ 第二批中央环保督查反馈问题 秦岭生态破坏面积超过 3500hm^2.2017-04-12. http://news.ifeng. com/a/ 20170412/ 50924292_0.html. 2019-6-10.

况看，不仅行动者的权力、资金等分配不平衡，在信息方面也存在不平衡的情况。

配套政策的制定需要在资源环境承载力评价基础上，调整现有开发强度及未来开发计划，促进空间资源的可持续开发利用。2016 年陕西省人民政府办公厅发布《陕西省生态环境监测网络建设工作方案》，目的是整合环境保护、气象、国土资源、住房城乡建设、交通运输、水利、农业、卫生计生、林业、公安、质监、测绘地信等部门的环境质量、污染源、生态状况等监测数据，建设互联共享的生态环境监测信息数据资源体系，实现环境质量、重点污染源、生态状况监测的全覆盖，使生态环境监测数据准确反映生态环境质量及变化趋势、污染源排放状况、潜在的生态环境风险、生态环境建设成效[①]。2017 年，陕西省委托长安大学开展全省的资源环境监测预警工作，对全省所有县级行政单元内的土地资源、水资源、环境和生态等基础要素进行全覆盖分析试评价，识别承载能力状况，形成了《陕西省资源环境承载能力监测预警试评价报告》，并上报国家发展和改革委员会。总的来看，地方政府在信息方面比中央政府具有优势，但是地方政府部门的数据库，分别依据中央部门的要求建立，"信息鸿沟"并未消除，部门之间的信息共享机制尚未形成。

3. 政策工具选择

相关性和连贯性是政策网络的特征，由于目前的政策网络中上下级政府及部门的互动强度不高，连贯性呈现不足，因此上下级政府在选择主体功能区配套政策工具方面趋向一致，即中央政府部门选择对重点生态功能区转移支付时，配合实行红线划定、产业准入等强制性政策工具，陕西省在落实国家主体功能配套政策时也主要应用这些政策工具。

财政转移支付。陕西省享受重点生态功能区转移支付的县为 73 个，其中重点补助县 43 个，禁止开发县区 16 个，引导补助县 14 个。2008 年，财政部下达省重点生态功能区转移支付资金 10.96 亿元，2016～2018 年，中央财政分别下达给陕西省重点生态功能区转移支付 26.75 亿元、28.72 亿元、28.57 亿元。陕西省将国家的转移支付分配到相关县（区）时，主要参照财政部的规定，并建立报备制度加强管理。补偿对象和补偿标准具体包括：一是对限制开发区的县按照其标准财政收支缺口及补助系数进行补助；二是对禁止开发区的县按照其禁止开发区域面积及补助系数进行补助；三是对生态功能较为重要的引导县区按照其标准收支缺口给予适当补助；四是对生态文明示范工程试点县进行定额补助；五是对贫困县生态护林员进行补助[②]。

生态红线划定和管控。2014 年 1 月，环境保护部下发了《国家生态保护红线生态功能红线划定技术指南（试行）》，陕西省根据国家要求启动生态保护红线划定工作，完成了《陕西省生态保护红线划定技术报告》。2015 年 5 月，环境保护部依据新环保法对划定技术指南进行修订之后，陕西省根据新修订的技术指南，编制完成了《陕西省生态保护红线划定方案》，于 2016 年 11 月通过审议并报环保部备案。2017 年 2 月，中办、国办印发的

① 陕西省办公厅关于印发《陕西省生态环境监测网络建设工作方案》的通知.2018-07-19.http://sthjt.shaanxi.gov.cn/zl/ggcx/2017-01-08/5191.html.2019-06-10.

② 陕西省人民政府关于改革和完善省以下财政转移支付制度的实施意见. 2015-07-18.http://www.jingbian.gov.cn/gk/zfwj/szfwj/38939.htm.2019-06-10;陕西省主体功能区战略和制度实施情况的汇报和访谈，2018 年 12 月。

《关于划定并严守生态保护红线的若干意见》（2017 年）要求"划定并严守生态保护红线，实现一条红线管控重要生态空间"，陕西省委、省人民政府结合省内实际情况，发布《陕西省划定并严守生态保护红线工作方案》。2017 年 12 月，陕西省环境保护厅、发展和改革委员会联合印发《陕西省生态保护红线划定技术方案》（2017 年），明确地方各级党委和政府是严守生态保护红线的责任主体，不仅建立目标责任制，把保护目标、任务和要求层层分解，而且建立生态保护红线保护成效考核机制，将评价结果作为党政领导班子和领导干部综合评价的重要参考，并依据评价结果安排县域生态保护补偿资金的分配。

产业准入负面清单。2016 年 9 月国务院做出《关于同意新增部分县（市、区、旗）纳入国家重点生态功能区的批复》，要求新纳入的县（市、区、旗）在享受财政转移支付等优惠政策的同时，要尽快制定产业准入负面清单，严格实行重点生态功能区的产业准入负面清单制度。2018 年 2 月，陕西省印发《陕西省国家重点生态功能区产业准入负面清单（试行）》，明确各县（区）政府是负面清单的责任主体，分两批要求 36 个重点生态功能区县编制和实施产业准入负面清单，加强产业分类管控，并作为考核国家重点生态功能区建设成效，以及落实财政转移支付政策的重要依据。

综上所述，陕西省在编制和执行省级主体功能区规划过程中，形成以不同层级政府及职能部门、相关研究机构等行动者的配套政策网络。由于网络中行动者之间的相互关联性和连贯性不高，资源分配不平衡，陕西省主要是执行政策，即在国家规定的范围内，结合地方资源环境状况对政策予以细化，所选择的政策工具以管制和补贴为主。

二、贵州省主体功能区建设中的配套政策网络分析

1. 案例的基本情况[①]

贵州省，地处中国西南，是西南交通枢纽，全省国土总面积 17.62 万 km²，占全国的 1.8%，下有 9 个地级行政区划单位和 88 个县级行政区划单位。贵州省地处云贵高原，境内地势西高东低，自中部向北、东、南三面倾斜，高原山地居多，水资源和矿产资源丰富。其国土空间开发的问题主要表现为土地资源短缺、能源矿产资源开发利用率不高、水资源时空分布不均、生态环境脆弱和区域发展不平衡。

《贵州省主体功能区规划》是《全国主体功能区规划》的组成部分。贵州国土空间划分为重点开发区、限制开发区和禁止开发区三类，每类又分为国家和省级两个层面，见表 7-3。贵州省国家和省级重点开发区域共 32 个县级行政单元，总面积 4.39 万 km²，占全省面积的 24.93%；贵州省限制开发区中的农产品主产区都是国家级，共有 35 个县级行政单元，同时，还包括织金等 5 个县中的部分乡镇，面积 83251.01km²，占全省面积的 47.26%。重点生态功能区共包括威宁、罗甸等 21 个县级行政单元，占全省面积的 27.81%。其中国家重点生态功能区有 9 个县级行政单元，区域总面积 26441km²，占全省面积的 15.01%；省级重点生态功能区有 12 个县级行政单元，区域总面积 22556.7km²，占全省面

---

① 数据来源于《贵州省主体功能区规划》。

积的 12.8%；贵州省禁止开发区域分为国家和省级两个层面，包括各类自然保护区、文化自然遗产、风景名胜区、森林公园、地质公园、重点文物保护单位、重要水源地、重要湿地、湿地公园和水产种质资源保护区，区域面积 17882.67km^2，占全省总面积的 10.16%。

表 7-3　贵州省主体功能区划分情况

类型	重点开发区		限制开发区			禁止开发区	
			农产品主产区	重点生态功能区			
级别	国家级	省级	国家级	国家级	省级	国家级	省级
面积/km^2	30602.06	13317.19	83251.01	26441	22556.7		
总面积/万 km^2	4.39			13.225		1.79	
占比/%	24.93			75.07		10.16	

从上面的数据可以看到，贵州省超过 3/4 的区域属于限制开发区和禁止开发区。如何通过配套政策，提高贵州省的国土空间利用效率，保护贵州省的生态环境，促进贵州省城乡和区域协调发展是贵州省主体功能区建设中的关键问题。

2. 配套政策网络及互动关系

贵州省主体功能区建设中的配套政策网络也是伴随着主体功能区的划分而形成的。贵州省主体功能区规划编制工作于 2007 年年底开始启动，并专门成立了贵州省规划编制工作领导小组和贵州省规划专家委员会，形成以省发展和改革委员会主任为组长，各部门、各市州和研究单位负责人为成员，各有关部门和科研院所专家参与的政策网络。省发展和改革委员会组织起草了贵州省主体功能区规划初稿之后，省政府组织召开各市（州）政府和省直有关部门会议，征求各地区、各部门意见，并根据各地区、各部门的意见和建议反复修改了 7 次，最终形成了《贵州省主体功能区规划（2010～2020 年）》。该规划报国家发展和改革委员会批准，于 2013 年 5 月印发实施。从贵州省主体功能区规划（包括配套政策）制定过程来看，配套政策网络主要由中央政府部门、地方政府及职能部门、研究机构和专家构成。

1）相互关联性

国家发展和改革委员会与贵州省政府在贵州省规划编制过程中有过多次互动，规划出台之后也有互动。2013 年 12 月贵州作为新成员，正式被纳入长江经济带之中，被界定为长江、珠江上游重要的生态屏障，以及水源涵养地和生态功能区。新的身份对贵州省的资源环境承载力提出了更高的要求，贵州省也积极努力争取国务院及部门的支持。2016 年贵州省发展和改革委员会按照国务院部署，组织各地申报国家重点生态功能区，并多次赴国家发展和改革委员会汇报沟通，后经国务院批准，将赤水、习水、江口、石阡、印江、沿河、黄平、施秉、锦屏、剑河、台江、榕江、从江、雷山、荔波、三都 16 个县（市）新增纳入国家重点生态功能区[①]。随着贵州省国家级重点生态功能县（市）增至 25 个，中央对地方转移支付数额也大幅增加，从 2016 年的 42.22 亿元增长到 2018 年的 52.81 亿元。

[①] 贵州 25 县（市）纳入国家重点生态功能区.2016-11-06.http://www.gov.cn/xinwen/2016-11/06/content_5129250.htm. 2019-07-15.

虽然中央政府转移支付增加，但贵州省主体功能区规划对绩效考核并没有做出特别的规定，只是贯彻落实国家政策，探索建立差别化的考核评价体系，首批取消对雷山县等10个国家重点生态功能区县的GDP考核，加大生态环境保护、居民收入增长、旅游产业发展等相关指标的权重，探索农产品主产区的考核评价办法。

2）连贯性

配套政策是促进主体功能区建设的保障。贵州省规划中主体功能区分为重点开发区、限制开发区和禁止开发区，但是前两项的占比却占到全省面积的100%，如表7-3所示。贵州省规划中限制开发区中国家级和省级重点开发区域占全省的24.93%，省内以县级行政区为基本单元的省级重点开发区域占全省的7.56%。而依据访谈和汇报材料[①]，国家层面的重点开发区域占全省的23.17%；省级层面的重点开发区域占全省的49.01%。由此可见在贵州省规划编制过程中，不同层级政府之间并没有就目标达成一致。

贵州省在主体功能区建设中，资源环境问题比较突出。一方面，贵州省生态区位重要，地处长江、珠江上游，亟须通过绿色发展，构建起两江上游的生态屏障。另一方面，贵州人口多，耕地面积少，经济实力较弱，如纳入国家重点生态功能区的25个县（市）全部为国家级贫困县或集中连片特殊困难县（区）。因此引导各县在不损害生态系统功能的前提下，因地制宜发展旅游、农林牧产品加工和观光休闲农业，为当地居民提供生活保障，是贵州主体功能区建设的关键。在国家转移支付不足以覆盖全部农产品主产区和重点生态功能区的情况下，更需要探索多元化生态补偿机制，鼓励社会资本投向生态建设、环境保护和绿色产业等领域，建立政府引导、市场推进、社会参与的生态补偿和生态建设投融资机制。如何保证农产品安全、生态安全，如何在经济发展、农产品安全、生态安全之间保持平衡，有待不同行动者之间达成目标共识。比较而言，目前的政策网络中，政策社区、府际网络和专业网络的联系比较紧密，但是生产者网络和议题网络还游离在政策网络之外。

3）资源分配

贵州省是一个多民族集中居住的省份，全省88个市（县、区）中有46个属于民族自治区域，占比52.3%，其中有36个是国家扶贫开发工作重点县，占比78%。这些民族地区中又有较多的地方属于限制开发区或禁止开发区[②]。虽然民族地区可以在国家的政策范围之内，根据地区的实际情况进行调整，《全国主体功能区规划》也提出要充分落实民族政策，提升民族地区公共服务的水平。不过由于没有细化的可行性方案，一些少数民族地区制定了更严格的政策，如贵州平塘县境内生活着以布依族、毛南族、苗族为主的24个民族，2016年贵州平塘县发布《贵州省平塘县国家重点生态功能区产业准入负面清单》，所列产业准入负面清单均严于国家《产业结构调整指导目录》[③]。

信息共享是行动者有效互动的保障。2016年9月，国家发展和改革委员会等13部门联合下发《资源环境承载能力监测预警技术方法（试行）的通知》（2016年）之后，

---

① 贵州省主体功能区战略和制度实施情况的汇报和访谈，2018年11月。

② 数据来源于《贵州省主体功能区规划》。

③ 贵州省平塘县国家重点生态功能区产业准入负面清单. 2018-03-25. http://www.httdsj.com/article/article_2861. html. 2019-07-15.

贵州省政府组织省经信委、省财政厅、省国土资源厅、省环保厅、省住房建设厅、省交通厅、省农委、省水利厅、省林业厅、省统计局、省地震局、省气象局、国家统计局贵州调查总队、贵州师范大学制定并印发《贵州省开展资源环境承载能力评价工作方案》，成立工作小组和领导小组，以县级行政区为单元，开展土地资源、水资源、环境、生态等基础评价和城市化地区、农产品地区、重点生态功能区专项评价①。2018 年贵州省办公厅印发《贵州省生态环境监测网络与机制建设方案》，建立统一的生态环境监测网络，以实现环境质量、重点污染源、生态状况监测的全覆盖，实现各部门监测数据互联共享。这些信息平台或网络都分别基于中央各部门的要求建立起来，条条之间有一些互动，但是部门的信息还没有实现整合，网络互联互通的机制并没有建立。

3. 政策工具的选择

贵州省在编制省级主体功能区规划时基本遵循国家的要求，没有对配套政策做出特别的规定。在 2016 年重点功能区名单调整之后，则着重执行中央政府的转移支付，落实生态红线管控和负面清单要求。

（1）转移支付。贵州落实国家重点生态功能区财政转移支付政策，所采取的主要方式是②：一是严格按照财政部规定，除继续根据国家重点生态功能区的生态环境质量考核结果实施奖惩外，还将根据生态环境等部门考核结果，对生态环境质量变差、发生重大环境污染事件、主要污染物排放超标、实行产业准入负面清单不力和生态扶贫工作成效不佳的地区予以扣减转移支付资金；二是各市（县、区、特区）要将转移支付资金按照规定，用于保护生态环境和改善民生，加大生态扶贫资金投入。对违反规定使用的，按照《财政违法行为处罚处分条例》等进行处理；三是下达资金较上年的增量部分主要用于化解地方政府债务风险。这些措施虽然在一定程度上，将市（县）补偿和损失挂钩，但是因为损失界定不清楚，导致分配可能有失公平。

（2）生态红线划定。2018 年 2 月《贵州省生态保护红线管理暂行办法》除了明确规定红线的类型之外，与国家的要求没有区别，都是严格限制和禁止生态红线区范围的建设活动，建立领导干部任期目标责任制，强化责任追究。

（3）负面清单。国家发展和改革委员会印发《关于建立国家重点生态功能区产业准入负面清单制度的通知》（2015 年）之后，2016 年 7 月贵州省发展和改革委员会先将 9 个县纳入国家级重点生态功能区，实行产业准入负面清单制度。2018 年 3 月省政府办公厅印发《贵州省开展市场准入负面清单制度改革试点实施方案》，试行市场准入负面清单制度，加强与"证照分离"改革的联动，建立健全与市场准入负面清单制度相适应的市场准入机制、行政审批制度、综合监管体系，以及法律法规等相关配套制度③。2018

---

① 《贵州省资源环境承载力评价工作》项目单一来源（成交）公告. 2017-04-01.http://www.ccgp.gov.cn/cggg/dfgg/dylygg/201704/t20170401_8070458.htm.2019-07-15；贵州省主体功能区战略和制度实施情况汇报和访谈，2018 年 12 月。

② 贵州省财政厅关于下达 2018 年重点生态功能区转移支付资金的通知.2018-09-21.http://czt.guizhou.gov.cn/zwgk/xxgkml/zcwj/bmwj/201812/t20181221_28677301.html.2019-07-15.

③ 贵州省印发开展市场准入负面清单制度改革试点实施方案. 2018-03-22. http://www.fzshb.cn/2018 /yw_0322/30646.html.2019-07-15.

年 9 月贵州省发展和改革委员会印发《贵州省新增 16 个重点生态功能区县（市）产业准入负面清单（试行）的通知》，要求对新增 16 个国家重点生态功能区在享受国家转移支付等优惠政策的同时，对本地区的产业准入进行严格管控。

综上所述，贵州省在编制和执行省级主体功能区规划过程中，形成以不同层级政府及职能部门、相关研究机构等行动者组成的配套政策网络。贵州是一个多民族集中居住的地方，且多数属于贫困地区，需要行动者之间根据地方的资源环境状况选择制定一些更精准的政策，但是从实际情况看，行动者之间的相互关联性和连贯性不足，虽在资源分配方面有一些优势，但所选择的政策工具也以管制和补贴为主。

三、青海省主体功能区建设中的配套政策网络分析

1. 案例基本情况[①]

青海省位于中国西部，地处青藏高原东北部，全省面积为 71.75 万 km²，居全国第 4 位，下辖 6 个民族自治州和 8 个县级行政单位。青海省是长江、黄河、澜沧江的发源地，地貌以高原山地为主，大体分为祁连山地、柴达木盆地和青南高原三个自然区域类型，地形复杂多样，资源丰富。其国土空间开发的问题主要表现为可供开发的国土空间小，生态功能呈退化趋势，空间布局不均衡，区域经济发展不平衡等。

《青海省主体功能区规划》是《全国主体功能区规划》的组成部分。青海省的主体功能区划分为重点开发区、限制开发区和禁止开发区三类，没有优化开发区域，见表 7-4。其中重点开发区域包括东部重点开发区域和柴达木重点开发区域，属国家级兰州-西宁重点开发区域，面积为 7.3 万 km²，占全省面积的 10.18%；青海省限制开发区域包括国家级三江源草原草甸湿地生态功能区、祁连山冰川与水源涵养生态功能区和省级东部农产品主产区、中部生态功能区，面积为 41.41 万 km²，占全省面积的 57.71%；青海省的禁止开发区域包括国家级自然保护区、国家风景名胜区、国家森林公园、国家地质公园等 20 处，面积 22.11 万 km²；省级禁止开发区域有省级自然保护区、国际重要湿地、国家重要湿地、省级风景名胜区、省级森林公园、湿地公园、省级文物保护单位、重要水源保护地等 437 处，面积为 3.81 万 km²。国家级、省级禁止开发区域面积 25.92 万 km²，扣除重叠面积后为 23.04 万 km²，占全省总面积的 32.11%。

表 7-4　青海省主体功能区划分情况

类型	重点开发区	限制开发区			禁止开发区	
		农产品主产区	重点生态功能区			
级别	国家级	国家级	国家级	省级	国家级	省级
面积/万 km²	7.3		41.41		23.04	
占比/%	10.18		57.71		32.11	

---

① 数据来源于《青海省主体功能区规划》。

由于其特殊的资源环境状况，青海省近90%的地区属于限制开发区和禁止开发区，可供开发利用的空间小，经济发展受到的影响比较大。如何遏制生态退化趋势，提高空间利用效率，促进人口、经济、资源和环境协调是落实主体功能区规划的重要问题。

2. 政策网络及互动关系

青海省规划编制也经历了一个多次互动的过程。2007年国务院印发《关于编制全国主体功能区规划的意见》之后，青海省发展和改革委员会按照国家的部署和省委省政府的安排，先后组织开发建设空间地理信息系统，调研编撰《青海省主体功能区规划基础研究报告》，并广泛吸纳各地方、各部门的意见形成《青海省主体功能区规划》初稿。之后，多次与国家发展和改革委员会沟通，反复修改完善，最终于2014年3月出台。主体功能区配套政策是主体功能区规划的一个部分，因此青海省主体功能区建设中的配套政策网络也主要由不同层级的政府及部门组成。

1）相互关联性

比较而言，青海省政府与中央政府的互动比较多。2011年3月在全国人大会议上，青海代表团就提出在现行中央财政转移支付体系下，要充分考虑青海独特的地理、气候条件而造成的一些特殊性成本差异，适当提高转移支付系数，进一步加大对青海的均衡性转移支付力度，逐步缩小青海特别是藏区与内地省份的基本公共服务水平差距[1]。之后的2011年7月，《国家重点生态功能区转移支付办法》便将青海三江源作为国家重点功能区纳入国家均衡性转移支付的范围。虽然2016年国务院批准新增国家重点生态功能区名单中没有青海省，但是青海省在已有40个县享受国家重点生态功能区转移支付的基础上，积极向国家争取资源，又争取新增大通等4县纳入转移支付范围，中央政府对青海的转移支付也从2016年的23.03亿元，增加到2018年的34.34亿元。

与其他省份不同，青海省注重建立生态文明绩效考核制度，促进省政府与县（市）政府的互动。青海省绩效考核突出生态系统保护和修复、环境综合治理、发展生态经济、生态文明体制改革等重点工作，把生态工程、节能减排、环境整治、高原美丽乡村建设等内容纳入市（州）党委、政府年度目标责任（绩效）考核目标，同时对部分州县、省直部门新增了落实三江源国家公园体制试点工作任务的考核内容，对三江源区的青南地区和20个Ⅱ类县取消GDP考核，推动各地各单位做好生态保护工作[2]。

2）连贯性

在青海省规划编制中，中央政府部门和青海省政府之间经过多次的沟通和衔接，但是相互之间在目标上并没有完全达成相互认同。2018年在中央环保督查的要求下，青海省加强了自然保护区管理，并对青海主体功能区规划进行了修改。主要修改内容包括三个方面[3]：

---

① 贵州省人民政府网.贵州省印发开展市场准入负面清单制度改革试点实施方案. 2018-08-31. http://www.gzegn.gov.cn/art/2018/8/31/art_377_819950.html.2019-07-15.
② 《青海省生态文明建设目标评价考核办法》. 2017-07-21. http://www.qh.gov.cn/zwgk/system/2017/07/20/010273793.shtml.2019-07-15；青海省主体功能区战略和制度实施情况的汇报和访谈，2018年12月。
③ 青海省人民政府关于修订青海省主体功能区部分内容的通知. 2018-07-17. http://www.guoluo.gov.cn/html/33/283879.html. 2019-08-10。

一是对自然保护区实行分类管理。核心区，严禁任何生产建设活动；缓冲区，除必要的科学实验活动外，严禁其他任何生产建设活动；实验区，除必要的科学实验，以及符合自然保护区规划的旅游、种植业和畜牧业等活动外。严禁其他生产建设活动。二是逐步转移自然保护区的人口。绝大多数自然保护区核心区应逐步实现无人居住，缓冲区和实验区也应较大幅度减少人口。根据自然保护区的实际情况，实行异地转移和就地转移两种转移方式，一部分人口转移到自然保护区以外，另一部分人口就地转为自然保护区管护人员。三是加强基础设施管理。交通、通信、电网等基础设施建设，能避则避，必须穿越的，要符合自然保护区规划，并进行保护区影响专题评价。新建公路、铁路和其他基础设施不得穿越自然保护区核心区，尽量避免穿越缓冲区。姑且不论这些修改能否得到落实，至少从这些修改的内容可以看出，中央政府和省级政府之间仍然存在一些分歧。

3）资源分配

青海省是国家生态安全战略格局"两屏三带"的重要组成部分，是重要的水源地、生态屏障、生物多样性的基因库，生态环境保护的意义重大。青海省藏区人口多达106.92万，由于海拔高，条件艰苦，贫困人口比较多。因此青海省经济发展与生态环境保护的矛盾突出。作为民族自治区域，青海藏区可以根据当地的气候和自然条件，发展民族产业。青海民族自治地区可以根据当地实际情况，制定符合实际情况的配套政策。

在信息资源方面，不同行动者开展合作。2011年7月青海省生态环境监测中心组建，意在建成全国技术领先的环境污染与环境风险监管执法平台，实现污染源、有毒有害气体、环境质量自动监测数据集成分析、预警预测预报、联动监管执法。之后，青海省还将"天地一体化"生态监测网格体系、"青海生态之窗"与生态环境重点区域遥感监管平台进行了整合，在全国率先建立生态环境监测监管平台，实现了生态环境监测网络由监测评估考核向生态环境监管并重转变[①]。2016年由青海省人民政府颁布的《青海省地理空间数据交换和共享管理办法》正式施行，使青海省地理空间数据交换和共享管理步入法制化轨道。省发展和改革委员会与省测绘局积极合作，将青海省所有与地理位置有关的、经济社会发展所需的信息资源按统一标准进行整合，在政策法规的框架下进行数据交换、共享并提供公共服务，以有效解决青海省信息化建设中存在的地理空间信息资源难以共享，重复建设等突出问题[②]。2017年在国家出台《关于建立资源环境监测预警长效机制的若干意见》之后，青海省对资源承载能力、环境容量、生态功能等要素进行了探索性动态监测，形成了一套评价指标体系和技术方法。总的来看，不同主体在生态环境监测、地理信息资源、资源环境承载力监测等信息共享方面仍然存在不均衡的现象，还需要根据统一技术标准和数据格式，实现经济发展、人口变化、资源环境承载力等方面的信息整合。

---

① 青海省率先建立生态环境监测监管平台. 2018-03-30. http://www.qtpep.com/bencandy.php?fid+83&id+6009. 2019-08-10。

② 青海省地理空间数据交换和共享管理办法.2015-10-14.http://zwgk.qh.gov.cn/zdgk/zwgkzfxxgkml/zfwj/201712/ t20 171222_17752html.2019-08-10。

3. 政策工具选择

在青海省主体功能区建设中，配套政策网络行动者主要是不同层级的政府及职能部门、研究机构，网络内行动者互动并不充分。因此青海省在落实《全国主体功能区规划》的过程中，也应用转移支付和管制相结合的政策工具。

转移支付。2013 年青海财政厅制定《青海重点生态功能区转移支付试行办法》，将支付范围确定在三江源草原草甸湿地生态功能区所在县、祁连山冰川与水源涵养生态功能区所在县、青海湖草原湿地生态功能区所在县，同时开展一系列试点，如草原生态保护补偿和奖励资金与保护责任、保护效果挂钩试点，公益林、天然林生态补偿与保护责任、保护效果挂钩试点，国家级公益林区开展管护和奖补考核评比试点，湿地生态效益补偿、湿地保护奖励试点，加强转移支付资金的绩效管理。

负面清单。根据国家的要求，2017 年 5 月青海省政府办公厅印发《青海省国家重点生态功能区产业准入负面清单（试行）》，专门针对祁连山冰川与水源涵养生态功能区内门源、刚察、祁连、天峻四个县，以及在三江源草原草甸湿地生态功能区内泽库、同德、兴海、玛沁、囊谦等 17 个县镇，出台国家重点生态功能区的产业准入负面清单，制定产业名录及其管控要求，限制大规模高强度工业化城镇化开发，通过产业准入负面清单管理推动结构调整。清单所列产业的准入条件均严于国家《产业结构调整指南目录（2011 年本）》。①

生态红线管控。2018 年 10 月生态环境部和自然资源部审核通过《青海省生态保护红线划定方案》，青海省将生态保护红线工作放在更加突出的位置，开展勘界定标、监管能力建设等工作。为此，青海省还在省（市、县）层面成立协调小组，组建技术单位与团队，配合开展工作。

青海省有我国除西藏之外最大的藏族聚住区，贫困人口比较多，扶贫产业发展与生态环境保护的矛盾突出。青海省在主体功能区建设中形成以不同层级政府及职能部门、相关研究机构等行动者为主导的配套政策网络。由于网络中行动者之间的相互关联性和连贯性不高，虽然在资源分配方面有一定的优势，但是并没有处理好配套政策之间的关系，所选择的政策工具也以管制和补贴为主。

四、安徽省主体功能区建设中的配套政策网络分析

1. 安徽省的基本情况②

安徽省位于我国的中部，地跨长江、淮河，下辖 16 个省辖市（地级市），6 个县级市，55 个县，44 个市辖区。全省面积 13.94 万 km²，占全国的 1.45%。安徽省由淮北平原、江淮丘陵、皖南山区组成，平原少，丘陵和山地多。其国土空间开发的问题是人均土地资源较少、水资源时空分布不均、部分地区环境污染严重、生态环境保护的压力较

---

① 青海出台国家重点生态功能区产业准入负面清单在 21 个县镇出台负面清单. 2017-06-23. http:// qh.people. com. cn/n2/2017/0623/c182775-30369173.html. 2019-08-10.
② 数据来源于《安徽省主体功能区规划》。

大，以及区域发展不平衡问题较为突出。

《安徽省主体功能区规划》是《全国主体功能区规划》的组成部分。安徽省国土空间划分为三类主体功能区，即重点开发区、限制开发区和禁止开发区，见表 7-5。安徽省重点开发区分国家级重点开发区和省级重点开发区，位于全国"两横三纵"城市化战略格局中沿长江横轴的东部地区，包括 41 个市辖区和 8 个县，涉及面积 3.35 万 km²，占全省面积的 23.87%；限制开发区分农业主产区和重点生态功能区。其中农业主产区主要分布于黄淮海平原南部地区、长江流域下游地区及江淮丘陵地区，包括阜阳、亳州等 40 个市（县、区），面积 7.65 万 km²，占全省的 54.56%。重点生态功能区又分国家重点开发区和省重点开发区。其中国家重点生态功能区分布于皖南和皖西山区，包括六安、安庆等 6 个市（县、区），面积 1.34 万 km²，占全省面积 9.60%。省重点生态功能区分布于皖南山区，包括歙县、黟县等 10 个市（县、区），面积 1.68 万 km²，占全省面积 11.97%；全省禁止开发区共有 1058 处，包括国家级和省级自然保护区、世界自然文化遗产、全国重点文物保护单位、省级文物保护单位、国家级和省级风景名胜区、国家重要湿地、国家湿地公园、国家和省森林公园、国家和省地质公园、蓄滞（行）洪区，以及国家级水产种质资源保护区，总面积约 1.79 万 km²，占全省面积的 12.75%。

安徽省虽然平原少，却是我国重要的粮食产区，在主体功能区划分中农产品主产区所占比例达到一半以上。如何提高安徽农地的利用效率，保障国家的农产品安全，促进区域协调发展是安徽省主体功能区建设中的重要问题。

表 7-5　安徽省主体功能区划分情况

类型	重点开发区		限制开发区				禁止开发区	
			农产品主产区		重点生态功能区			
级别	国家级	省级	国家级	省级	国家级	省级	国家级	省级
面积/万 km²	3.35		7.65		1.34	1.68	1.79	
占比/%	23.87		54.56		9.60	11.97	12.75	

2. 配套政策的网络结构及其互动关系

1）互动强度

安徽省和中央政府的互动，体现在重点生态功能区的调整和转移支付项目之中。根据国家发展和改革委员会《关于开展国家重点生态功能区范围调整工作的通知》（2015年）要求，安徽省启动省级重点生态功能区升级国家级重点生态功能区的申报工作，积极争取省重点生态功能区扩区升级，将歙县、黟县、祁门、休宁、黄山区、青阳、泾县、绩溪、旌德、徽州区、屯溪区 11 个县（区）调整为国家重点生态功能区。重点生态功能区的转移支付从 2016 年的 15.76 亿元，增加到 2018 年的 20.54 亿元。

针对中央的专项转移支付，安徽省财政厅出台了《安徽省重点生态功能区转移支付办法》，明确国家转移支付资金用于保护生态环境和改善民生。同时，为鼓励山区县保护生态，从 2005 年起，省财政对山区县每年安排财政资金 9300 万元。此外，对新安江及大别山区水环境生态补偿，也专门统筹安排了资金，如安徽省环保厅出台了《关于落实国家主体功能区环境政策的贯彻意见》，联合财政部门制定《安徽省重点生态功能区县域生态环境质量监测、评价与考核工作实施方案》，用以指导享受国家重点生态功能区财政转移支付资金的县开展生态环境质量监测、评价与考核。

2）连贯性

安徽省属于中部地区，是我国重要的粮食产区之一。安徽省农产品生产集中连片，面积占比超过 60%，其农产品主产区建设非常重要，有关的支持政策亟待加强。就目前来看，有关农业生产的财政转移支付虽然很多，但是并没有专门的针对农产品主产区的财政转移支付，各省与中央政府部门并没有达成一致。安徽省认为，"目前国家支持农产品主产区的具体政策不够集中，针对农产品主产区的专项转移支付制度尚不完善，这将一定程度上影响中部地区加速崛起的后劲。建议国家有关部委进一步加强研究，整合对农产品主产区的支持政策，尽快制定明确的国家农产品主产区支持政策，建立完善的转移支付制度，加快推进形成农产品主产区，切实维护国家农产品安全"[1]。

3）资源分配

为推进主体功能区实施，安徽省政府、安徽省财政厅、安徽省环境保护厅、安徽省国土资源厅、安徽省农委分别根据各自职能出台了有关主体功能区的财政、环境、土地、农业等具体政策措施或办法，如《安徽省人民政府关于进一步强化土地节约集约利用工作的意见》（2013 年）、《安徽省发展和改革委员会关于省主体功能区规划强化投资产业人口政策支撑的意见》（2016 年）、《安徽省国土资源厅关于强化土地节约集约利用促进全省开发区转型升级的通知》（2015 年）等，这些政策都是国家主体功能区配套政策的进一步落实，没有超出国家规定的范围。

安徽省在信息网络和信息平台建设方面也做了很多工作。2016 年 6 月，根据国务院办公厅的通知要求，安徽省人民政府办公厅印发《安徽省生态环境监测网络建设实施方案》，汇集各级环境保护、公安、国土资源、住房城乡建设、交通运输、农业、水利、林业、卫生计生、气象等部门获取的环境质量、污染源、生态状况监测数据，建设涵盖大气、水、土壤、噪声、辐射、生态等要素，布局合理、功能完善的全省环境质量监测网络，以实现监测数据共享[2]。按照国家发展和改革委员会联合十二个部委下发的《资源环境承载能力监测预警技术方法（试行）》要求，安徽省国土资源厅联合国土资源部的资源环境承载力评价重点实验室，开展安徽省国土资源环境承载能力监测预警机制研究。2017 年 9 月全国首个省级国土资源环境承载能力监测预警技术规程——《安徽省国土资源环境承载能力评价和监测预警技术规程》通过专家组评审验收[3]。总的来看，政

① 安徽省主体功能区战略和制度实施情况的汇报和访谈，2018 年 12 月。
② 安徽省人民政府办公厅关于印发安徽省生态环境监测网络建设实施方案的通知. 2016-08-03. http://ah.people.com. cn/n2/2016/0803/c368512-28775968.html.2019-08-22.
③ 首个省级国土资源环境承载力监测预警技术规程通过验收.2017-09-14. http://gtzyt.shaanxi.gov.cn/info/1039/ 35451. htm. 2018-08-22.

策社群在信息共享方面做出了努力，但是政策社群和府际的互动比较少。

3. 政策工具选择

从配套政策网络来看，由于关联性不多，连接性不强，因此安徽省的政府工具，与国家的政策工具保持一致，主要以强制性政策工具为主，同时落实国家的转移支付。

负面清单。为了落实主体功能区规划，安徽省不仅针对不同功能区，制定差异化的产业政策，而且还出台《安徽省国家重点生态功能区产业准入负面清单》（2017 年），要求有关的 6 个市（县）要严格遵守此项负面清单，推进国家重点生态功能区的保护与修复。其中的开发管制要求包括：严格产业准入标准，严格限制开发区域产业准入，禁止限制类行业进入；开展主体功能区适宜性评价，控制高污染高耗水项目建设，强制不符合区域功能的行业企业退出。

生态红线管控。2018 年 6 月安徽出台《安徽省生态保护红线》，落实国家生态保护红线空间管控要求，确保生态功能不降低、面积不减少、性质不改变。该政策明确要加快建立和完善生态保护补偿机制，按照山水林田湖草系统保护要求，加强生态保护与修复，改善和提升生态功能。要强化执法监管，建立健全监测监管网络，开展考核评估，严格责任追究，严守生态保护红线[①]。

转移支付。2018 年 8 月，安徽省财政部根据财政部《中央对地方重点生态功能区转移支付办法》（2018 年），制定了《安徽省重点生态功能区转移支付办法》，将支持范围从国家重点生态功能区，扩展到包括省重点生态功能区，淮河中游湿地洪水调蓄重要区、皖江湿地洪水调蓄重要区、农村贫困人口生态护林员选聘实施范围内的县（区），以及《中共安徽省委、安徽省人民政府关于全面打造水清岸绿产业优美丽长江（安徽）经济带的实施意见》（2018 年）中沿江 5 市有关市（县、区），并且加强了资金的绩效管理[②]。

安徽省在主体功能区建设中，形成以不同层级政府及职能部门、相关研究机构等行动者组成的配套政策网络。与其他省份不同，安徽省主体功能区建设的重点是农产品主产区，需要集中使用国家资源，突出重点，有计划有步骤地开展主体功能区建设。由于网络中行动者之间的相互关联性和连贯性不高，资源分配不均衡，这一方面的问题没有得到及时有效地回应，所选择的政策工具也是以管制和补贴为主。

五、浙江省主体功能区建设中的配套政策网络分析

1. 案例基本情况[③]

浙江省地处我国东南沿海，长江三角洲南翼，下辖杭州、宁波等 11 个城市，90 个

---

① 《安徽省生态保护红线》发布实施.2018-06-29.http://sthjt.ah.gov.cn/public/21691/11075924.html.2019-08-22。
② 安徽省财政厅关于印发《安徽省重点生态功能区转移支付办法》的通知.2017-08-31.http://czt.ah.gov.cn/public/7041/140034111.html.2019-08-22。
③ 数据来源于《浙江省主体功能区规划》。

县级行政区，包括 36 个市辖区、20 个县级市、34 个县（含 1 个自治县）。全省陆域面积 10.18 万 km²，海域面积 26 万 km²。从地形地貌来看，浙江山地和丘陵占 70.4%，平原和盆地占 23.2%，河流和湖泊占 6.4%。其国土空间开发的问题是：土地资源有限，水资源分布不均，资源短缺且空间分布不均衡，生态环境局部脆弱，经济发展和环境保护矛盾突出。

《浙江省主体功能区规划》是《全国主体功能区规划》的组成部分。浙江省主体功能区规划分为优化开发区、重点开发区、限制开发区和禁止开发区四个区域（表 7-6），其中优化开发区域主要分布在长三角南翼环杭州湾地区，面积为 16317km²，占全省陆域国土面积的 16.0%；重点开发区域主要分布在沿海平原地区、舟山群岛新区和内陆丘陵盆地地区，面积为 17271km²，占全省陆域国土面积的 17.0%；限制开发区域分为农产品主产区、重点生态功能区和生态经济地区，面积为 68212km²，占全省陆域国土面积的 67.0%。其中，农产品主产区面积为 5429km²，占全省陆域国土面积的 53%；重点生态功能区面积为 21109km²，占全省陆域国土面积的 20.7%；生态经济区面积为 41674km²，占全省陆域国土面积的 41.0%；浙江省的禁止开发区总面积 9724km²，分布于优化开发区域、重点开发区域和限制开发区域内。

浙江省内海域面积多于陆域面积，土地资源较少，加上限制开发区占比超过 2/3，因此浙江省主体功能区建设中的重要问题是加强生态环境保护，解决经济发展和环境保护之间的矛盾。

表 7-6　浙江省主体功能区划分情况

类型	优化开发区	重点开发区	限制开发区			禁止开发区	
			生态经济区	农产品主产区	重点生态功能区		
级别						国家级	省级
面积/ km²	16317	17271	41674	5429	21109	9724	
占比/%	16	17	67			9.5	

2. 政策网络的形成及互动关系

浙江省于 2008 年启动主体功能区规划编制，省委省政府高度重视，成立专门的规划编制工作领导小组及办公室具体承担规划编制和协调工作。2013 年经国家发展和改革委员会审核，浙江省政府正式公布《浙江省主体功能区规划》。2015 年，浙江省在全国率先编制《浙江省域国土空间总体规划》，以主体功能区规划为基础统筹各类空间性规划，推进"多规合一"。2016 年年底，浙江省列为省级空间规划试点省，通过试点工作，进一步将主体功能区格局向县域内部深化，划分城镇、农业、生态三类空间，以及城镇开发边界、永久基本农田和生态保护红线三条红线，探索并推动主体功能区规划的精准落地。

1）关联性

在浙江省主体功能区编制和调整的过程中，不同层级政府之间有互动。2013 年，浙江省在全国主体功能区布局的基础上，新增设立了"生态经济地区"类型，并获得国家发展和改革委员会的批准。2016年经国务院同意，浙江省淳安、文成、泰顺等11个市（县）纳入新增国家级重点生态功能区名单，转移支付金额从2016年的1.84亿元，增加到2018年的4.86亿元。

绩效考核也是促进不同政府间互动的手段。浙江省虽然在省级主体功能区规划中对绩效考核没有做出特别规定，实践中却有不同的看法，认为"尽管现有考核体系中明确了'对限制开发区不再考核GDP'的导向，但是整个考核框架内，还存在其他与GDP强相关的增长型指标，如投资考核等，加上不同层次考核错位的影响，使得'不再考核GDP'的效果大打折扣。因此建议出台与主体功能区定位相适应的考核评价体系。"[①]

2）连贯性

浙江省的海域面积大，海洋资源的可持续利用是浙江省主体功能区的重要目标之一。2013年10月《浙江省主体功能区规划》考虑浙江省地形地貌特点，把海洋资源与陆域资源有机结合起来，将陆海联动作为总体开发原则之一，促进陆地国土空间与海洋国土空间协调开发。在此基础之上，2017年浙江省政府批准实施《浙江省海洋主体功能区规划》，以县为单位，对省所辖及依法管理的海域和无居民海岛进行功能划分，明确了24个优化开发区域、7个限制开发区域和18个禁止开发区域，没有再规定重点开发区域。规划出台之后，各地按照规划调整完善区域政策和相关规划，省级政府建立覆盖全省的动态监测管理系统，并对各地海洋空间的变化情况进行动态监测和阶段性的绩效评估。

应当说，基于浙江省资源环境特点，中央政府和浙江省地方政府在主体功能区划分和配套政策目标上达成了一致。不过，浙江省提出"在制定财政、土地、金融、人才等要素政策时，按主体功能区定位精准施策。以中央预算内专项资金分配为例，原来安排资金是单纯按照东、中、西部省份来确定单个项目的补助比例，建议部分专项可以考虑按照项目所在地区的主体功能区定位来安排补助比例，特别是要加大对重点生态功能区等限制发展区域的支持力度"[①]。可见，虽然政策目标之间达成认同，但是政策目标和政策工具之间仍然存在不匹配的情况。

3）资源分配

浙江省作为东部经济发达的省份，在权力分配中并没有优势。不过，浙江省有丰富的海洋资源，海岸线长度和海岛数量均居全国首位，因此成为第一个出台地方海洋主体功能区规划的省份之一。与2015年《全国海洋主体功能区规划》相比，浙江省规划对省所辖及依法管理的海域和无居民海岛进行功能划分，明确了24个优化开发区域、7个限制开发区域和18个禁止开发区域，并且对海洋开发强度指标给出了成长空间：在1.12%的总目标下，到2020年，优化开发区域海洋开发强度的目标值为不高于1.18%，限制开发区域的海洋开发强度则要控制在1.14%以下[②]。另外，2017年3月，国家海洋局批准《温州国家海域综合管理创新试点实施方案》。浙江海洋主体功能区规划，以及

---

① 浙江省主体功能区战略和制度实施情况的汇报和访谈，2018年12月。
② 浙江海洋主体功能区规划有啥要求. 2017-04-26. http://zhoushan.cn/sy/yzxbb/201704/t20170426_837158.html. 2019-09-15.

温州海域综合管理创新试点，给地方提供了一个政策空间。

2016 年 12 月浙江省发布《浙江省生态环境监测网络建设方案》，提出建设陆海统筹、天地一体、上下协同、信息共享的生态环境监测网络，实现环境质量、重点污染源、生态状况监测的全覆盖，各有关部门生态环境监测数据共享和分工协作。2017 年 8 月浙江省发展和改革委员会主持召开资源环境承载力监测预警工作推进会议，省经信、国土、环保、建设、水利等省级有关部门，以及发展规划研究院等 14 个专题的技术承担单位参加会议，要求各部门加快专题成果论证，加强与国家部委和技术支撑单位的衔接沟通，争取促成国家技术方法的修订，并探索资源环境承载能力监测预警评价技术方法①。这些平台的建设虽然为行动者的信息沟通提供了有力的条件，但是并没有将不同的信息有效整合起来，这些信息并不能反映主体功能区建设的成效和差距。

3. 政策工具选择

浙江省陆域面积小，限制开发区多，但是浙江省充分利用国家和自身资源，在配套政策工具选择中形成自己的特色。

财政政策。鉴于一些欠发达县多数为生态功能比较重要的区域，浙江省探索以重点生态功能区的支持性政策逐步取代欠发达地区扶持性政策。一方面，浙江省在调整重点生态功能区范围的基础上，以生态保护为导向，通过支持性政策推动原 26 个欠发达县全面走向绿色发展，从而形成以主体功能区主导的财政政策；另一方面，浙江省政府办公厅颁布《关于建立健全绿色发展财政奖补机制的若干意见》（2017 年），完善主要污染物排放财政收费制度、单位生产能耗财政奖惩制度、出境水水质财政奖惩制度、森林质量财政奖惩制度、生态公益林分类补偿标准、生态环保财力转移支付、"两山"建设财政专项激励政策和省内流域上下游横向生态保护补偿机制，通过省对县（区）及县（区）之间的补偿建立奖惩机制②。

负面清单。与其他地方不同，2018 年 9 月，浙江省国土资源厅、省农办、省发展和改革委员会等 9 部门发布生态"坡地村镇"建设项目准入负面清单。该清单重点加强生态"坡地村镇"建设项目准入的管理，同时要求各地结合实际，进一步细化项目准入负面清单，禁止不符合开发利用条件的各类项目建设，对涉及负面清单内容的开发建设项目，一律不予立项、核准选址、报批用地③。这一清单特别针对浙江省的丘缓坡资源，对于落实保生态、保环境、保耕地，促进科学合理开发利用具有重要意义。

生态红线管控。依据浙江省的资源环境状况，生态保护红线主要是水源涵养、生物多样性维护、水土保持等，不包括土地沙化、石漠化、盐渍化等生态环境敏感脆弱区域类型。2017 年 8 月，浙江省发布《关于全面落实划定并严守生态红线的实施意见》，推进生态红线划定工作，并强化生态红线管理的措施，明确要求建立生态保护红线绩效考

---

① 浙江：推进资源环境监测预警. 2017-08-10. http://www.ceh.com.cn/xwpd/2017/08/1039534.html. 2019-09-15.

② 浙江绿色发展财政奖补机制实施一年初见成效——谁污染谁交费，谁保护谁受益. 2018-06-08.http://czt.zj. gov. cn/art/2018/6/8/art_1164175_18486116.html.2019-09-15.

③ 严格管理，浙江发布 16 条项目准入负面清单. 2018-09-10. http://zj.cnr.cn/zjyw/20180910/t20180910_524356141. html. 2019-09-15.

核评价机制，加大对县（区）党委和政府的考核，并作为领导班子和领导干部综合评价及责任追究的参考依据。2018 年 8 月浙江省生态红线发布，将浙江省 1/4 以上的陆地面积和管辖海域面积划入红线保护区范围，其中陆域生态保护红线的面积 2.48 万 km²，占全省陆域国土面积的 23.82%；海洋生态保护红线的面积为 1.41 万 km²，占全省管辖海域面积的 31.72%。[①]

　　浙江在主体功能区建设过程中，虽然配套政策网络的范围并没有扩大，但是网络行动者之间的相互关联性和连贯性有所加强，资源分配有了一些调整，如浙江省除了根据地方资源环境特点在管制和转移支付等工具上有所调整之外，还创新性地应用了一些针对县（区）的工具，如省对县（区）的奖惩及县（区）之间的补偿等，发挥了比较积极的效果。

第五节　案例间比较分析

　　政策结果在行动者与网络结构互动中产生。以上案例研究表明，主体功能区配套政策中政策行动者之间的相互关联性、连贯性和资源分配是影响政策工具选择的核心要素，如图 7-1 所示。

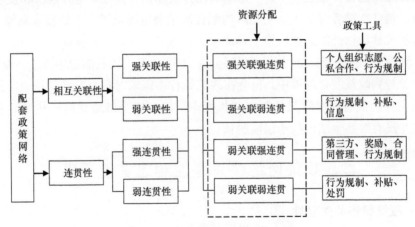

图 7-1　政策网络下政策工具选择

　　五个案例所在地域的资源环境状况有的差异较大，有的差异较小。虽然这些地方主体功能区建设划分的类型和数量不一样，但是所选择的政策类型及政策工具基本一致。从根本上说，这五个案例都属于弱关联弱连贯的类型，存在三个方面的共性问题。

一、政策网络规模小

　　网络行动者包括政策社群、府际网络、专业网络、生产者网络和议题网络。五个案

---

① 我省划定生态红线，全省 1/4 以上的国土面积和管辖海域面积纳入红线管控. 2018-08-07. http://www.gov.cn/ xinwen/ 2018-08/07/content_5312163.html. 2018-09-15。

例中主体功能区配套政策网络都是随着主体功能区的建设逐步建立起来的，网络行动者主要由政策社群、府际网络和专业网络组成。

首先，政策社群在主体功能区配套政策的决策中起主导作用。其中国务院是政策过程的关键行动者，其在网络中发挥的作用首先体现在政策制定。从《全国主体功能区规划》到《关于主体功能区战略和制度的实施意见》，这些政策为网络中其他层次执行主体的行动开展提供了有效支持。通过政策规定，明确不同功能区配套政策的差异性，强化不同政策执行主体的职责，强化分工与合作，清晰奖惩机制，为其他层次行动者提供行为准则和利益导向。

其次，部门间协调，以及部门与地方的协调促进政策社群内部互动。负责配套政策制定和执行的行动者包括：一是国务院部门，包括国家发展和改革委员会、自然资源部、财政部、农业农村部、商务部等，主要负责制定主体功能区配套政策；二是各省市委、政府及职能部门，主要负责制定本区域内的配套政策，同时监督所属市县的实施；三是市县委、市县政府职能部门，负责执行政策，并将主体功能区规划落实到地块，监督本区域内自然资源的开发利用者，是政策网络的具体操作者。

最后，专业网络进入政策议程，如在规划编制阶段、生态环境监测网络建设、资源环境承载力监测预警体系建设中，在国家和地方层面都有高校、研究院所和技术服务中心的参与，这些行动者对于主体功能区的配套政策制定提供了有力的技术支撑。

目前政策社群以外的其他网络主体尚未进入政策议程。作为目标群体的国土空间资源的开发利用者、保护者，会利用各种渠道，在不同层级的政策制定中谋求自身的利益。即使不能参与到政策制定过程中，也会在政策执行中谋求对自身有利的结果。各地方政府虽然在主体功能区配套政策的制定和执行中，或多或少借助其他一些网络主体的力量，但是并没有对其合法地位予以明确认可。

二、政策网络的关联性和连贯性不强

（一）政策网络的关联性

政策网络的互动是所有直接或间接参与政策过程的主体通过接触、交流和沟通，达成一致意见的过程。中央政府在政策网络中具有支配地位，明确主体功能区的目标、管控要求，以及确定各省的主体功能区划分的数量和规模。来自地方政府、生产者和消费者积极反馈促使中央部门制定更加有利于主体功能区建设的配套政策。这种互动不仅依赖于正式的组织结构，还依赖于非正式的制度安排。五个省在主体功能区建设中，只有正式的组织结构，为不同层次的政府及职能部门、技术专家提供互动的机会，并没有建立非正式的组织结构，如委员会、中介组织等给其他行动者提供互动的渠道。

目前绩效考核或绩效评价成为促进不同行动者之间互动的重要手段。我国目前有关主体功能区的绩效评价框架已经初步建立，但是在绩效评价的科学化、规范化方面还存在一定问题。

1. 基本概念的认知问题

在梳理有关主体功能区绩效考核或绩效评价的政策文件过程中发现,这些政策文件存在某些基本概念混用、认识不清的问题,尤其集中在"绩效评价"和"绩效考核"这两个概念上面。《全国主体功能区规划》(2010 年)第十二章使用的是"绩效考核评价"和"绩效考核评价体系"的概念;财政部在生态保护或主体功能区有关的项目资金管理中使用了"绩效管理"、"目标管理"和"绩效评价"等概念;国务院、国家发展和改革委员会在考核地方生态文明建设成效,促进绿色发展时,又使用了"绩效考核"和"考核办法"等概念。虽然几套体系的评价对象、评价目的、评价范围、评价方法等确实有很大区别,也应该使用不同的概念,但在政策实践中需要规范政策用语,避免歧义。

理论上,绩效评价偏重"管理"的范畴,是组织管理的重要制度之一;绩效考核是"绩效评价"的重要环节,与绩效规划、绩效辅导、绩效反馈与改进组成了整个绩效评价的四个重要部分。绩效考核偏"结果",尤其是对过去已经发生的工作"结果"的认定;绩效评价涉及范围较大,侧重制度建设,也重视过程管理及未来规划。根据《全国主体功能区规划》(2010 年版)的定义,主体功能区建设侧重于绩效考核,但从政策实践和上下文联系而言,有关主体功能区绩效工作应该侧重于 2010~2020 年主体功能区与生态保护的绩效评价制度建设。

2. 绩效评价的目的

现有主体功能区建设有关的绩效评价或绩效考核的目的模糊,存在为"考核而考核"、"为资金而评价"和"为施压而考评"的情况。目前,无论是《全国主体功能区规划》(2010 年)、《财政支出绩效评价办法》(2011 年)、《生态文明建设目标评价考核办法》(2016 年)等关键性文件或是主体功能区绩效评价的实践有"重奖惩、轻改进"的趋势,也有将绩效结果全部与财政资金、晋升奖惩挂钩的现象。

主体功能区中生态功能区的绩效评价结果代表在某个时间段内,地方政府利用财政资金所提供的公共服务与产品的生态效果。针对主体功能区财政转移支付使用情况的绩效奖惩,不能一概而论。"奖惩"仅仅是激励约束手段的选项之一,并非绩效评价的目的。生态环境质量下降,首先不应简单地减少资金拨款,而是应该找出生态质量下降的主因。否则,就会陷入"生态质量下降"、"转移支付减少"、"生态环境更差"和"生态资金更少"的恶性循环中。

3. 绩效评价的主体和客体

我国主体功能区的绩效评价或绩效考核体系有几个基本问题亟待进一步厘清,即谁来评、评价谁、评什么?对于以上问题,目前没有明确的依据和评价办法出台。《全国主体功能区规划》(2010 年)要求各级政府根据四类功能区,分别制定针对性的绩效考核体系,但并未进一步明确哪一级政府的哪一个部门作为绩效考核的主体或牵头人,也未明确绩效评价的对象是各级政府或各级政府哪些部门的绩效,以及具体是什么绩效。

《全国主体功能区规划》（2010 年）规定了四大类功能区的主要考核范围和主要指标，也并未对细节或操作实践做出明晰的规定。

绩效评价的评价主体、评价对象、评价范围定位模糊，容易造成各地因为没有统一的考核规范，可能影响绩效评价结果的客观性、公正性和合理性。例如，大别山地区地跨鄂豫皖三省，国家对三省的重点生态功能区定位同属大别山水土保持功能区，如果相邻地区因为各省的考核标准和指标不同，导致对考核结果的运用也不同，对干部的公平使用也会产生影响，也会导致一些工作的衔接出现问题。因此，尽快制定统一考核规范和指标体系，细化指标，并进一步明确考核工作的主体和客体，确定哪个部门主导实施、监管及动态调整，是否需要成立专门的机构来负责具体的考核制定和协调工作等，都是保障考核工作实施必须解决的问题。

4. 绩效评价的指标体系

绩效评价的指标选取。目前我国对主体功能区转移支付的绩效评价指标体系沿袭了财政部《财政支出绩效评价管理暂行办法》（2011 年）、《关于推进预算绩效管理的指导意见》（财预〔2011〕416 号）、《经济建设项目资金预算绩效管理规则》（2013 年）、《地方财政管理绩效综合评价方案》（2014 年）、《财政专项扶贫资金绩效评价办法》（2017年）等文件的绩效评价指标体系与评价框架。主要包括投入指标、产出指标、效益指标和满意度指标四类一级共性指标，以及根据行业和项目特点设置的特性指标。但该绩效评价指标体系只是针对财政资金使用而设立的，对于指标繁杂、专业性较强的主体功能区绩效指标并无涉及，且受到专业因素限制，财政管理绩效评价指标框架只涉及部分财政管理与政策评价的共性指标及制定原则，并无明确的三级、四级绩效评价特性指标与标准。针对不同类别的主体功能区，该套绩效评价框架的专业性与可操作性不高，需要行业主管部门进一步细化。

绩效评价的评价标准。当前我国主体功能区或生态环境绩效评价标准的选取、评分标准和打分细则不尽合理。从绩效体系的设计原则看，绩效指标的选取一般依据历史标准、行业标准、计划标准、行业主管部门认可的其他标准。但目前我国针对绩效评价标准的选取多来自于行业和计划标准，较少采用历史标准。同时，在相关绩效考核中，具体的评分办法和打分细则较为粗糙，有一定的随意性，导致可操作性不强。绩效评价主体部门及其政策文件较少解释在什么情况下，为什么该项指标扣减或增加，扣减或增加一分的原因是什么，尺度如何把握？对同一指标的评价是否应该全国统一？

5. 绩效评价报告与披露

绩效评价报告的编制。评价报告是绩效评价工作的成果性和结论性文件，是反映被评价主体或对象在某一时期的产出、成果和效益的重要文件。目前有关主体功能区的行业主管部门均对绩效考核或评价报告的主要内容没有明确的要求。在政策实践中，仅有财政部要求在使用财政资金的项目中，必须进行绩效评价并撰写绩效评价报告，且要求绩效评价报告的主要内容、要素、方法和标准等。此外，财政部所要求的绩效评价报告分为自评报告和绩效评价报告，且其评价工作和绩效评价报告编制工作一般由第三方评价机构进行。该种做法，值得在有关主体功能区的绩效评价制度建设中借鉴。

绩效评价报告的披露。在有关主体功能区或生态环境保护的绩效考核或评价办法中，仅有财政部制定《财政支出绩效评价办法》（2011 年）第三十四条明确要求："绩效评价结果应当按照政府信息公开有关规定在一定范围内公开"。主体功能区或生态环境保护的绩效考核或评价，存在不公开、不透明的情况，既不利于公众监督，也在一定程度上未能保障公众的知情权。

6. 绩效评价结果的应用

目前有关主体功能区或生态环境保护的绩效评价和绩效考核的结果受到各级领导的高度重视。但如何应用绩效评价结果仍然存在一定的分歧。一种做法是将绩效评价结果直接与资金奖励或干部晋升挂钩。另一种则认为奖惩仅是提升绩效的一种手段而非目的，绩效评价目的在于"改进"，应建立绩效结果反馈机制、绩效问题整改机制，形成反馈、整改、提升绩效的良性循环。

此外，对于主体功能区或生态环境保护的绩效评价结果的应用还存在正向奖励不够，惩罚稍显武断的问题。在《生态文明建设目标评价考核办法》中提到，"对考核等级为优秀、生态文明建设工作成效突出的地区，给予通报表扬；对考核等级为不合格的地区，进行通报批评，并约谈其党政主要负责人，提出限期整改要求；对生态环境损害明显、责任事件多发地区的党政主要负责人和相关负责人（含已经调离、提拔、退休的），按照《党政领导干部生态环境损害责任追究办法（试行）》等规定，进行责任追究。"

（二）政策网络的连贯性有待加强

国家基于主体功能区的建设，出台了一系列的政策措施，意图通过各种政策工具引导和约束主体功能区的开发利用行为，但是效果并不明显。表面上看，地方动力不强，各个层面对主体功能区的差异化区域政策和分类考核推进实施力度不够。本质上，各行动者没有在主体功能区的目标上取得认同。

1. 中央和地方的目标认同

主体功能区规划是国土空间规划的一个重要组成部分。理论上，下级的规划应当服从上级，专项规划服从整体规划。但是《全国主体功能区规划》是对国土空间资源地利用统一的安排，对地方土地和自然资源开发有不同程度的限制，影响到地方经济发展和地方财政收入，影响地方配合的积极性。目前各省都制定了省级主体功能区规划和实施方案，姑且不论这些地方规划能否得到落实，这些省级规划目标是否与《全国主体功能区规划》的目标一致，是否能实现国家人口、经济、资源和环境的协调，仍然是一个未知数。

2. 配套政策部门之间目标认同

目标是组织希望达到的状态，反映了组织为此努力的终点和结果，是使命、目的、对象、指标和过程的总和。目前不同部门制定的主体功能区配套政策，都确立了一些目标，但是这些目标并不具体，弹性很大，目标与功能区的功能关联性不强。这样的目标既没有反映社会公众对主体功能区质量、成本及时效的期望，也没有对不同组织和执行人员的行动、措施、流程等规定标准，因此不同层级的政府及部门、不同的管理人员有不同的理解，自由裁量权比较大，执行结果好坏也缺乏评判标准。

3. 自然资源部门与配套政策部门之间的目标认同

《全国主体功能区规划》实施之后，相关部门陆续出台一个贯彻实施的意见，明确了四类主体功能区的目的和具体指标。以优化开发区为例，自然资源的指标有单位国内生产总值建设用地使用面积、人均城镇工矿用地、城镇用地（建设用海）产出效率等。环境保护的指标（《关于贯彻实施国家主体功能区环境政策的若干意见》2015 年）有环境空气质量标准、地表水环境标准、饮用水标准、工业用水标准、景观用水标准、纳污水体和地下水标准和土壤环境质量标准。这些指标之间有何关联性，这些指标能否足以实现优化开发区建设的目的，降低开发强度，引导城市集约发展，扩大绿色生态空间，将经济发展控制在资源环境承载力的范围之内，具有不确定性。

4. 不同自然资源管理机构之间的目标认同

我国耕地后备资源多处于生态环境脆弱的地区，因此农业空间和生态空间相互挤占的问题比较突出。由于每个地区都可能有几种功能区存在，势必在划分农业主产区和重点生态功能区的时候出现冲突。土地和自然资源是一个有机联系的统一整体，不同政策文件中都强调耕地与森林、草地等资源同等保护，"多规合一"也在技术上解决了红线之间交叉和重叠的问题，但是在管理目标、资金分配和使用以及绩效考核等方面仍然是分割管理，没有实现统一。

三、不同行动者的资源有待整合

主体功能区的类型不一样，建设的目标不一样。以重点生态功能区建设为例，国家给每个县的转移支付数额平均为 26 亿。应该说，这个数值比较可观。但在调研的过程中，无论是东部省份，还是西部省份，都认为国家转移支付资金太少，应当加大对重点生态功能区的支持力度。主体功能区建设是国家的战略，是一个长期的任务，工作量很大，不可能靠某一方的力量在短期内一蹴而就。在主体功能区的政策网络中，不同的行动者有不同的资源，需要将不同行动者的资源整合起来，推进目标实现，而现有的绩效目标管理和绩效考核方式，发挥的作用有限。

（一）中央政府的财政支出与主体功能区目标的关联性不够

目前在主体功能区建设中实行基于各地区的财力缺口为主导的均衡性转移支付，辅以各类功能区的专项转移支付。虽然每年支出的资金不少，但是这些资金的分配与主体功能区农产品和生态产品的产出目标没有直接关系。

对于均衡性转移支付而言，资金分配并未充分考虑与功能区相关转移支付的政策目标。对各类专项转移支付而言，财政部虽在 2015 年颁布了《中央对地方专项转移支付绩效目标管理暂行办法》，建立了"无绩效目标、无预算拨款"的基本原则。但就农产品主产区和重点生态功能区而言，科学、合理的绩效评价体系仍未完全建立，导致后期绩效评估与奖惩活动不能顺利进行。以"需求定产出"和以"产出定绩效"、以"绩效定奖惩"的农业和生态补助资金目标管理机制未能完全建立起来。

（二）地方政府在主体功能区建设中的资源投入不能全面评估

国家提出要建立不同主体功能区差异化协同发展格局，对不同地区按照不同的主体功能定位进行差异化考核。例如，重点开发区域要提高产业集聚能力，推动土地集约节约利用；农产品主产区要着力改善农业生产条件，保障农产品供给水平和质量；重点生态功能区要注重创新生态保护模式，提高生态系统服务功能，这对不同地区的发展指明了发展的方向和重点，也为不同地区主体功能区建设绩效评价指标的选择确定了基本框架。

然而现有绩效考核指标主要有几个问题：一是现有体系中绩效考核指标选择过于侧重"结果指标"，导致只看结果，不看过程和投入，不利于全面评判地方主体功能区或生态环境保护工作的成效，也不便于找出产生问题的根本原因；二是绩效评价指标的选取和设置未能做到共性与个性的结合，未根据各地区、各类型功能区的生态环境特点进行比较分析、聚类分析，对于中东西部地区的实际情况未加以区别；三是从指标专业类型上看，现有指标过于集中于资源、环境、生态等行业性的"硬指标"，体现主体功能区各级政府的财政投入、民生水平的"软性"绩效评价指标过少；四是主体功能区建设和生态环境保护具有长期性，其效果与效益不能在短时期内体现出来，因此某些年度绩效评价结果只是"短期过程指标"，在绩效评价期间内可能变化不明显，并不能完全代表政策或项目的全寿命周期的真实成效。由于绩效考核指标不能全面评估地方政府的资源投入，形成有效的激励，导致地方政府缺乏积极性。

（三）不同行动者的信息资源共享有待加强

各地积极建立生态环境监测体系，加强地理信息资源的管理，开展资源环境承载力监测预警，使得不同层次网络主体的信息壁垒正逐步消减。但是，这些信息并不能直接反映主体功能区的建设成效。

一是现有的信息资源不全面。对于绩效评价而言，从多角度、多维度、多渠道收集数据，以便确保数据质量和数据的客观性，且一般尽量避免运用单一的数据收集方法进行评价。目前在进行主体功能区进行绩效评价时，没有或很少有来自生产者网络和议题网络的信息，不能与其他网络的信息对照，起到互相验证、互相支撑的作用。

二是现有信息资源共享限于局部。国务院各部门非常重视应用信息类的政策工具，建立了地理空间信息系统、生态环境监测网络和资源环境承载力监测预警体系等，但是这些信息之间还是孤立的，不能直接反映主体功能区建设的绩效，并根据动态的信息和评估情况及时调整；不能结合资源环境承载能力超载情况，及时发现个人和内部机构的问题，促进工作流程的改进；不能评估管理行为的有效性，帮助管理者做出正确的决策，及时调整相应的配套政策。

第六节　本 章 小 结

主体功能区配套政策是建设主体功能区的保障，但是在实践中出现两种现象：一方面，国务院相关部门出台的配套政策数量很多，但是地方政府仍然觉得配套政策不全面，支持力度不够；另一方面，已出台的配套政策，地方政府执行起来没有动力，选择执行的情况时有发生。如何调动地方政府的积极性，促进不同政策主体的协同，是建立健全主体功能区配套政策急需解决的问题。

政策网络理论可以解释行动者、行动者的行为与政策结果的关系，提供一个新的分析视角。借助政策网络理论，本章选取陕西省、贵州省、青海省、安徽省、浙江省五个省作为个案，通过多案例研究，结果表明：主体功能区配套政策网络有待扩展。各部门在制定政策过程中虽然有合作，但是彼此之间协调不够。地方政府及职能部门还没有进入核心网络，专业网络发挥的作用有限，生产网络和议题网络的合法性还没有得到确认；主体功能区配套政策网络的关联性和连贯性有待加强。国家基于主体功能区的建设，出台了一系列的政策措施，但是效果并不好。表面上看，地方动力不强，各个层面对主体功能区的差异化区域政策和分类考核推进实施力度不够。本质上，各行动者的互动不够，并且没有在主体功能区建设的目标上取得认同；主体功能区配套政策资源有待整合。在主体功能区的政策网络中，不同的行动者有不同的资源，由于资源分散，缺乏整合，不利于主体功能区目标的实现。

参 考 文 献

丁煌, 杨代福. 2009. 政策工具选择的视角、研究途径与模型建构. 行政论坛, 16(3): 21-26.

范世炜. 2013. 试析西方政策网络理论的三种研究视角. 政治学研究, (4): 87-100.

李文钊. 2017. 政策过程的决策途径: 理论基础、演进过程与未来展望. 甘肃行政学院学报, (6): 46-67+126-127.

罗伯特. 2016. 案例研究方法. 周海涛, 李永贤, 李虔译. 重庆: 重庆大学出版社: 3-4.

毛寿龙, 郑鑫. 2018. 政策网络: 基于隐喻、分析工具和治理范式的新阐释——兼论其在中国的适用性. 甘肃行政学院学报, (3): 4-13+126.

H. Th. A. 布雷塞尔斯. 2007. 在政策网络中的政策工具选择. 见: 彼得斯, 冯尼斯潘. 公共政策工具:

对公共管理工具的评价. 顾建光译. 北京: 中国人民大学出版社: 85-104.

H·A·德·布鲁金, E.F. 坦霍伊维尔霍夫. 2007. 对政策工具的背景性探讨. 见: B·盖伊·彼得斯, 弗兰斯·K·M·冯尼斯潘. 公共政策工具: 对公共管理工具的评价. 顾建光译. 北京: 中国人民大学出版社, 69-84.

Benson K J. 1982. A frame work for policy analysis. In : Rogers D L, Whetten D . International Coordination: Theory Research and Implimentation. Ames, IA: Iowa State University Press: 137-176.

Bentle A F. 1967. The Process of Government: A Study of Social Pressures. Cambridge, MA: Harvard UP: 261-262.

Carlsson L. 2000. Policy networks as collective action. Policy Studies Journal, 28(3): 502-520.

Heclo H. 1978. Issue Networks and the Executive Establishment. In: King A. The New American Political System. Washington D. C. : American Enterprise Institute: 88-124.

Henry A D. 2011. Ideology, power and the structure of policy networks. Policy Studies Journal, 39(3): 361-383.

Howlett M. 2002. Do networks matter? Linking policy network structure to policy outcomes: Evidence from four Canadian policy sectors 1990 -2000. Canadian Journal of Political Science, 35(2): 235-238.

Isett K R, Mergel I A, Leroux K, et al. 2011. Networks in public administration scholarship: Understanding where we are and where we need to go. Journal of Public Administration Research & Theory, 21(Supplement 1): i157-i173.

Jondan G. 1990. Sub-Governments, policy communities and networks: Refilling the old bottles. Journal of Theoretical Politics, 2(3): 320.

Kickert W J M, Klijn E H, Koppenjan J F M. 1997. Managing Complex Network: Strategies for the Public Sector. London: Sage Publications Ltd: 1-53.

Marsh D, Rhodes R A W. 1992. Policy Communities and Issue Networks: Beyond Typology, Policy Networks in British Government. Oxford: Clarendon Press: 260-261.

Marsh D, Smith M. 2002. Understanding policy networks: Towards a dialectical approach. Political Studies, 48(1): 4-5.

Rhodes R A W. 1981. Control and Power in Central-Local Government Relations. London: Ashgate Publishing: 137-138.

Rhodes R A W. 1990. Policy networks: A british perspective. Journal of Theoretical Politics, 2(3): 293-317.

Rhodes R A W. 2006. Policy Network Analysis—The Oxford Handbook of Public Policy. Oxford: Oxford University Press: 423-445.

Tanya A, Borzel. 1998. Organizing Babylon—On the different conceptions of policy networks. Public Administration, 76(2): 253-273.

第八章
研究结论、政策建议和未来展望

第一节 研究结论

本书收集整理《全国主体功能区规划》（2010年）出台之后，在2011～2018年国务院及相关职能部门发布的、与主体功能区相关的配套政策，总结我国主体功能区配套政策的发展演变规律，基于政策内容，以及政策结果分析主体功能区配套政策协同的状况，并从政策网络角度探讨影响政策工具选择的因素，为政策制定和完善提出政策建议。

一、主体功能区配套政策演变规律

1. 以强制性干预为主，逐步加大了混合型政策工具的应用

整体来看，我国主体功能区建设中主要应用强制性政策工具，混合型政策工具次之，志愿性政策工具应用较少。可以说，主体功能区配套政策对于强制性政策工具的偏好性最强，对自愿性政策工具的偏好最弱。

强制性政策工具目标明确、针对性较强，具有可操作性，但强制性手段可能会挫伤市场主体的积极性、遇到较大阻力，影响主体功能区配套政策执行的效果。

混合型政策工具具有管理成本低、比较灵活的优点，四类功能区使用混合型政策工具的占比均次于强制性政策工具占比，意味着混合型政策工具还未得到普遍认可，难以发挥其应有功能。

志愿性政策工具更注重发挥个人或企业的自主性，能够与其他政策工具相互配合使用，促进其他政策工具价值的发挥。然而，目前的主体功能区配套政策，对志愿性政策工具重视不足。

2. 不同配套政策的政策工具偏好有所区别

在主体功能区的九大类配套政策中，财政、投资、产业、土地、环境和气候政策都比较偏爱强制性政策工具，占比超过50%。农业政策和民族政策中，混合型政策工具占比略超过强制性政策工具。人口政策中混合型政策工具应用最多。

进一步分析之后发现，各类配套政策选用的次级政策工具趋于一致，虽然占比有所区别，但排名前三的都是行为管制、信息和补贴。行为管制最多，说明各政府部门仍然延续传统的做法，采用明令禁止的方式，要求个人或组织承担义务，防止个人和组织行为对资源环境的破坏。与此同时，各政府部门也注重发挥市场的作用，通过补贴调整个人和组织的收益，提高个人和组织的积极性。信息和劝诫的比例较高，显示各政府部门都比较重视信息的收集和传播，以解决因市场信息不对称带来的资源市场扭曲的问题。

3. 不同主体功能区配套政策的工具组合差异小

政策工具是实现政策目标的手段。从目前制定的政策来看，不同类型主体功能区应

用的政策工具基本一致。四类主体功能区均选择以强制性政策工具为主，混合型政策工具为辅的工具组合，志愿性政策工具应用非常少。相对而言，农产品主产区的行为管制、信息、补贴占比都比其他主体功能区稍多一些，体现各政府部门对农产品安全的重视程度较高，政策力度稍大。

同样的政策工具组合适用于不同的主体功能区，表明配套政策工具与配套政策目标不匹配。从主体功能区规划的理念而言，各类主体功能区的环境资源特征具有较大差异性，政策目标各有侧重，以相同的政策工具组合来推进不同类型主体功能区的建设，实际上并不符合其所倡导的"制定差异化政策"目标，与主体功能区的建设初衷相冲突，不利于实现主体功能区规划中科学、合理开发国土空间的战略目标。

4. 不同主体功能区中各类配套政策有细微差异

主体功能区战略的实施，需要完善的配套政策。我国国土空间广阔，自然条件复杂多样，不同类型主体功能区甚至同一类型主体功能区中的不同地区，在长期的发展过程中形成了自己区域的特点，各政府部门应当依照不同区域的具体情况，针对不同主体功能区的发展要求，制定各有侧重的配套政策。从目前政策工具的频数看，不同功能区中各类配套政策的差异性很小。

不可否认，近十年各政府部门在贯彻落实《全国主体功能区规划》方面付出了努力。这些配套政策虽然差异不大，但是仍然有些细微的区别。具体来说，在一级政策工具应用中，农产品主产区和重点生态功能区应用的财政政策工具、农业政策工具，比优化开发区和重点生态功能区的稍多。在次级政策工具应用方面，在行为管制方面不同主体功能区的土地、农业和气候政策有点不同，在补贴方面不同主体功能区的财政、农业和气候政策有些小变化，在信息类工具方面不同主体功能区的土地、农业、民族政策有微弱的区别。这些差异一方面说明政府各部门的努力取得一些成效，另一方面也说明差异化有待扩展。

二、主体功能区配套政策协同-基于政策内容的分析

国家层面与主体功能区建设相关的配套政策越来越多，规定越来越细。剖析这些配套政策在政策内容方面的协同状况，探讨这些配套政策的协同问题，是制定和完善配套政策的基础。本书收集和整理了我国 2011~2018 年的主体功能区配套政策，从政策主体、政策工具和政策目标三个维度对收集的政策进行了量化，并根据量化数据对我国主体功能区配套政策的协同状况进行了分析，主要结论如下。

1. 配套政策数量持续增长

《全国主体功能区规划》发布之后，政府各部门颁布的配套政策数量可观。尽管 2012 年和 2015 年有所回落，但 2016 年之后比较均衡，说明国务院各部门对主体功能区的贯彻实施工作基本保持稳定。

2. 配套政策主体的协同度不断提升

在贯彻实施《全国主体功能区规划》过程中，联合发文的数量与配套政策主体协同趋势一致，都呈现出上升的趋势。这说明了主体功能区建设中，随着国务院部门联合发文的数量增加，配套政策的主体协同情况正在不断改善。

进一步研究发现，联合发布的政策比例和政策力度的波动较大，对主体功能区配套政策主体的协同程度没有直接影响。由于二者的波动趋势相反，联合发文的政策文本比例虽高，但政策力度比较小，因此整体协同度不高。出现这种情况的原因在于，一方面，两个部门联合发文的情况占多数，两个以上的部门联合发文的情况比较少，因此整体的协同程度低；另一方面，联合发文的政策比例高，但是政策的力度低，说明部门之间的合作不稳定，在规范化和法制化方面有所不足，因此整体的协同程度也低。

3. 政策工具内部和政策工具之间的协同程度不一

对政策工具协同的分析发现，强制性政策工具内部协同程度较高，混合型政策工具内部协同程度适中，志愿性政策工具的协同程度较低。对三类政策工具之间的协同度进行综合分析发现，强制性政策工具与混合型政策工具的协同度明显高于强制性政策工具与志愿性政策工具、混合型政策工具与志愿性政策工具的协同度。

分析次级政策工具发现，各类混合型政策工具与行为管制的协同程度起伏变化大，协同状况并不稳定。其中，补贴的协同度较高，税费次之，产权、公私伙伴关系与行为管制的协同度最低。而其他政策工具与补贴的协同有很大变化。其中，行为管制与补贴的协同程度较高，法律责任与补贴的协同程度适中，总量控制与补贴的协同程度最低。相对而言，其他政策工具与补贴的协同程度比较高，大于其他政策工具与行为管制的协同度。

4. 政策目标之间的协同有差异

区域协调发展、优化空间结构、提高资源利用效率与提升可持续发展能力之间的协同程度并不均衡。区域协调发展与提升可持续发展能力的协同程度最高，而提高空间资源利用效率与提升可持续发展能力之间的协同程度最低。从不同时期来看，区域协调发展、优化空间结构、提高资源利用效率与提升可持续发展能力的协同不稳定，上下波动比较大。国土空间资源有限，必须在国土空间资源的开发利用和保护之间保持平衡，单纯追求空间资源利用效率，或者单纯强调保护国土空间资源无视人们需求的做法，都不可取。目前配套政策在提高资源利用效率和提升可持续发展能力的目标协同方面没有良好的表现。

提高资源利用效率、优化空间结构、提升可持续发展能力与区域协调发展的协同程度分布也不均衡。提升可持续发展能力与区域协调发展的协同程度较高，提高资源利用效率与区域协调发展的协同程度最低，说明在主体功能区建设中，不同类型的主体功能区，以及主体功能与其他功能的关系还没有得到很好地解决。从不同年份来看，2014

年之前提高资源利用效率、优化空间结构、提升可持续发展能力与区域协同发展的协同程度呈下降趋势，2016 年之后协同程度有所提高，也表现出不稳定的状况。可见，现有配套政策在提高资源利用效率和区域协调发展目标协同方面还比较欠缺。

5. 政策主体-政策目标-政策工具之间的协同程度不高

随着国家主体功能区建设的不断推进，我国主体功能区配套政策的协同状况呈现出阶段性的增长趋势，但是总体程度不高。相对而言，政策目标与政策工具之间的协同度较高，政策主体和政策工具之间的协同度最低，政策主体与政策目标之间的协同度居于中间状态。这些说明国务院各部门虽然制定了比较多的配套政策，应用了相当多的政策工具，但是并不足以实现政策目标。在主体功能区建设过程中，政策主体、政策工具及政策目标之间应当加强协同性。

三、主体功能区配套政策协同-基于政策结果的分析

基于不同配套政策的统计数据，应用定性比较研究方法分析农产品主产区财政政策与农业政策协同，以及财政政策与投资政策、土地政策、人口政策和环境政策等配套政策的协同对农业产出的影响。研究发现：

1. 农业支持保护补贴、农田水利设施和水土保持补助有助于提升农业生产总值

通过财政政策中的专项转移支付项目实施的补贴（或补助）类型很多，涉及农业生产的不同环节。总体来看，任何一种类型的补助均无法对农业生产总值产生显著影响，仅仅依靠某一环节的补助来谋求农业生产总值的提升并不现实。

农业支持保护补贴、农田水利设施建设和水土保持补助这一组合对于农业生产总值提升有着密切关系。其中农田水利设施和水土保持补助作为核心条件变量，对于农业生产总值的提升发挥了关键作用。

除农业支持保护补贴、农田水利设施建设和水土保持补助之外，其他补助与农业生产总值的关联性并不明显。农业综合开发补助资金、现代农业生产发展资金、农业资源及生态保护资金虽然很重要，但是政策的预期目的与实际情况并不十分吻合，凸显出农业补助资金的协同有待加强。

2. 现有配套政策中财政政策发挥的作用较大

与农业生产直接相关的配套政策有财政、投资、土地、人口、环境等政策，其中的任何一种配套政策均无法对农业生产总值产生显著影响，因此仅仅依赖某一种配套政策来谋求农业生产总值的提升并不现实。

农业专项转移支付总额对于提升农业生产总值的效应最大，是影响农业生产总值的核心要素。农业投资比例、人口转移及每公顷耕地化肥施用量减少与农业生产总值没有关联，耕地面积年度净增值与农业生产总值之间出现负相关的情形比较多，与预期有很

大差异。这些在一定程度上说明主体功能区配套政策间的协同有待加强。

四、政策网络视角下的主体功能区配套政策协同

政策网络理论有助于分析解释行动者、行动者的行为与政策结果之间的关系，发现政策制定或政府治理中的问题。通过多案例研究，结果表明：

1. 政策网络不完整

1）核心网络

政策社群的互动有待加强。主体功能区配套政策是实现主体功能区配套政策的保障，但是在主体功能区规划制定过程中，部门主要依据职责和任务要求制定配套政策，各省与国家的协调主要是在省级政府与国家发展和改革委员会之间。

府际网络的互动并不多。主体功能区配套政策既对地方经济发展予以限制，又依赖地方政府强大资源对目标群体强制执行。目前地方政府在政策制定中比较被动，虽然通过规划审批和绩效考核，在省级政府和国务院部门之间有一些沟通，但并不规范。

2）其他网络主体尚未获得进入议程的合法性

在国土空间资源的开发利用中，各地虽然在主体功能区规划和政策的制定和实施中，会借助其他网络主体的力量，但是没有对其合法地位予以明确。

2. 政策网络的互动和关联性有待加强

网络互动和关联性是政策网络的基本特征。政策网络的互动是所有直接或间接参与政策过程的主体之间的通过接触、交流和沟通，达成一致意见的过程。互动不仅依赖于正式的组织结构，还依赖于非正式的制度安排。互动强，可以使得政策对目标群体的需求做出回应，使各方在目标上达成共识。

在主体功能区建设中，目前只有正式的组织结构，为不同层次的政府及职能部门、技术专家提供互动的机会，并没有建立非正式的组织结构。现有的这些互动离回应需求还有距离，不能促成各方在目标上达成一致意见，一定程度上造成地方积极性不高、主动性不够的局面。

3. 政策资源需要整合

1）国家和地方的资源有待整合

目前在主体功能区建设中，地方政府对国家转移支付的依赖程度比较大，一些经济发展水平比较高的省份，在调动省以下地方政府积极性方面有一些创新。促进形成人口、经济、资源和环境和谐的国土空间开发格局，需要调动地方政府的积极性和主动性，整合国家和地方的资源，共同解决资源环境开发利用和保护中的问题。

2）不同类型的资源整合

资源有很多种形式。理论上说权力、资金和信息都属于资源，但是在主体功能区建

设中三项之间没有关联。虽然国家在对地方实行重点生态功能区转移支付时,明确要求加强绩效目标管理和绩效考核,但是这些方法在资源整合方面发挥的作用有限。

第二节 政策建议

一、调整政策工具的结构,优化组合政策工具

1. 调整政策工具的结构

不同的政策工具,其适用条件和政策效果有明显的差异。当前我国主体功能区建设继续沿用传统的命令管制工具,已经无法对日益严重的资源环境问题做出及时、有效的回应。调整政策工具结构,减少强制性政策工具的规模、扩大混合型政策工具的适用范围、逐步增加志愿性政策工具是资源环境治理的大趋势。

减少强制性政策工具的规模。政府应根据具体情况选择性的使用强制性政策工具,如政府直接提供生态产品与服务的范围可以相应地缩小,让更多的非政府力量参与进来提供一些地区性、区域性生态产品与服务。另外,管制的重点应当有所不同。传统的环境管制主要是以技术为基础,或者以企业的产出(排放数量)而进行的管制,如排放许可中的浓度许可和总量许可。这些管制措施虽然一定程度上降低了企业的污染,控制了向环境排放的数量,但是成本越来越高。以管理为基础的管制是环保部门参与到企业的计划阶段,要求企业在制定计划和规则时遵循一定的管制标准,通过加强企业管理促进环境目标的实现。

扩大混合型政策工具的适用范围。混合型政策工具的种类多,包括税费、补贴、产权拍卖、公私伙伴关系等,适用范围广,更重要的是这些工具可以给企业提供更多的自主性和灵活性,如排污权交易在控制排污总量的前提下通过市场价格来调整企业的排污行为,既解决了新老企业排污难题,保证了经济发展,又降低了减排成本,提高了管理的效率。目前我国混合型政策工具的应用范围窄,使用的种类也不多,应该根据各个主体功能区的具体情况来推进这些混合型政策工具的使用。

逐步增加一些志愿性政策工具。通过志愿性政策工具,如志愿协议、志愿标准和志愿方案,可以实现政府、企业和第三方的共同参与。多元主体参与可以是协商制定规则(志愿协议)、签订志愿(管理)方案、制定(志愿)标准。通过这些方式,非政府主体可以不同程度参与到主体功能区建设之中。

2. 优化组合政策工具

同类政策工具之间的组合。同一类型的政策工具各有特点,组合使用可以提高效率。如在减排方面,税和排污交易差别不大,但排放交易因为目标确定更受到推崇,随着交易的成本增大,需要二者组合起来获得更高的效率。另外,不同的组合可以实现不同的

目标，如税费和补贴的组合可以引导资源利用行为，减少污染；排污交易和补贴的组合可以促进产业发展，避免给企业的竞争力造成影响；税费和排污交易的组合可以扩大减排范围。

志愿性政策工具与其他政策工具之间的组合。志愿性政策工具可以在市场不完善或者无法确认污染成本时替代税收等工具发挥作用。如果企业不仅能达标或完成限额要求，而且还有余力继续减排，这时企业可以与政府签订合同，志愿通过加大治理力度或改变工艺流程方式超额完成减排任务，作为交换企业得到一些补贴或者其他的好处。实践中志愿性政策工具与其他工具的组合取得了非常好的效果，可以逐步增加志愿性政策工具的种类和适用范围。

二、应用不同的配套政策，实现区域差异化发展

主体功能区自然资源政策与主体功能区配套政策不同，前者规范自然资源的利用行为，后者则主要解决自然资源利用中外部性问题。不同类型主体功能区的定位不同，自然资源政策不一样，需要的配套政策也不一样。在主体功能区建设中应根据功能区的目标，选择不同的配套政策。①

1. 城镇化发展区

城镇化发展区是国家和区域级城市群、都市圈等的核心区域，是提高国家综合竞争力的重点区域，也是落实区域发展总体战略、促进区域协调发展的重要支撑。城镇化发展区的开发强度比较高，部分地区的资源环境承载力已达到极限，因此城镇化发展区内国土空间资源开发应以"效率为主、兼顾公平"的原则，提高土地利用效率，减少污染物的排放，推进经济与资源、环境协调发展。相应地，城镇化发展区配套政策的目标是加强污染控制，保护农业和生态空间，维护城市生态系统的平衡。城镇化发展区的配套政策应以土地政策、环境政策和气候政策为主，财政政策、人口政策等为辅。

土地政策。通过城镇增长边界控制建设用地规模，并利用耕地占补平衡、土地增减挂钩、增存挂钩、人地挂钩在功能区内部调整，实现建设用地的零增长或减量化。

环境政策和气候政策。在总量控制的基础上，通过税费和排污权交易，促进污染物和碳减排，提升升级产业和集聚产业的竞争力；完善碳汇市场交易体系，鼓励公民、企业和其他社会组织参与植树造林和草原植被保护，持续提高森林和草原覆盖率，增加生态资源总量，构建具有生态功能的城镇林草系统。

财政政策、人口政策等。利用税费和 PPP 等工具，对中小城市和乡镇，尤其是中西部地区中小城市和乡镇的基础设施和基本公共服务提供支持；加快户籍制度改革，保障农业转移人口享有同等基本公共服务和社会保障，增强中小城镇吸引力和吸纳人口的能力。

---

① 优化开发区和重点开发区的目标一致，只是侧重点有所不同，应用的政策工具基本相似，因此本章合二为一，就城镇化发展区加以探讨。

2. 农产品主产区的配套政策

农产品主产区具备较好的农业生产条件，是保障国家粮食供给和粮食安全、支撑农业现代化发展的重要区域。农产品主产区内自然资源的开发利用应以"公平为主，兼顾效率"为原则，在保护耕地基础上兼顾农村经济、社会发展。因此农产品主产区配套政策的目标是提高农产品生产效率，增加农民收入，促进耕地保护。农产品主产区的配套政策应以土地政策、环境政策、农业政策为主，财政、投资等其他政策为辅。

土地政策。划定永久基本农田，将耕地保护落实到地块，严禁转变基本农田的用途；严格执行退耕还林还草政策，明确划定耕地红线与生态红线，促进农业与林草业协调发展。

环境政策。通过与农户签订农业环境志愿协议，支持农产品、畜产品、水产品加工副产物的综合利用，防治农业面源污染，保护农产品供给的质量；通过补贴方式，推进污染减排和污染企业退出，防止农业生态环境的破坏。

农业政策。优化农业生产补贴，鼓励农户和从事农业生产活动的企业参与农业生产计划，调节市场供求，提高农民收入。

财政政策、投资政策等。利用贷款优惠政策，鼓励金融机构增加对农业、草牧业、畜牧业的信贷支持，完善抵押担保体系，促进现代农业发展；加大国家支持农产品主产区建设的投资力度，吸引民间资本参与农产品主产区交通、水利等基础设施建设，改善农业生产条件。

3. 重点生态功能区的配套政策

重点生态功能区是保障国家生态安全，推进山水林田湖草系统治理，保持并提高生态产品供给能力，维护生态系统服务功能的重要区域。因此，重点生态功能区内自然资源的开发利用应以"公平为主、兼顾效率"的原则，在确保生态安全的基础上，保障居民的生活和基本公共服务。重点生态功能区的配套政策应侧重于控制各种人为活动对环境造成的不良影响，提高生态产品的效益，从而达到保证生态安全的目的。重点生态功能区的配套政策应以土地政策、财政政策、投资政策为重点，其他政策为补充。

土地政策。严守生态红线，加强生态空间用途管制，确保林草面积不减少，并通过退耕还林还草还湿，扩大生态空间；加强基础设施和公共服务设施的用地管理，避免对生态系统的稳定性和完整性造成损害。

财政政策和投资政策。加大资金投入力度，通过转移支付、横向补偿等手段，采取资金补助、定向援助、对口支援等多种形式，对重点生态功能区因保护生态环境造成的利益损失进行补偿，保障生态功能区的基本公共服务，确保人民群众的生活。

人口、产业、环境等其他政策。加强产业环境准入，严格禁止不符合功能区定位的产业进入，鼓励不符合重点功能区发展的企业退出，防止生态环境受到环境污染和破坏；通过人口管控，引导人口从重点生态功能区向城镇发展区转移，从重点生态功能区的核心区和缓冲区向重点生态功能区实验区转移，减轻人口对生态环境的压力。

三、加强绩效管理，促进政策协同

主体功能区的配套政策很多，涉及不同的国务院职能部门。这些职能部门不可能和国土空间资源的利用开发利用者和保护者之间直接联系，绝大多数政策实施都只能由省级及省以下政府及职能部门统筹安排。由于不同层级政府及职能部门之间条块关系错综复杂，政策执行出现问题。在主体功能区建设中，不同的政策主体会基于自身享有的资源，应用多样化的政策工具，实现多元化的政策目标。要想利用有限的资源获取更好的效果，就需要将不同行动者的资源整合起来，加强绩效管理，有计划有步骤地实现主体功能区的目标。

绩效管理有两种形式：一种是项目绩效管理；另一种是优先绩效目标管理。项目绩效管理以项目为评价对象，项目结果作为衡量绩效的主要依据。该种管理方式可以提供清晰、直观的信息证明项目的有效性，也容易使绩效责任部门过于关注当前项目本身评级得分，忽略部门长期远景目标和战略性规划，导致绩效管理缺乏前瞻性、系统性。优先绩效目标管理是以目标为导向的绩效管理，强调将目标作为公共部门履职尽责的出发点，通过严格的绩效监控，实施全过程管理，从而提高公共部门解决公共问题的能力。优先绩效目标管理的基本步骤包括：一是在广泛调研的基础上，根据国家的战略规划，结合公众需要制定政府及所属部门在一定时期的发展计划（一般是三年）和业务计划（年度计划），作为本财年或未来数年的预算指导框架；二是各部门根据预算指导框架制定本财年度的详细支出计划，按一定标准详细列出支出项目及预算目标，并将部门预算详细分解到下属各单位、各项目；三是制定预算的绩效指标及相应的衡量标准，然后在成本效益分析的基础上，结合社会实际发展需要，确定预算的优先项目；四是将调整后的预算计划通过法定程序报批，并签订绩效合同，建立责任机制；五是在本财年结束后由指定机构通过评价指标体系对支出机构的效果进行详细客观的分析评估；根据绩效完成情况，按绩效合同对绩效单位进行相应的奖励或惩处；评估结果则作为下一财政年度预算计划调整及审批的依据。主体功能区的绩效管理应主要在以下五个方面完善。

1. 明确绩效目标

绩效目标是所期望达到的绩效水平，表现为一个明确可计量的目标，可以作为衡量实际成果的参照标准。主体功能区的绩效目标是综合性指标。一般来说政府的绩效目标是指政府在一定时间内在绩效方面期待实现的最后结果，包括经济、效率、效益、质量、回应性和责任性等。确立绩效目标需要注意：

首先，绩效目标制定需要确定公众需求。由于土地和自然资源利用行为分散，以及信息不对称，需要政府在空间管制中有足够的权威，加大执法的力度，避免执法中出现"寻租"或"捕获"情况发生，才有可能使空间规划得以实施。如果公众在目标制定中不能表达利益需求，他们就会在目标实施中以其他的方式实现自己的利益，从而对绩效产生不利的影响。因此在启动绩效管理之时应广泛收集相关基础数据和基础信息，并充分调研分析公共需求。

其次，绩效目标需要确定职能工作的重点和关键领域。主体功能区建设是实现国土空间人口、经济、资源环境和谐的重要举措。作为有限资源，要满足人口不断增长的生产生活需要，必须提高资源效率和优化配置资源。作为自然资源，国土空间的开发利用影响当代人、后代人的生存和发展需要，应当在当代人之间、当代人和后代人之间的需要之间实现平衡。因此主体功能区不仅要提高空间资源开发利用的效率、实现国土空间资源的优化配置，还需要实现区域协调发展，提升可持续发展能力，各目标之间应当平衡。一方面，主体功能区配套政策要转变国土空间开发的理念，更多关注区域平衡和可持续发展能力的提升，选择相关的配套政策，制定详细的政策方案，为区域平衡和可持续发展能力提供保障。另一方面，在主体功能区政策目标上，要继续加强推动主体功能区在资源优化配置、资源利用效率、区域协调发展、可持续发展能力提升之间的协同，并逐步改善和优化不同目标在实现过程中的协调状况。

政府及部门的职能很多，以有限的资金兼顾各个方面，必然出现捉襟见肘的状况，因此需要明确一个时间阶段内的职能重点和关键领域，分期分批解决。在主体生态功能区建设中，我们首先应对中央和省级层面的事权与支出责任做进一步梳理、划分，确认中央层面各部委应当承担的事务、地方（省级）应当承担的事务、中央委托地方承担的事务，以及中央-地方共担事权，然后明确现阶段的重点生态功能区建设的重点和需要优先解决的事项。

最后，绩效目标需要中央和地方反复沟通和协商。自然资源部制定战略性目标，地方政府依据战略性目标、本地方的职能重点和实际情况，拟定策略性目标。好的绩效目标必须由中央到地方，进行自上而下、自下而上、上上下下的充分沟通才能合理确认、分解、下达各级政府各部门的相应职能绩效目标。

2. 实行绩效预算

绩效预算是以预算主管部门或其他受委托机构对政府的预算计划（包括政府业绩状况和预期业绩目标）通过科学的评价体系进行成本效益分析，据此分配财政资金的预算模式。现有的主体功能区与生态补偿资金的预算建立财政部门制定的各类绩效评价与绩效管理框架基础之上，专业性不强。自然资源主管部门可以重点生态功能区的财政支出为突破口，逐步推进绩效预算。主要工作包括：

明晰自然资源部门与其他部门的职责。在重点生态功能区建设中，自然资源部有必要会同其他有关部委，理清各部门间职能划分，确认有关事项的主体责任单位与配合单位，确认相关转移支付、生态补偿与补助资金的承担比例或权重。

整合现有的中央财政转移支付与生态补助。清点和整合性质相近、重复投入、功能重叠的转移支付与生态补助。原则上，保民生、保运转与保服务的财政支出应列入"均衡性转移支付"，"稳生态、重功能、促环保"的财政支出应列入"专项转移支付"，避免"专项不专"和"均衡不均"的情况发生。

推进生态治理与生态补偿的标准化工作。目前有关重点生态功能区生态补偿与转移支付的主要争议之一在于"补偿标准过低"。这就需要结合已有标准、各地区、各种类型生态功能区的治理成本，以生态产品产出能力为基础，完善生态补偿标准，同时，建立和完善生态项目建设、运营、维护的标准定额。

原则上，自然资源主管部门应根据省的绩效计划决定需要拨付的财政资金，各省也应按绩效计划使用财政资金。此外，也可以给予地方一定的灵活性。各省可以根据绩效计划，集中利用中央资金和自有财政资金，集中解决地方需要优先解决的问题，逐步有计划有步骤地开展重点生态功能区建设。

3. 签订绩效合同

绩效合同是一种明确规定部门或机构的绩效目标、产出指标和结果指标，以及相应奖惩措施的责任合同。绩效合同可以是政府内部上下级签订的合同，也可以是政府与企业个人之间签订的合同。绩效合同应用于政府内部管理是公共管理领域的创新，可以丰富政府管理的手段，提高管理的绩效。

在主体功能区建设中，自然资源主管部门可以和省级政府签订绩效合同，明确各自的权责，整合部门和省的资源，确保部门和省的目标及行动一致，从而解决重点生态功能区建设中需要优先解决的问题。绩效合同应反映国家和省的利益、关注的问题、绩效目标、绩效行动和绩效措施，强化各政府机构的责任，促进国土空间的合理利用。具体包括：

绩效目标和绩效指标。重点生态功能区的建设应以资源环境现状、发展趋势和结果的指标反映。在绩效目标和绩效指标的选取上，自然资源部和各省首先确定一些共性的目标和指标，各省再根据地方的实际情况提出另外的个性目标和指标，并和自然资源部达成协议。在绩效指标的选取和决定过程中各省和中央政府部门有同等的权利。中央政府部门和各省制定的计划和绩效措施必须适应地方条件，遵守国家的要求，持续提高重点生态功能区生态产品质量。

公众参与。各省应当向公众公开相关信息，包括资源环境状况、目标、优先事项、前一年的进展等；公众可以广泛参与到自然资源计划中，了解生态环境状况、问题、设置目标和优先事项、考虑替代的方法、评估新方法的效果等。

资金支持。自然资源主管部门可以考虑东西中部地区的地域差异、功能区差异、地区的实际情况等因素，确认重点生态功能区的资金分配标准。规范现有生态环保方面的均衡性与专项资金，将生态系统服务的价值核算作为补偿的依据，考虑加大生态修复的机会成本等因素在资金分配中的权重。

绩效评价。重点生态功能区绩效由各省自我评估和自然资源主管部门的评估相结合。合作双方审查计划实施结果以持续地改进绩效，评价内容包括：效果、公众的信赖、财政上可行性和绩效计划的责任等。

差别化的监管。自然资源主管部门和各省共同制定绩效等级标准，以保证公平性和持续性。取得优秀等级并在全国得到认可的省（证明其在一般目标和特殊目标方面取得的成绩），受到的监管较少。一般来说，自然资源主管部门的监管是一种事后审查，其主要任务是在资源方面为各省提供支持。

4. 实行绩效监控和预警

尽管各省基本能依据法律规定的范围和比例使用资金，但是自由裁量权仍然比较大，因此加强系统内的控制比较重要。绩效监控是通过获取绩效信息，对绩效责任主体执行目标和履行职能情况进行适时与阶段性的预警、监测及调控，上承绩效目标设定，下接绩效评估，是实现绩效目标管理的必要环节和重要手段。

第一，改进运营管理方式。将部门或机构的运营和预算结合起来，改进业务流程。具体分为三个步骤：首先确定绩效目标，依据一定时期绩效计划，确定优先事项，并细化为绩效目标和绩效指标；其次，以业务为基础进行成本管理，将传统的账户信息转换成项目管理的信息（包含资金使用和开展业务两个方面），从而将部门的每一项业务和活动与预算联系起来；最后，将成本管理活动与绩效措施联系起来，使外部的战略目标、绩效目标与内部的作业活动，甚至雇员的绩效计划连接起来，不仅可以了解实现绩效目标的总成本，而且了解完成绩效目标的每一项工作的具体成本。

第二，加强绩效信息的采集。绩效信息是指在绩效管理过程中采集的用于判断绩效的证据，不仅包括绩效指标等量化数据，也包括定性等描述性数据。为保证绩效信息的客观性和准确性，数据收集应当从多角度、多维度、多渠道展开，可以考虑使用案卷收集、实地调研、访谈座谈会、问卷调查等，配合监测数据和行业数据，将定性与定量数据结合，一手与二手数据对照，起到互相验证、互相支撑的作用。具体来说，首先自然资源管理部门内部依托信息管理系统，随时掌握各类工作计划和进度、资源的投入、工作目标的进展情况、存在的问题等日常信息，以便实行动态监控。其次由中立的第三方提供信息监测和信息采集服务，建立客观公正的绩效信息采集渠道，帮助主管部门及时发现问题。信息采集的范围主要是与主体功能区绩效目标相关的信息，还可以包括资源环境的实时监测、社会各界对主管部门履行职责情况的评价及反应等。最后建立一支由不同领域志愿者组成的绩效信息员队伍，从基层收集社情民意，观测并采集部门履行职责和执行年度绩效目标的情况。

第三，对绩效持续进行动态跟踪。绩效动态跟踪是绩效监控的主要方式，可以构建绩效卡、日常绩效沟通与月度通报等跟踪形式。绩效卡主要是通过绩效网站来展示相关部门绩效目标进展情况的形式，主要内容包括责任单位、责任人、目标名称、考核指标和完成时限，同时还应附有反映目标实施的节点性明细文档、项目清单等信息。日常绩效沟通是指绩效管理机构运用所掌握的绩效信息，与相关部门就绩效目标完成过程中存在的问题进行分析交流，并对整改情况进行跟踪督促，以推动年度绩效目标按期按质完成。月度通报主要针对的是重大政策和重点项目的实施情况，一方面从纵向上了解各项重要项目的月度进展和年度目标完成情况，对进程滞后的项目查缺补漏，另一方面可以从横向上对不同部门进行比较，树立标杆意识和责任意识。

第四，加强绩效督查。绩效督查是围绕主体功能区建设中的优先绩效目标而开展的督促检查活动，其目的在于切实增进自然资源主管部门与其他部门的协作，确保主体功能区建设的重要任务得到贯彻落实。优先绩效目标督查的重点在于构建完善的组织机制。可由国务院、财政与自然资源主管部门共同参与，并根据具体目标和任务分工合作，通过绩效情况汇报审核、奖惩等制度将督查结果予以公开。

第五，建立绩效监测和预警体系。统筹整合现有地理空间信息、遥感信息、生态环境监测体系及其数据库，建立长期、动态、连续、标准的绩效监测和绩效预警体系。通过绩效监测和预警体系的建设，了解自然资源利用的详细数据，跟踪分析关键的指标数据，评估管理行为的有效性，及时发现问题，促进个人和业务单位解决问题和改进流程，也可以加强政府或部门内部事务的管理，帮助管理者做出正确的决策，还可以对重大生态事件或突发情况进行有效预警、提前预判。

5. 完善绩效评价制度

建立主体功能区绩效评价基准。在确认基准的情况下才能合理评价某个地区的工作努力程度和工作成效。在制定绩效评价体系之前，需要合理划分绩效评价的时间范围，并确认绩效评价的起始点。此外，我国主体功能区绩效评价主要基于年度考核，较少考虑长期连续性的绩效评价方式。从绩效评价理论而言，绩效评价工作至少要5年的持续性评价，才能对某项政策或项目的整体绩效进行趋势性评估分析，尤其是主体功能区或生态环境的履职和生态治理效果评价，趋势性分析是评价"工作绩效"好坏的重要标准。

构建主体功能区绩效评价综合指标体系。绩效指标体系是主体功能区绩效评价的制度核心。绩效评价指标体系通常包括具体指标、指标权重、指标解释、数据来源、评价标准、评分方法等。四大类型主体功能区与七大资源生态领域的特点，决定了绩效评价体系或考核体系在全国范围难以统一。目前与主体功能区紧密相关的绩效评价指标体系已经初具雏形，但是共性与特性、总体与个体的技术问题导致我国主体功能区绩效评价体系的发展滞后。主管部门需要将条块分割、碎片式的绩效指标进一步统筹协调、取长补短，形成一套兼顾地区差异、兼顾行业特点、由共性指标与特征指标构成的综合绩效评价指标体系。另外，绩效评价指标的权重也非常重要。权重表示在评价过程中，对评价对象不同侧面重要程度的定量分配，以区别对待各级评价指标在总体评价中的作用。确定指标权重的方法通常包括专家调查法、层次分析法、主成分分析法、熵值法等。主体功能区绩效评价指标的广泛性、复杂性和多样性导致不同类型指标之间的权重分配不能仅以一种方法进行设定，需要结合定性与定量手段，配合运用量化与经验分析手段。

规范主体功能区绩效评价的评价程序。科学合理、公平独立、公开透明的绩效评价程序是确保绩效评价质量的关键。主体功能区绩效评价包含的行业众多、内容广泛、评价形式多样，因此为确保绩效评价的质量、增强绩效评价结果的相关性，提高绩效评价过程的透明度，需要制定规范科学的绩效评价程序，目的在于使评价者与被评价者清楚了解：谁在什么时间做什么事情，先做什么，后做什么，怎么做？

建立主体功能区的绩效评价报告和定期公开制度。主体功能区的绩效评价报告应规范绩效评价报告的内容，发挥更重要的规划、评估、审计和决策作用。绩效评价报告是绩效评价的阶段性成果性文件，分为月度和季度财务和绩效报告，以及年度的财务和绩效报告。绩效评价报告制度的作用在于：对过去工作进行总结评判，让被评价的政府、部门或单位认识不足，改进工作中的问题。同时，公众对各级政府的主体功能区建设履职情况和服务产出信息享有相应的知情权、参与权和监督权。建立主体功能区绩效评价报告定期公开制度，才能让公众了解主体功能区绩效的信息，保障公众的权益。

改进评价结果的应用方式。目前我国主体功能区或生态环境的绩效考核或评价存在"重结果，轻改进""重惩罚、轻完善"的现象。绩效评价的目的不仅仅是用于建立奖惩机制，更重要的是发现战略执行中的问题和检验战略的有效性。通过发现问题，及时解决问题，使得被评价政府、部门或单位可以认清不足、迅速整改，形成反馈、整改、提升的良性循环。另外，高层管理者设计的目标值具有挑战性，通过实现挑战性的目标推动组织转型。由于这些挑战性的目标并不是都能实现，所以绩效管理除了解决战略执行的问题之外，也要对战略目标进行微调。

第三节　研究不足和未来展望

一、研究不足

本书虽然取得了一些成果，得出了一些具有理论和实践意义的结论，与已有的研究成果和各地调查情况比较相符，但是由于时间、经验等方面的影响，仍然存在一些不足之处。

1. 政策的收集和选择

本书研究的配套政策来源于中央政府、国家发展和改革委员会、财政部、自然资源部、农业农村部等门户网站，地方政府门户网站，并参考中国法规政策网、中国知网、北大法宝等网站列出的涉及主体功能区建设的配套政策。由于时间和经验等条件的限制，可能无法取得完整的主体功能区配套政策数据库。

2. 政策的测量

研究从强制性、混合型和志愿性三个维度对配套政策进行测量。也从政策主体、政策工具和政策目标的角度，对配套政策进行测量，来表征政策之间的协同。这些维度的测量，可能并不能全面地测量政策协同的相关指标，不能全面概括主体功能区配套政策的特征，对研究的结果会产生一些影响。政策测量是一件非常烦琐和复杂的工作，不仅需要对政策的全面把握，还需要有相当的经验，这些有待在后续的研究中完善。

3. 研究数据的来源

本书研究数据既有研究人员的政策编码数据，也有国民经济统计网站的统计数据。前者因为研究人员打分，难免有一些主观的因素。后者因为数据不全，所以每个政策只选取了部分指标。虽然两种方法可以在一定程度上验证，政策测量和分析结果仍然可能有一些偏差。

本书采用了定性比较分析方法研究了农业专项转移支付对于农业生产总值的影响，并进一步探究了影响农业生产总值的三种路径及核心条件变量。虽然这种方法是宏观经济学经常采用的方法，针对政策实施结果的研究，对于政策指标的选取，实际上都是用政策的结果来代替了政策本身，因为这类指标往往与一些未能观察的因素相关，如果那些未能观察的因素也与模型的被解释变量相关，那么，这些政策结果指标就可能存在内生性问题，导致计量结果的偏差。对于除转移支付以外的影响因素缺乏考虑。财政资金对于农业生产发展的投入并不仅仅通过转移支付的形式来表现，其他诸如农业投资、横向补偿等财政工具的使用也同样以财政资金作为支撑。另外，耕地面积、产业结构、农业人口数量等其他领域的因素也可能会对农业生产发展产生一定的影响，而这些变量的协同效应如何也将是后续研究的重点。由于条件所限，对于部分案例数据的搜寻不到位，产生部分缺省值。数据是进行定性比较分析的基础，在后续的研究中将更加准确和针对性的搜集数据，力求完整展现研究成果。

二、未来展望

未来可以进一步深入研究的重点有如下三方面。

（1）关于主体功能区配套政策的测量，可以尝试从不同的维度，对配套政策进行更为细致的测量，更细致地把握主体功能区配套政策的内容，进一步探讨政策主体、政策目标、政策工具协同的情况。

（2）研究方法的选择。本书采用政策文献分析法、定性比较分析法进行分析，虽然力求用不同方法来测量政策主体、政策内容和政策效果，但是不能反映政策协同的全貌。未来会考虑用其他分析方法，以求更真实反映政策的实际情况。

（3）政策工具选择。本书将政策工具分为几大类型，无法很好地反映政府所应用的全部政策工具。未来研究可以选择更小更具体的政策工具来，研究政策工具组合的问题。